国家新闻出版改革发展项目库入库项目

产品系统设计

汪晓春 编著

北京邮电大学出版社
www. buptpress. com

内 容 简 介

本书系统梳理了系统设计的相关知识点，内容上尽量保持前沿性、时代性。随着时代的发展，产品的概念已经不只局限于实体产品，服务设计、体验设计等新的概念已经被大家接受，这些概念本质上也具有产品属性，也是系统，所以本书的内容也把这些相关知识纳入。本书介绍了系统的概念、设计对象、设计思维、设计定义、设计工具、可持续设计等知识点，书中集合了作者多年教学和科研经验的结论和观点，集中阐述了系统设计的一些理论原理和方法，以期能更好地为我国设计教育提供理论依据和实践智慧。

图书在版编目（CIP）数据

产品系统设计 / 汪晓春编著. -- 北京：北京邮电大学出版社，2022.8（2023.10 重印）
ISBN 978-7-5635-6678-5

Ⅰ. ①产… Ⅱ. ①汪… Ⅲ. ①工业产品—系统设计 Ⅳ. ①TB472

中国版本图书馆 CIP 数据核字(2022)第 130816 号

策划编辑： 姚 顺 刘纳新 **责任编辑：** 刘 颖 **责任校对：** 张会良
封面设计： 七星博纳 黄子涵 高煜萌

出版发行： 北京邮电大学出版社
社 址： 北京市海淀区西土城路 10 号
邮政编码： 100876
发 行 部： 电话：010-62282185 传真：010-62283578
E-mail： publish@bupt.edu.cn
经 销： 各地新华书店
印 刷： 北京虎彩文化传播有限公司
开 本： 720 mm×1 000 mm 1/16
印 张： 16.75
字 数： 334 千字
版 次： 2022 年 8 月第 1 版
印 次： 2023 年 10 月第 3 次印刷

ISBN 978-7-5635-6678-5 定 价：59.00 元

·如有印装质量问题，请与北京邮电大学出版社发行部联系·

序

如果从1919年包豪斯成立之时算起，现代设计发展已有100多年的历史。中国设计观念的变革可谓日新月异，得益于改革开放以来国家的发展和互联网技术的革新。互联网大大加快了知识传播的速度，设计本身的知识体系得到不断丰富和完善，各种新思想、新概念层出不穷。随着技术发展和社会变化的速度越来越快，“系统设计”这个词成为最近几年设计领域中的热词，被重新关注。系统设计这个词在国内很多年前便有提及，但是关于其内涵少有系统的梳理，能让学生当作教材使用的书籍则更少。

本书所讲的产品系统设计有别于建立在工业化生产基础上的产品系统设计，而是把产品这个概念泛化为系统、服务、体验。关于传统工业产品的系统设计会介绍零部件和结构、材料工艺、色彩装饰等，本书没有这部分内容，本书更多地介绍了一些偏基础性的知识，并且对设计思维、协同设计、设计工具、服务设计、可持续设计、社会创新等概念作了阐述。设计思维中非常重要的一种思维就是系统思维，这种思维不仅仅体现在设计流程的逻辑性和整体性上，更体现在对设计对象本身的认知上。协同设计有别于当下所讲的“以用户为中心”的设计，是一种较为前沿的设计思想，其设计工具越来越丰富，被学生以及业界广泛使用。服务设计、可持续设计、社会创新是这几年的热点，底层的逻辑还是系统思想。

本书共九章，基本逻辑是：让读者通过周围的系统现象了解“系统”的概念（第一章）；通过梳理设计方法帮助读者了解“系统”的设计思想，其中重点介绍了设计事理学和设计四阶论（第二章）；随着时代的发展，设计对象从产品向系统、服务、体验转变，但本质上还是对“系统”的设计（第三章）；以用户为中心的设计思维和 co-design 的设计思想对系统设计产生了深远的影响（第四章）；系统设计的前期研究主要介绍了研究和设计的关系、设计前期的研究以及数据聚合的方法、设计前期容易出现的认知偏差（第五章）；系统设计的目标是系统设计流程中最为重要的一环，目标和价值、意义密切相关，通过将目标定义转变为意义层面，可更大概率地获得颠覆式创新（第六章）；一些常用的设计工具会提高系统设计转化的效率（第七章）；可持续设计是基于从以用户为中心的系统设计到以地球为中心的系统设计的进阶（第八章）；在本书的最后，展示了三个具有代表性的优秀课程作业案例，希望对读者有所启发（第九章）。

“产品系统设计”课程是北京邮电大学设计专业大三下学期的必修课程，是一门重要的专业课，共 48 学时。该课程于 2018 年被列为北京邮电大学高新课程。北京邮电大学提出建设高新课程的基本标准：“高在原理、新在应用”，课程建设的思路需要提升高阶性、突出创新性、增加挑战度，在课程内容上体现前沿性和创新性，同时兼顾传承性和基础性。作者本人作为这门课程的主讲老师，讲授该课程大概有五六年之久。如何把课程按照高新课程的标准建设好，坦率地说，倍感压力，也逼着自己对这门课重新做一个系统梳理。作者觉得以教材的形式把这门课所讲授的知识点做一个总结会是一个不错的方式，可以让学生对课程内容更清晰，也可以跟同行做一个交流。本书的内容基本上涵盖了作者本人上课的内容，只是在具体授课时会对顺序有些许调整。为了方便学生理解一些知识点，在每章后面附有对话环节，这些对话可以让学生加深对该章节知识点的认识和理解，帮助学生吸收和内化。

本书是作者十多年教学实践的感悟和总结，书中的案例多是该课程的学生作业成果和作者科研成果。感谢我的研究生黄子涵、柏琳瑶、高云帅、王雪珺参与了资料收集和整理工作，也感谢北京邮电大学出版社对本书出版所做的指导工作！

限于作者学识水平，以及时间比较仓促，书中存在诸多不足甚至错误，敬请读者批评指正！

汪晓春

2022 年 3 月 31 日于象山脚下

目　　录

第一章 何为系统

科学是系统化了的知识。

——马克思(Karl Heinrich Marx)

你必须努力思索,审慎地分析系统,并抛弃自己的范式,进入谦卑的“空”的境界。

——德内拉·梅多斯(Donella Meadows)《系统之美》

一、系统现象

伴随着社会的发展、人类的进步,人们面对的问题越来越复杂,“系统”一词也愈加受到重视。要弄清楚系统的内涵,我们可以先从了解身边的系统现象开始,剖析生活中有意思的系统现象,有助于提升对系统的认知。

首先,我们可以借用生物学中的池塘生态系统(如图 1-1 所示)来形象地认识系统。生态系统指由生物群落与无机环境构成的统一整体。池塘生态系统是指生活在同一池塘中的所有生物以及无机环境的总和。在池塘生态系统中,阳光照射在水面上,源源不断地为这个生态系统提供能量;池塘中的生物群落有水里的鱼虾和池底的有机物,以及在池塘里生活的各种水鸟。池塘中的无机环境包括池塘中的水、溶解在水中的空气和养料,还有沉积在池底的无机盐。池塘的生态系统中的动植物既是生产者又是消费者,分解者的角色都由微生物来担当,互相依存才构成生态系统。水体中的生产者可以是睡莲以及岸边的水草,它的生长靠的是环境中的水、肥、气、热四大因素,可以为水体补充氧气,并且吸收水体中由于生物呼吸代谢产生的水体营养物质氮磷化合物,合成自身生物质。消费者是池塘里的鱼,对水质要求不是太高,以浮游生物为食。分解者是自然环境中原本就有的微生物。而鱼则是吃掉水中浮游生物,进而保持水体相对干净。综上我们可以发现,一个稳定并且良好的池塘生态系统里的各个要素都是相互依存的。

图 1-1　中国国家地理 2013 年第 05 期 科学绘画——比摄影更准确的艺术/绘图：张瑜

生活中还有很多本质上是讲述系统原理的小故事，比如小时候我们都听过的寓言故事《盲人摸象》。如图 1-2 所示，几个盲人有的摸到了大象的鼻子，有的摸到了大象的耳朵，有的摸到了大象的牙齿，有的摸到了大象的身子，有的摸到了大象的腿，有的抓住了大象的尾巴。他们都以为自己摸到的就是全部，但其实都是部分，每一位盲人都没有了解到大象的全貌，只凭自己个人有限的感受去想象。

图 1-2　盲人摸象(图片来源于网络)

“盲人摸象”这一成语比喻对事物只凭片面的了解或局部的经验,就乱加猜测,以偏概全,不能了解真相。由此可见,全面整体地看待事物,才能正确了解事物所处的系统,做出全面的判断,从而进行分析与研究。这个寓言故事背后蕴含的是怎么了解、观察、认识和把握事物的道理,也就是告诉我们需要养成科学、辩证、全面和发展地认识事物与处理问题的良好习惯,本质上也是告诉我们需要养成一种系统的思维。

随着社会的发展,网络时代兴起,各种新的名词层出不穷,“蝴蝶效应”“多米诺骨牌效应”“囚徒困境”“80/20 法则”“长尾理论”“破窗效应”以及“沉默的螺旋理论”。这些新名词其实是反映了现在的网络时代背景下的各种新的系统现象,下面对这些新的名词做一个简要的概述。

(1) 蝴蝶效应

“蝴蝶效应”源自美国麻省理工学院气象学家爱德华·洛伦兹(Edward N. Lorenz)20 世纪 60 年代初的发现。1963 年洛伦兹在通过计算机仿真地球大气的计算中发现,由于误差会以指数形式增长,一个微小的误差随着不断推移会造成巨大的后果。洛伦兹在美国《气象学报》上发表了题为“确定性的非周期流”的论文,初步提出了这一理论。之后,洛伦兹再次发布相关论文并在其中阐述:如果这个理论被证明是正确的,那么一只海鸥扇动翅膀足以引起天气变化。1972 年,在美国科学发展学会第 139 次会议上,洛伦兹发表了题为“可预测性:巴西一只蝴蝶扇动翅膀,能否在得克萨斯州掀起一场龙卷风”的演讲,用更加有诗意的蝴蝶来代替海鸥。

如今最常见的阐述为:一只南美洲亚马孙河流域热带雨林中的蝴蝶,偶尔扇动几下翅膀,可以在两周以后引起美国得克萨斯州的一场龙卷风。其原因在于:蝴蝶翅膀的运动,导致其身边的空气系统发生变化,并引起微弱气流的产生,而微弱气流的产生又会引起它四周空气或其他系统产生相应的变化,由此引起连锁反应,最终导致其他系统的极大变化,洛伦兹把这种现象戏称为“蝴蝶效应”,如图 1-3 所示。如今,“蝴蝶效应”已经不再局限于气象学,它更广义的含义为:对于一切复杂的系统,初始条件下的微小变化,都会在未来引起长期且大范围的连锁反应。

“蝴蝶效应”如今已经应用于社会、经济、心理等各个领域。

① 社会方面:蝴蝶效应通常用于天气、股票市场等在一定时段内难以预测的比较复杂的系统。如果连锁反应越来越大,那么就会形成很大的破坏力。这可能会导致不可预测的天气灾害或股票崩盘。

② 经济方面:2003 年,美国发现一宗疑似疯牛病案例,马上就给刚刚复苏的美国经济带来了一场破坏性很强的飓风。扇动“蝴蝶翅膀”的,是那头倒霉的“疯牛”,受到冲击的,首先是总产值高达 1 750 亿美元的美国牛肉产业和 140 万个工作岗位;而作为养牛业主要饲料来源的美国玉米

和大豆业，也受到波及，其期货价格呈现下降趋势。但最终推波助澜，将“疯牛病飓风”损失发挥到最大的，还是美国消费者对牛肉产品的信心下降。在全球化的今天，这种恐慌情绪不仅造成了美国国内餐饮企业的萧条，而且扩散到了全球，至少 11 个国家宣布紧急禁止美国牛肉进口，连远在大洋彼岸的中国广东等地的居民都对西式餐饮敬而远之。这让人联想到禽流感，最初在个别国家发现的禽流感，很快波及全球，就算在没有发现禽流感的地区或国家，人们也会谈“鸡”色变。

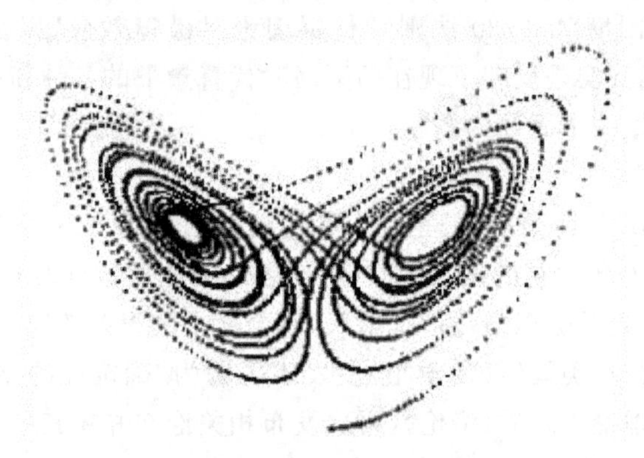

图 1-3　蝴蝶效应(图片来源于网络)

③ 心理方面：蝴蝶效应指一件表面上看来毫无关系的、非常微小的事情，可能带来巨大的改变。此效应说明，事物发展的结果，对初始条件具有极为敏感的依赖性，初始条件的极小偏差，将会引起结果的极大差异。当一个人小时候受到微小的心理刺激，长大后这个刺激会被放大，这在电影《蝴蝶效应》中得到了精彩诠释。

可见，“蝴蝶效应”在各个领域都在发挥着它独特的作用，虽然我们最熟悉的“蝴蝶效应”是由于蝴蝶扇动了几下翅膀为其他地区带来了龙卷风的灾害，但实际上“蝴蝶效应”对系统的影响不是只有危害，只要合理地控制和利用，它也可以使系统产生良性的循环，比如利用混沌现象模拟种群变化、对经济进行宏观调控，更可以利用其规律实现工程上一些函数的优化。

(2) 多米诺骨牌效应

“多米诺效应”又被称作“多米诺骨牌效应”，是源自中国宋代兴起的一种骨牌游戏。1849 年，一位名叫多米诺的意大利传教士在中国学会这种骨牌的玩法，他将宋朝版本的骨牌带回了意大利的米兰送给了自己的小女儿。多米诺为了让更多的人可以玩骨牌游戏，他制作了一批木质骨牌并开创了骨牌的各种玩法。自此，木制骨牌在欧洲盛行并发展成了一项高雅的运动。人们为了对多米诺表示感谢，将这种木制骨牌游戏命名为“多米诺”，如图 1-4 所示。

多米诺骨牌游戏迅速流传，因其不会受时间和地点的限制，挑战人的创造力、想象力以及智力，逐渐发展成为一项世界性的运动。在非奥运项目中，它俨然已经成为知名度最高、参加人数最多、扩展地域最广的体育运动。

图 1-4 多米诺骨牌(图片来源于网络)

而“多米诺骨牌效应”是从多米诺骨牌游戏中引申出来的一种在系统中发生连续变化的规则：在一个相互联系的系统中，一个很小的初始能量可能产生一连串的连锁反应。

下面是“多米诺骨牌效应”应用的一些典型案例。

> 2007 年年初，美国出现了次级抵押贷款危机，这场危机后来演化成为全球性的金融危机。它从美国开始，以惊人的速度蔓延并迅速波及欧洲、亚洲等地区，引发了一场全球性的“多米诺骨牌效应”。此次金融危机对全球金融机构和金融市场的冲击，不亚于十年前的亚洲金融危机，对世界经济产生了一定的负面影响。
>
> 2008 年，骇人听闻的“三鹿奶粉”事件的曝光，使投资者、供应商、经销商等直接利益者遭受巨大损失，同时也使乳制品行业乃至食品产业深陷泥淖。这一系列的连锁反应迅速在全国蔓延开来，“瘦肉精”“牛肉膏”“染色馒头”等事件频频被曝光。

由“多米诺骨牌效应”的案例可以得知：成功来自积累，失败积于忽微。我们无法预知未来，我们需要坚持认真、严谨的态度，不要忽略任何一个具有破坏性质的力量。

(3) 囚徒困境

“囚徒困境”最早是由美国兰德公司的梅里尔·弗勒德(Merrill Flood)和梅尔文·德雷希尔(Melvin Dresher)所拟定，之后由顾问艾伯特·塔克(Albert Tucker)以囚徒方式阐述，并命名为“囚徒困境”。

"囚徒困境"是博弈论中的一个经典案例，1950 年艾伯特·塔克为了向斯坦福大学的一群心理学家解释什么是博弈论，编了这样一个形象化的故事：如图 1-5 所示，两个嫌疑犯(A 和 B)作案后被警察抓住，隔离审讯。警方的政策是"坦白从宽，抗拒从严"：如果两人都坦白则各判 8 年；如果一人坦白，另一人不坦白，坦白的放出去，不坦白的判 10 年；如果都不坦白，则因证据不足各判 1 年。就像表 1-1 中所列出来的，"囚徒困境"是指两个囚徒之间的一场博弈，囚徒因为各自的利益无法信任对方，会倾向于互相揭发对方的罪行，同时也反映出了个人最佳选择并非是团体最佳选择。

表 1-1 "囚徒困境"图解

B 的选择	A 的选择	
	A 不坦白(合作)	A 坦白(背叛)
B 不坦白(合作)	两人均服刑 1 年	A 即刻获释，B 服刑 10 年
B 坦白(背叛)	A 服刑 10 年，B 即刻获释	两人均服刑 8 年

图 1-5 囚徒困境(图片来源于网络)

下面是"囚徒困境"应用的一些典型案例。

2015 年在 Mashable 上出现这样一条名为"优步司机计划进行为期三天的全国罢工以要求提高票价"的新闻。一些美国优步司机打算进行一场罢工以提高自己的收入，比如他们希望在 App 上设置小费的功能，提高起步价和每公里价格，于是他们做了如图 1-6 所示的海报。有教授做出了如下的分析：优步司机相互之间存在费用的竞争。在路上的其他司机越少，某位司机自己揽到客人的几率越高；同时，当用车的需求远超司机的供给时，App 会启动"浮动定价"来增加供给。所以一名司机(如果不参加罢工)不仅能够获得更多的生意，而且每公里的费用还能提高。这激励了人们不去参加罢工。所以在芝加哥，在本应当是罢工的时间段，路上的优步司机数量仍然非常巨大,完全没有必要启动“浮动定价”。在这个案例中,司机与司机之间就产生了“囚徒困境”,不罢工的司机为了个人利益导致全体司机无法得到最佳利益。

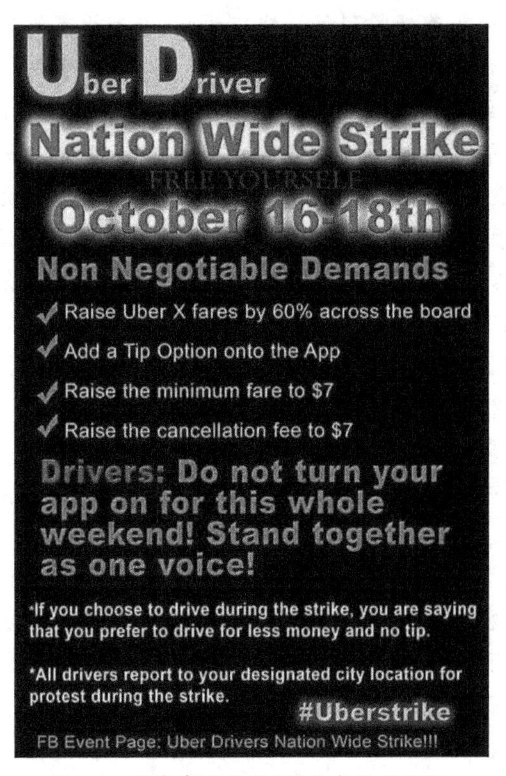

图 1-6　优步事件海报(图片来源于网络)

从上面的案例分析中可以看到,在“囚徒困境”中虽然常常是先下手的一方占有优势,但是从此会陷入“重复的囚徒困境”,彼此之间不断进行竞争和对抗。想要走出这个困境,就需要各方一起努力,保持友善、宽恕、不嫉妒的态度,彼此之间形成融洽的合作关系。

“囚徒困境”可以看作两个人或者两个群体之间的一场博弈,经常被应用于经济、政治和教育等领域,这些领域的“囚徒困境”在国家政策、社会制度以及公共道德的制约下,都在朝更加积极的方面发展。

(4) 长尾理论

“长尾理论”是伴随网络时代出现的一种新理论,由美国人克里斯·安德森(Chris Anderson)提出。2004 年 10 月,安德森在美国杂志《连线》上发表的一篇名为“长尾理论”的文章,首次谈论了长尾问题。如图 1-7 所示,以数量、利润为二维坐标的一条需求曲线,拖着长长的尾巴,向代表“数量”的横轴尽头延伸,长尾由此得名，并被用来描述诸如亚马逊之类的网站的商业和经济模式。安德森在《长尾理论》一书中提出：

长尾理论阐释的实际上是丰饶经济学——当我们文化中的供需瓶颈开始消失，每一个人都能得到每一样东西时，长尾故事便会自然发生。此前，大热门或者说大规模生产统治了一切。如今，尽管我们仍然对大热门着迷，但它们已经不再是唯一的市场。大热门现在正与无数大大小小的细分市场展开竞争，而消费者越来越青睐多样化市场。根据歌曲流行度排序的顾客消费数据曲线表明，在曲线头部，几首大热门歌曲被下载了无数次，接下来，曲线随着曲目流行度的降低陡然下坠。但有趣的是，它一直没有坠至零点。在统计学中，这种形状的曲线被称作"长尾分布"，因为相对头部来讲，它的尾巴特别长。这便是"长尾理论"的来历。头部意味着单一性的大规模生产，而长尾意味着差异化、多样性的小批量生产。今天的市场上二者并存，但后者代表着未来。

安德森解释"长尾理论"为：只要存储和流通的渠道足够大，需求不旺或销量不佳的产品共同占据的市场份额就可以和那些品种不多的热卖品所占据的市场份额一样多。

"长尾理论"最典型的案例为 Google。之前数以百万计的中小型企业被社会所忽视，他们从未打过广告，甚至从来没想过去打广告，但是 Google 关注到了他们，推出了 Google AdSense——在网站的内容网页上展示相关性较高的 Google 广告，这样既充实了页面内容，又为各方带来了一定的经济效益。这些数以百万计的中小型企业代表了一个巨大的长尾广告市场，为 Google 带来了非常可观的利润。

网络书店的产生也是对"长尾理论"的印证。图书出版业是"小众产品"行业，市场上流通的图书达 300 万种。大多数图书很难找到自己的目标读者，只有极少数的图书最终成为畅销书。由于长尾书的印数及销量少，而出版、印刷、销售及库存成本又较高，因此，长期以来出版商和书店的经营模式多以畅销书为中心。网络书店和数字出版社的发展为长尾书销售提供了无限的市场空间。在这个市场里，长尾书的库存和销售成本几乎为零，于是，长尾图书开始有价值了。销售成千上万的小众图书，哪怕一次仅卖一两本，其利润累计起来可以相当甚至超过那些动辄销售几百万册的畅销书。正如亚马逊副经理史蒂夫·凯塞尔(Steve Kessel)所说："如果我有 10 万种书，哪怕一次仅卖掉一本，10 年后加起来它们的销售就会超过最新出版的《哈利波特》。"

市场中需求不旺盛或销量不佳的产品就是所谓的"长尾"，这些"长尾"在各行各业中都很普遍，我们所需要做的就是抓住它们，去关注小众的个性化需求。亚马逊、淘宝等电商平台无一不是抓住了各自领域中的“长尾”而为企业带来了源源不断的利润。

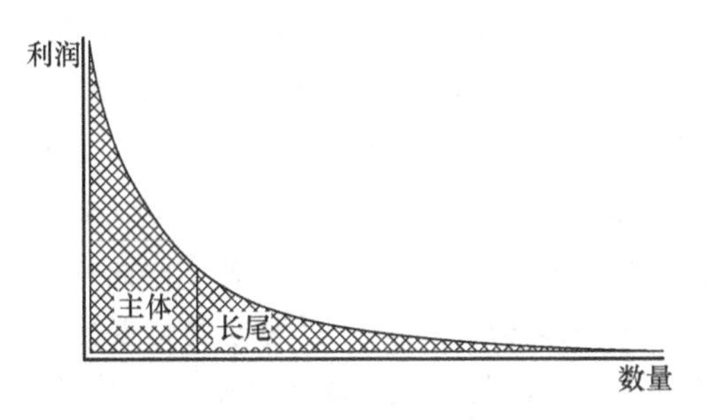

图 1-7 长尾理论模型(图片来源于网络)

(5) 80/20 法则

“80/20 法则”(The 80/20 Rule)又称为帕累托法则(Pareto Principle)、二八定律、最省力法则、不平衡原则、犹太法则、马特莱法则等,如图 1-8 所示。它源自于 1897 年意大利经济学家帕累托归纳出的一个统计结论,帕累托指出:在任何特定群体中,重要的因子通常只占少数,而不重要的因子则占多数,因此只要能控制具有重要性的少数因子就能控制全局。这个原理经过多年的演化,已变成当今管理学界所熟知的二八定律——即公司 80%的利润来自 20%的重要客户,其余 20%的利润则来自 80%的普通客户。它主张企业应该努力去争取和这 20%的顾客进行合作。

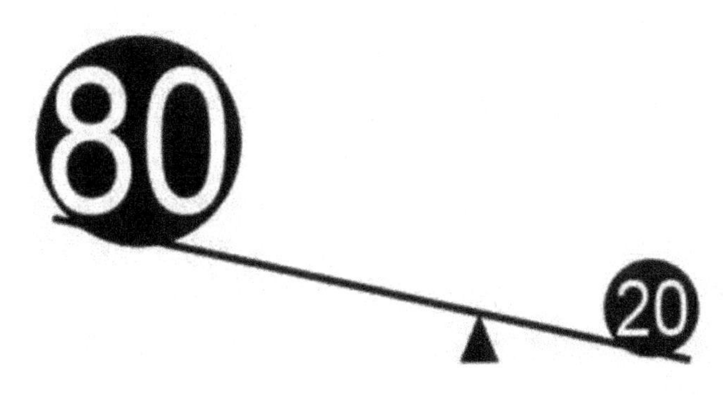

图 1-8 80/20 法则(图片来源于网络)

理查德・科克(Richard Koch)在他所著的《80/20 法则》中提出了两个中心思想,分别是中心法则(“少即是多”)和进步法则(“我们可以事半功倍,以四两拨千斤”)。

中心法则是指我们所需的 80%来自我们所做的 20%。因此,如果想要达到意欲的结果,就应该关注对我们来说真正重要的人和事。我们真正在乎的仅是非常小部分的事物,而其余的,都是无用之物。所以,如果我们学会辨别对自己最重要的东西,能为生活增添最多色彩的东西,再学会集中精力于这些东西上,我们就会发现,少即是多。关注更少的事物——那些生活中真正重要的几个方面,并能带给我们需要的生活方式——生活会突然变得意义更为深刻,回报更为丰厚。

进步法则是指我们总是可以用更少的能量、汗水和忧虑占有或者实现更多的成果。我们不仅可以大幅度地改进事物,而且可以花费更少的努力,这种想法是具有革命性的,它与传统思维如此抵触,值得细细检验。

格雷戈·麦吉沃恩(Greg McKeown)所倡导的精要定义就和"80/20 法则"不谋而合,他作为一名精要主义的提出者、倡导者和领导者,致力于帮助个人和企业摒弃琐碎、直抵精要,在他的作品《精要主义》中提出了"精要"的三步指导:探索、排除和执行。

探索:区分无意义的多数和有意义的少数。

精要主义的一个悖论是,相比非精要主义者,精要主义者实际上会探索更多的选项。尽管非精要主义者致力于什么都做或者几乎什么都做,但并未经过实际探索;而精要主义者在真正行动之前会系统地探索和评估多个选项,因为他们会在一两个大的设想或项目上大干一场,所以一开始就会慎重地探索更多的选项,来确保自己做出的选择是正确的。

排除:摆脱无意义的多数。

考虑到取舍的现实性,我们不能选择什么都做。真正的问题不是我们怎样才能做到这一切,而是谁来决定我们做什么和不做什么。记住,当我们丧失选择权的时候,别人会替我们做出选择。所以,要么慎重地选择有所不为,要么不由自主,任人摆布。

执行:让有意义的少数做起来毫不费力。

不管是要完成一项工作任务,还是要迈向事业的新台阶,抑或是要为伴侣安排一个生日聚会,我们往往都会觉得执行的过程充满了困难和阻力,必须硬着头皮强迫自己去"完成"。精要方法却截然不同,不是逼着自己去执行,而是把时间省下来创造一种方法,用来扫除障碍,使任务执行起来轻松自如。

"80/20 法则"还适用于时间管理问题、重点客户问题、财富分配问题、资源分配问题、核心产品问题等,例如:

根据"80/20 法则",80%的成绩是在 20%的时间内取得的,因此我们要明确自己的态度,根据任务的类型对任务进行排序,将重要的任务分配在我们精力最旺盛的时间段,并且专注于其中。

"80/20 法则"看起来似乎与上面提到的长尾理论有所冲突,实际上两者是殊途同归的,二者并没有相互否定,而是相辅相成、相互补充,使整体利益最大化。

(6) 破窗效应

1969年美国斯坦福大学的心理学家菲利普·津巴多(Philip Zimbardo)做了一项实验,他将两辆一模一样的汽车分别停在了加州帕洛阿尔托的中产阶级社区和相对杂乱的纽约布朗克斯区,停在纽约布朗克斯区的汽车首先遭到了"破坏",并且来往的人看到之后纷纷加入了"破坏"之中,抢走了汽车上任何值钱的东西。而放在帕洛阿尔托的汽车,即使人们每天路过、开车经过它,看着它,整整一个星期没有任何人对它"下手"。

基于这个实验,詹姆士·威尔逊(James Q. Wilson)及乔治·凯林(George L. Kelling)提出了"破窗效应",并于1982年3月以"破窗效应(Broken Windows)"命名刊登在杂志《大西洋月刊》(*The Atlantic Monthly*)上。如图1-9所示"破窗效应"最初是针对社会上的失序行为来说明警方维护秩序勤务的重要性,这一效应是指系统中的环境会对人们有很强的暗示性和诱导性,如果一个建筑的窗户被打碎了,没有人去制止此行为,也没有人去修补窗户,久而久之就会有更多的窗户遭到破坏,在此情境下往往会引发更严重的不良事件。

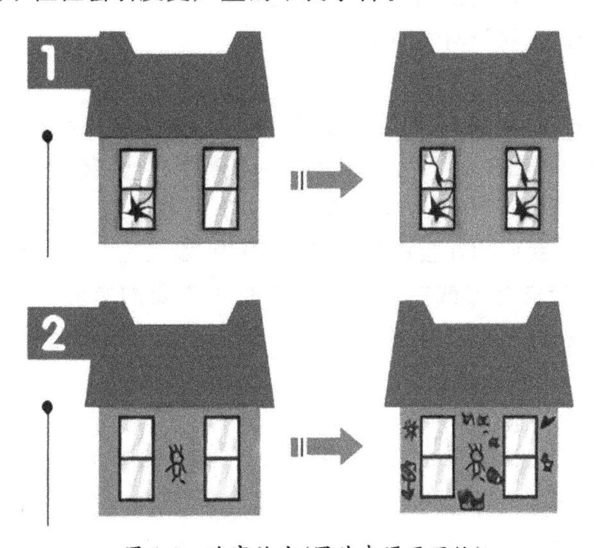

图1-9 破窗效应(图片来源于网络)

"破窗效应"主张及时矫正和补救正在发生的问题,乔治·凯林(George L. Kelling)和凯瑟琳·科尔斯(Cathering M. Coles)在《破窗效应:失序世界的关键影响力》一书中提到以下观点:

> 破窗理论策略对减少犯罪的影响,可从四个方面说明。第一,处理失序和轻微的违规者,让警方得以接触到那些同时犯下指标犯罪的人,或得知他们的相关讯息,包括那"6%"的重大青年罪犯。第二,警察在混乱的区域高调执勤和高频率巡逻,能"保护好人",同时吓阻"有犯罪意图者",

让他们不敢轻举妄动。第三，民众自己可借此建立社区行为标准，开始掌控其公共区域，最终在维持秩序和防治犯罪工作上担任最中心的角色。第四，解决失序和犯罪问题不仅仅是警察的责任，也是整个社区以及与其联结的外部机构的责任。他们一起协调行动，解决失序和犯罪问题。通过这种基础广泛的努力，有更多资源可供运用，并借助问题解决的方法，瞄准特定的犯罪问题。

中国有一句古话"千里之堤，溃于蚁穴"，是指千里长的大堤，往往因蚂蚁洞穴而崩溃，常常用来比喻小事不慎将酿成大祸。事实上，当第一只蚂蚁开始啃啮堤土时，"破窗效应"就已经开始了，如果不能做到定期对堤坝进行安全隐患排查，久而久之就会导致堤坝的崩溃。

"破窗效应"反映出了系统中各要素之间的影响力，对这些要素加以利用可以在系统管理中发挥重要的作用。例如，若人人都自觉遵守公共秩序，那么即使有人想要插队，内心也会迟疑；新冠肺炎疫情期间人人都响应国家的管理措施，做好自己的防控工作，有助于疫情的有效控制。这些现象都说明了合理地运用"破窗效应"，做到防微杜渐，有利于构建和谐社会。

(7) 沉默的螺旋理论

"沉默的螺旋"一词最早来源于传播学，是由伊丽莎白·诺埃勒-诺依曼(Noelle-Neumann)提出的。1974 年诺埃勒-诺依曼在《传播学刊》上发表了名为"重归大众传播的强力观"的论文，这篇论文初步阐述了这一理论。1980 年在《沉默的螺旋：舆论——我们的社会皮肤》这篇文章中，她又进一步发展了该理论。"沉默的螺旋"这一理论自提出就在传播学界产生了重要的影响。诺埃勒-诺依曼在《沉默的螺旋：舆论——我们的社会皮肤》一书中以"西欧国家为新的东方政策而争论不休"为例解释了"沉默的螺旋"的过程：

> 西欧国家为新的东方政策而争论不休时，社会民主党与基督教民主联盟和基督教社会联盟的支持者两方势力相当，但是他们所表现出的热情，以及与之相伴的说服力却是完全不同的。人们在公共场合只看到社会民主党的徽章，因此普通老百姓对两大党派的力量关系的估计出现偏差，就毫不奇怪了。现在一切都变成完全动态的。那些被新的东方政策所说服的人，感觉自己所想的都是合理的。因此他们就会大声而且非常自信地说出自己的想法，表达自己的观点；而那些拒绝新的东方政策的人，感到自己被孤立了，因此会退缩，而陷入沉默。这种行为推动了这个现象的出现：显现出来的支持新政策的势力强于实际状况，而反对派的势力则表现得比实际情况更弱。这样的现象不断自我循环，一方大声地表明自己的观点，而另一方可能"吞"下自己的观点，保持沉默，从而进入螺旋循环——优势意见占明显的主导地位，其他的意见从公共图景中完全

消失，并且“缄口不言”。

图 1-10　沉默的螺旋（图片来源于网络）

“沉默的螺旋”的例子在近代社会中也屡见不鲜，三鹿集团经过五十多年的艰苦创业，终于成为中国最大奶粉制造商之一，其奶粉产销量连续 15 年全国第一。但是由于三鹿奶粉中含有三聚氰胺，毒害了数万中国儿童，致使三鹿集团被推到社会舆论的风头浪尖，最终在 2009 年 2 月宣告破产。

三鹿在短短几个月内就宣布破产的原因在于 2008 年 9 月 11 日发表在上海《东方早报》里的一篇题为《甘肃 14 名婴儿疑喝三鹿奶粉致肾病》的新闻报道。这条消息通过其他报纸、广播、电视、互联网传遍全国各地，接着迫于舆论压力，政府介入三鹿奶粉事件，最终为民讨回了公道。在这个事件中，民众的态度几乎是“一边倒”向谴责三鹿集团。因为良好的社会道德基础与法律基础构成了强大的社会环境压力，使得更多与此事无关的人加入讨伐的阵营来。开始三鹿集团也进行了各种解释，但是随着社会舆论越发强大，更多维护三鹿集团的人选择了“沉默”。到了全国声讨三鹿的时候，三鹿集团整体“沉默”了，因为他们已经破产了。

社会舆论的这种“沉默的螺旋”形式，就很好地解释了三鹿这个知名企业在短时间里破产的原因。

“沉默的螺旋”这一理论针对的是普通的大众群体，在此理论的循环往复下，会形成一方的声音越来越强大，另一方越来越沉默的现象，如图 1-10 所示。长此以往，社会系统很容易失去平衡，并带来一系列不可预估的影响。但实际上总会有一部分人坚持己见，不随波逐流，正是这一部分人的努力和坚持使整个社会系统保持在平衡之中。

“沉默的螺旋”理论在各个时代都表现出了不同的特点，尤其是如今的新媒体时代，随着人们个体意见表达意识不断增强、从众心理逐渐弱化以及个人的网络影响力逐渐上升，大家更愿意在网络上表达自己的想法，从而形成了包罗万象的网络系统。

特别是进入新世纪以来，学科交叉融合进一步发展，科学与技术不断更新，科学传播、知识转移和规模产业化速度越来越快。科技成果在经济社会发展中的广泛应用，促使社会生产力飞速发展，极大改变了人类的生产和生活方式，从而促使社会生产关系也发生重大变化，全球格局重新调整，涌现出不少新的思潮、理念，各种有意思的系统现象也层出不穷，在此不一一赘述，读者可以查阅相关文献。

二、系统论

回溯系统学的由来，公认是美籍奥地利人、理论生物学家贝塔朗菲(Ludwig Von Bertalanffy，图 1-11)创立了作为一门科学的系统论。他在 1932 年发表了"抗体系统论"，提出了系统论的思想，1937 年提出了一般系统论原理，奠定了这门科学的理论基础，1968 年发表的专著《一般系统理论：基础、发展和应用》，被公认为这门学科的代表作。贝塔朗菲把系统论分为狭义系统论与广义系统论两部分。其狭义系统论着重对系统本身进行分析研究，而其广义系统论则是对一类相关的系统科学来理性分析研究：①系统科学、数学系统论；②系统技术(涉及控制论、信息论、运筹学和系统工程等领域)；③系统哲学(包括系统的本体论、认识论、价值论等方面的内容)。

图 1-11　贝塔朗菲

1976 年，瑞典斯德哥尔摩大学萨缪尔教授(Pher G. Andersson)在一般系统论年会上发表了将系统论、控制论、信息论综合成一门新学科的设想。在此背景下，美国杂志《系统工程》更名为《系统科学》。

1977 年，市川惇信为系统科学构建了一个具有塔式结构的体系，由上至下分别为：系统概念、一般系统理论、系统理论各分论、系统方法论、面向对象的系统处理方法 5 个层次。这一进展对发展系统科学起了积极的作用，但由于缺乏明确的学科体系思想，未能把系统观点应用于学科体系研究中。

到了 20 世纪 80 年代初，钱学森重新提出这个课题，在明确的学科系统观点指导下，探讨现代科学的总体系和各门科学的体系结构。现代科学技术是一个庞大的知识体系，由不同门类组成。既然都是知识系统，都是从实践中总结出来的，不同的门类应当具有某种共同的体系结构。自然科学是历史最久、发育最成熟的学科。通过解剖这只"麻雀"，钱学森发现自然科学有三个层次：①工程技术层次(如水利工程、电气工程等)；②技术科学层次(如水力学、电工学等)；③基础科学层次(如物理学、生物学等)。自然科学又通过自然辩证法这座桥梁与哲学联系起来,再考察其他学科,发现这种模式是共同的。由此钱学森提出著名的"三个层次一座桥梁"的学科体系一般框架,如图 1-12 所示。属于工程技术层次的学科提供直接用于改造客观世界的知识,技术科学层次的学科提供指导工程技术的理论,基础科学层次的学科提供指导技术科学的理论,再通过相应的哲学分论而上升到哲学层次,并接受哲学的指导。

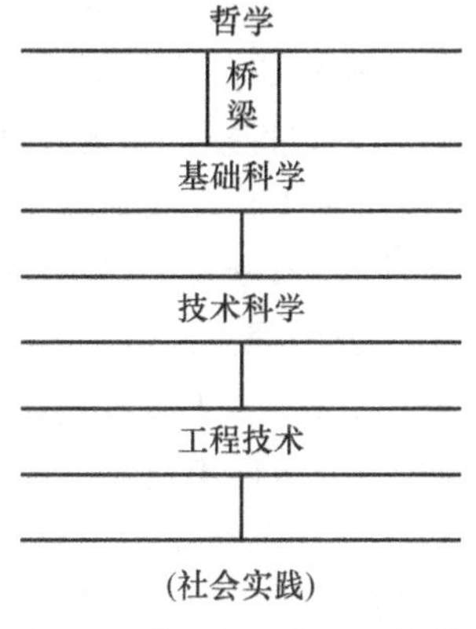

图 1-12 "三个层次一座桥梁"

把这个一般框架用于系统科学,钱学森重新界定了已建立的学科分支,发现系统科学已具备工程技术(包括系统工程和自动化技术,是否包括信息技术尚有争议)与技术科学(包括运筹学、控制学、信息学)两个层次,但基础科学层次仍是空白。他由此提出尽早建立系统科学体系的号召,指出关键是填补基础科学层次的空白,并把它命名为系统学。图 1-13 总结了他的这些思想。

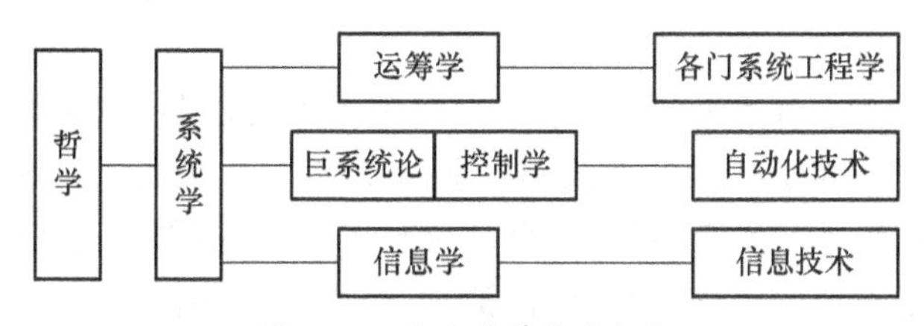

图 1-13 系统科学体系框架

20 世纪 90 年代,朴昌根构建了他的系统科学体系结构。他的系统科学体系结构包括 3 个层次:3 个一级分支学科(系统学、系统方法学、系统技术)、10 个二级分支学科,以及更多的三级分支学科。他的《系统学基础》就是按照这一结构撰写的。

许国志、顾基发等人指出:"任何一门学科,只有当它是所处时代的社会生存与发展客观需要的自然产物,同时学科内在逻辑必要的前期预备性条件又已基本就绪时,它才会应运而生,并为世所容所重,得以充分发展。"系统科学的历史充分体现了这一历史唯物主义观点。

信息学的渊源应追溯到 19 世纪发明电报和电话。电信技术的实践提出大量需要从理论上回答和进行定量计算的问题,把信息技术与数学、物理学、工程学联系起来,出现了对信息问题的早期研究。哈特莱(R. V. Hartley)、奈奎斯特(H. Nyquist)等人在 20 世纪 20 年代的工作是信息学的重要前期性知识准备,统计信息概念就是这个时期萌发的。现代概率论和统计力学的建立、统计方法的成熟，为香农(C. E. Shannon)的统计信息理论提供了必要的理论工具。

控制学的渊源要追溯到瓦特蒸汽机调速器对自动调节技术的应用。蒸汽机的广泛使用所促成的大机器工业带来对自动化技术的社会需求，也产生了对控制理论的需求。它直接导致麦克斯韦(James Clerk Maxwell)对调速器稳定性的数学分析，开辟了关于自动控制理论研究的先河。彭加勒(Jules Henri Poincaré)的微分方程定性理论，李亚普诺夫(A. M. Ляпунóв)的稳定性理论、统计力学等，为控制学提供了必要的理论工具。20 世纪 30 年代形成的伺服系统理论，对早期控制工程做了理论总结，是工程控制论的雏形。电工学贡献了反馈概念。在这些知识准备的基础上，才可能有维纳(Norbert Wiener)的控制论(Cybernetics)。

运筹学和系统工程的渊源应追溯到 19 世纪末出现的垄断性大企业对经营管理技术的需求。工业生产管理的需求产生了泰勒制，电话拥挤问题启示爱尔朗(Erlang)对排队现象的理论探索，兰彻斯特(Frederick William Lanchester)的作战方程研究首开作战模拟学的先河。20 世纪 30 年代在经济发展推动下，出现了列昂捷夫(Alexei Nikolaevich Leontyev)的投人产出模型，康托洛维奇(Kantorovich)关于工业生产组织和计划问题的研究，成为线性规划的雏形。这些工作不仅积累了大量运筹学知识，更重要的是证明了应用自然科学和数学方法解决管理问题是可行的。

最强大的动力来自战争的需要。第二次世界大战是定量化系统理论和工程技术发展的里程碑。为了战胜法西斯需要把一大批有才干的科学家吸引到这些领域。香农对通信技术的研究、维纳对自动化技术的研究，都与此密切相关，这些研究为他们积累了丰富的实践经验，他们消化、总结和发展前人的工作，建构了信息学和控制学的理论框架。一些科学家从事拟定和评价作战计划、改进作战技术，以及改进装备等研究，直接形成了军事运筹学；再经过战后向民用部门的推广和理论总结，形成了一般运筹学。第一批系统技术科学就是这样产生的。

信息学与信息技术、控制学与控制技术、运筹学与系统工程，这些学科一经产生就在社会生活的各个方面造成巨大影响，深刻地改变了现代社会的方方面面。这反过来又成为推动系统研究发展的强大力量。战后的每一个 10 年都有重要发展，都有新的系统理论出现。20 世纪 70 年代前后更是一个迅猛发展时期，重大进展有三。一是，以理论自然科学和数学的最新成果为依托，出现了一系列基础科学层次的系统理论，使系统研究真正走出工程技术和技术科学的范围，为建立系统学提供了知识准备。二是，围绕环境污染、能源匮乏、人口爆炸等世界性危机，开展了一系列重大交叉课题研究，使系统研究与人类社会各方面紧密联系起来，成为建立整体上描述世界的新理论框架——系统科学的强大推动力。三是，提出了建立系统科学体系的问题，实现了系统科学从分立到整合的发展，这一发展过程又包括三次重大整合。第一次整合是贝塔朗菲按他的框架把五花八门的系统研究综合为一门统一的学科。第二次整合是哈肯(Hermann Haken)在自己尚未接受系统科学这个提法的情况下,明确提出要把相关研究统一起来。第三次整合归功于钱学森,他的体系结构的提出标志着系统科学实现了从分立到整合的发展。

经过从贝塔朗菲到钱学森等学者的不断研究推进,时至今日,系统学已日趋完整。在百度百科中,系统论被定义为:研究系统的结构、特点、行为、动态、原则、规律以及系统间的联系,并对其功能进行数学描述的新兴学科。

以上是关于系统论的一些梳理,那么对于我们普通人来说,什么是系统?怎么去理解系统?《辞海》中对“系统”的解释是:同类事物按一定秩序相连属,而自成一整体。两个或两个以上相互有关联的单元,为达成共同任务所构成的完整体。在《汉语词典》中“系统”具有以下含义:①若干部分相互联系、相互作用,形成具有某些功能的整体;②同类事物按一定秩序有内部联系,成为一个有序的整体;③由要素组成的有机整体(系统),系统有高低之分,包括主系统与子系统。

在中国古代文化中,也可发现对于系统的认知与重视。如图1-14所示,《黄帝内经》是中国传统文化典籍,是我国现存最早的一部医学理论典籍,是中国人养心、养性、养生的千年圣典,也是一本蕴含中国生命哲学的大百科全书。该著作呈现出类似于现代系统论的朴素思想:天人合一的系统观、阴阳五行的系统观和人体藏象经络的系统观。

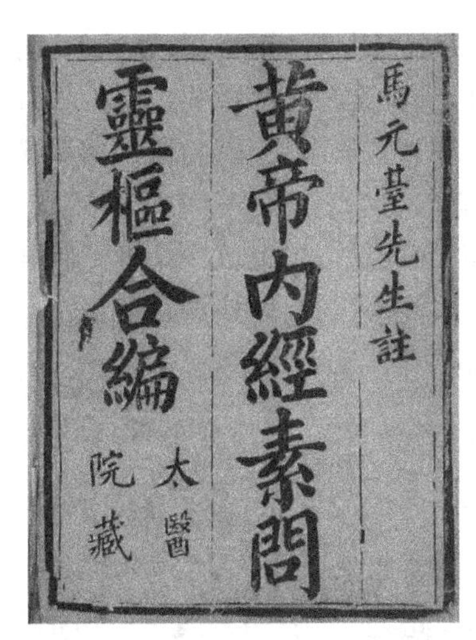

图1-14　《黄帝内经》(图片来源于网络)

① 天人合一的系统观:中医养生讲究“天人合一”,主张养生必须顺天时、承地利,根据自身所处的自然环境制定相应的养生方案。

② 阴阳五行的系统观:阴阳之气是生命的根本,万物负阴而抱阳,阴阳是自然界的根本法则,人也不例外。

③ 人体藏象经络的系统观：人体中九窍、五脏六腑都与天地之气相互贯通，人类养生要以调和阴阳为目标。

《黄帝内经》基本理论精神包括：整体观念、阴阳五行、藏象经络、病因病机、诊法治则、预防养生和运气学说等。

① "整体观念"强调人体本身与自然界是一个整体，同时人体结构和各个部分都是彼此联系的。

② "阴阳五行"是用来说明事物之间对立统一关系的理论。

③ "藏象经络"以研究人体五脏六腑、十二经脉、奇经八脉等生理功能、病理变化及相互关系为主要内容。

④ "病因病机"阐述了各种致病因素作用于人体后是否发病以及疾病发生和变化的内在机理。

⑤ "诊法治则"是中医认识和治疗疾病的基本原则。

⑥ "预防养生"系统地阐述了中医的养生学说，是养生防病经验的重要总结。

⑦ "运气学说"研究自然界气候对人体生理、病理的影响，并以此为依据，指导人们趋利避害。

到了近现代时期，毛泽东思想、邓小平理论等学说都强调用整体的、有机联系的、协调有序的、动态发展的观点去观察现象和处理问题。这些思想体系都很好地体现了系统思考。

著名系统思考专家、美国麻省理工学院教授约翰·斯特曼(John Sterman)的研究表明，人们用来指导自己决策的心智模式，在应对系统的动态行为方面具有天生的缺陷。人们通常持有一种基于事件层面、因果关系而非回路的观点，而忽略了反馈的过程，意识不到行动与反应之间的时间延迟，在交流信息时也未能理解存量和流量，并且对于在系统进化过程中可能改变反馈回路强度的非线性特征不敏感。因此，可能产生"系统思考缺乏症"的五种典型症状：

只见树木，不见森林；
只见眼前，不见长远；
只见现象，不见本质；
头痛医头，脚痛医脚；
本位主义，局限思考。

对于系统思考的认识，此处引用《系统之美》中的经典语录，希望对读者有启发：

> ① 系统中很多关系都是非线性的。世界是普遍联系的，不存在孤立的系统；如何确定系统的边界，取决于你的分析目的。任何成长都存在限制。放在反馈回路中存在较长的时间延迟，具备一定的预见性是必不可少的。系统中每个角色的有限理性有可能无法产生促进系统整体福利的

决策。

②“主导地位”，当一个回路相对另外一些回路居于主导地位时，它对系统行为就会产生更强的影响力。只有那些居于主导地位的回路才能决定系统行为。动态系统分析的目的通常不是预测会发生什么情况，而是探究在各种驱动因素处于不同状况时，可能会发生什么。

- 资本的“死亡率”取决于资本的平均寿命：生命周期越长，每年资本淘汰或置换的比例就越小。
- 人口系统也会影响投资，包括为产出提供劳动力、增加消费需求，并由此减小投资系数。经济系统的产出也会以多种方式反馈并影响到人口系统。例如，经济富裕地区的医疗保障条件通常较好，从而降低了死亡率；经济富裕地区的出生率通常也较低。

③ 任何真实的实体系统都不是孤立存在的，其外部环境中都有各种相互关联的事物。限制因素通常以调节回路的形式存在。在某些条件下，这些调节回路会取代驱动成长的增强回路成为主导性回路，要么是提高流出量，要么是减少流入量，从而阻碍系统的进一步成长。“系统基模”指的是一些常见的系统结构可以导致人们熟悉的一些行为模式。没有任何真实的物理系统可以永无止境地成长下去。

④ 无论一个问题多么复杂，如果能以正确的方式去看待，它都会变得简单起来。

⑤ 在具有层次性的系统中，各个子系统内部的联系要多于并强于子系统之间的联系。当某个子系统的目标而非整个系统的目标占了上风，并牺牲整个系统的运作成本去实现某个子系统的目标，我们将这样的行为的结果称为次优化。层次性原本的目的是帮助各个子系统更好地做好其工作，不幸的是，系统的层次越高或越低，越容易忘记这一目的。

⑥ 我并不认为系统思考的观察方式比还原主义的观察方式更优秀，我认为二者是互补的，相互具有借鉴意义。就像有时候，你可以通过你的眼睛去观察某些事物，而有时又必须通过显微镜或者望远镜去观察另外一些事物。系统理论就是人类观察世界的一个透镜。通过不同的透镜，我们能看到不同的景象，它们都真真切切地存在于那里，而每一种观察方式都丰富了我们对这个世界的认知，使我们的认识更加全面。尤其是当我们面临混乱不堪、纷繁复杂且快速变化的局面时，观察的方式越多，效果就越好。

三、如何理解系统？

因此如何学习在设计中运用系统的思考方式，将是本书接下来的阐述重点，如何把系统思考很好地融入并整合到设计思维中，也是产品系统设计的重点。在课堂教学中，通过啤酒游戏这样的教学环节，可以让学生更好地感同身受，从而较快地理解系统。

1. 啤酒游戏是什么？

麻省理工学院（MIT）斯隆（Sloan）管理学院在20世纪60年代率先进行了“啤酒游戏”的模拟实验，通过巧妙的实验设计可以“更加明晰地把学习障碍及其起因剥离出来”，同时也可以更加直观地理解系统中各组织结构之间的关系。

啤酒游戏是一种策略游戏，通过模拟市场需求的波动，要求游戏参与者担任生产和分销体系中的某一环节，并根据自己的判断自主决策，以达到让自己获取最大利润的目的。

2. 啤酒游戏怎么玩？

课堂组织：

如图1-15所示，组织者将上课同学随机分成6组，使其分别扮演顾客、零售商、批发商、分销商、制造商和供应商6个团队，6个团队处于X品牌啤酒的供应链上，每个团队内均包含组长、会计、司机、智囊团成员四类角色。每组同学需每周做出决策——该周从上游订购/生产多少单位啤酒，且组与组之间的信息互通仅可依靠卡车司机（通过订货单、债券）联系。组长负责拍板决策，会计负责记录信息，司机负责运送啤酒和单据，剩余同学协助决策，各司其职。

图1-15　啤酒游戏课堂现场

材料准备：

为了达到更好的沉浸式游戏效果，组织者需要提前准备好六类材料：①六类角色说明；②货物出入登记表×6；③六类角色标牌；④每周事件、小道消息；⑤车、债券单、订货单；⑥啤酒，如图1-16所示。

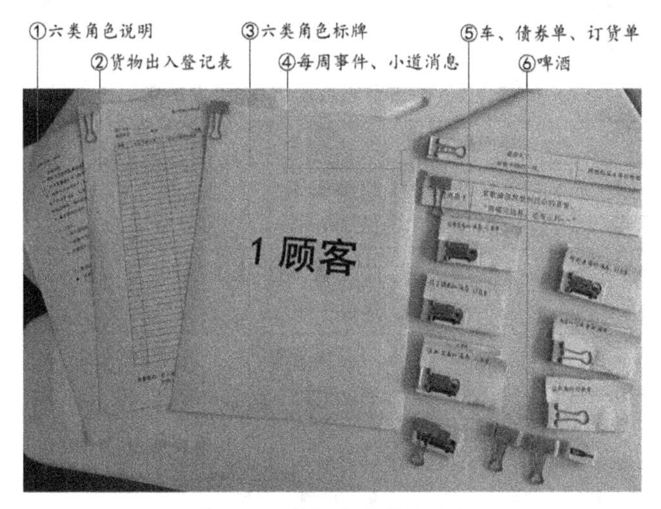

图 1-16　啤酒游戏材料准备

游戏规则：

如图 1-17 所示，若无特殊情况，【1 顾客】每周会从【2 零售商】处买 4 单位数量的啤酒。【2 零售商】、【3 批发商】、【4 分销商】、【5 制造商】为了始终保证 12 单位数量的啤酒库存，每周也会从上游订购 4 单位数量的啤酒，【供应商】每周生产 4 单位啤酒。但由于市场中顾客的需求不可能一成不变，即存在"每周事件"发生，啤酒供应链上的各方角色也可能获取到一些"小道消息"来辅助决策，如表 1-2 所示。

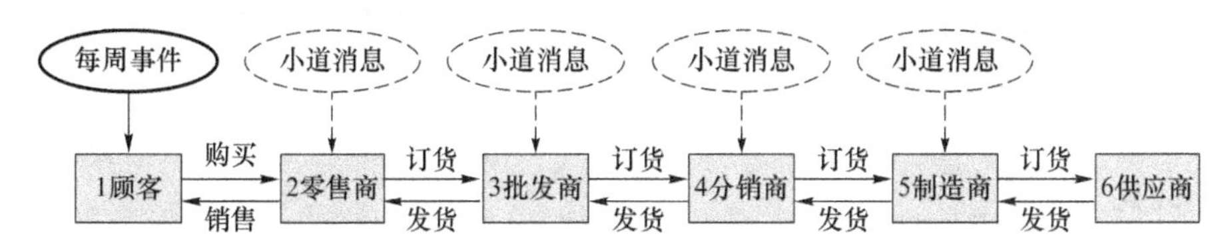

市场稳态(无突发事件下的自然状态):

	顾客	零售商	批发商	分销商	制造商	供应商
囤货量	—	囤12单位啤酒	囤12单位啤酒	囤12单位啤酒	囤12单位啤酒	∞
进货量	购买4单位啤酒	进4单位啤酒	进4单位啤酒	进4单位啤酒	进4单位啤酒	—

图 1-17　啤酒游戏规则

例如，【3 批发商】第二周收到了来自【2 零售商】的 4 单位订货需求，且没有察觉到市场上的风吹草动，便会在该周向上游【4 分销商】订购 4 单位啤酒，并运输给【2 零售商】4 单位啤酒。若【3 批发商】在第三周接收到了粉丝受明星代言影响要大批量囤积啤酒的消息，且下游【2 零售商】在该周送来了 20 单位数量啤酒的订单，便需要将库存里全部的 16 单位啤酒和 4 单位啤酒的债券送至【2 零售商】处，并对该周进货量进行决策。

注意:若上周有发行债券,新一周的出货量=上周债券额+最新订购额;货物送达下游后,记得索要债券。

表 1-2 啤酒游戏每周事件、小道消息

周数	每周事件		小道消息
第 1 周	盛世太平 非常平静的一周	顾客购买 4 单位啤酒	
第 2 周	歌曲《突然的自我》大火 "再喝完这杯,还有三杯 ～～"	顾客购买 6 单位啤酒	
第 3 周	啤酒节来临 大量民众参与	顾客购买 10 单位啤酒	
第 4 周	啤酒节继续升温 大量民众喝高	顾客购买 12 单位啤酒	【2 零售商】获得 [小道消息 1]:某歌曲忽然受到民众的喜爱。"再喝完这杯,还有三杯～ ～"。
第 5 周	啤酒节达到高潮 大量民众喝 High	顾客购买 14 单位啤酒	【3 批发商】获得 [小道消息 2]:医院的急诊病例增加。由于啤酒节狂欢导致大量事故发生。
第 6 周	金融危机爆发 民众节衣缩食怕受影响	顾客购买 6 单位啤酒	【5 制造商】获得 [小道消息 3]:次级房屋信贷危机爆发。华尔街部分金融公司宣布破产。
第 7 周	世界杯到来 球迷开始囤积存货	顾客购买 16 单位啤酒	【4 分销商】获得 [小道消息 4]:中国足球队突破历史性时刻。进入世界杯八强名单。
第 8 周	世界杯决赛 万千球迷关注中国队	顾客购买 18 单位啤酒	
第 9 周	金融危机影响发酵 失业潮来临	顾客购买 2 单位啤酒	【2 零售商】获得 [小道消息 5]:代工厂的劳工事件频发。工会组织与政府谈判失败。
第 10 周	各国采取经济手段 民众开始接受金融危机事实	顾客购买 4 单位啤酒	
第 11 周	中国经济迅速调整 整体经济回暖,民众安心	顾客购买 6 单位啤酒	【4 分销商】获得 [小道消息 6]:城市犯罪率下降。社会就业率上升。
第 12 周	民众开始对金融危机默然 户外音乐节火爆	顾客购买 12 单位啤酒	

续表

周数	每周事件		小道消息
第13周	不温不火的一周 最近没发生什么事	顾客购买6单位啤酒	【5 制造商】获得[小道消息7]:政府进行市场改革。外国啤酒品牌宣布进入本土市场。
第14周	外国品牌的啤酒涌入本土 部分民众雀跃尝鲜	顾客购买4单位啤酒	【3 批发商】获得[小道消息8]:外国啤酒厂商遭遇水土不服。无法处理好与当地政府的关系。
第15周	外来和尚难念经 外国啤酒品牌宣布退出本土市场	顾客购买6单位啤酒	

角色说明:

【1 顾客】

(1) 任务流程

① 根据【当前周的事件说明】,使用订单表向【零售商】进行啤酒的采购。

② 从【零售商】那里购得的啤酒在当前回合内放入【供应商】的库存中。

③ 如果在当前回合中,【零售商】无法提供足够的啤酒,拿到【零售商】发行的债券,并在下回合开始后,先使用债券从【零售商】那里兑换等额的啤酒,然后再根据周事件购入相应的啤酒,随后将啤酒一并放入【供应商】的库存中。

④ 最后游戏结束时,若手上持有若干债券,则将债券的数量标记在下方;若没有,则填写0。

(2) 说明

① 一周为游戏的一个回合。

② 一枚硬币为一单位的啤酒。

③ 在游戏中,不要向任何商户透露任何信息。

(3) 游戏结束核算

该游戏持续______周,总共持有______张零售商发行的债券,合计______单位的啤酒。

【2 零售商】

[尽可能多地卖出啤酒;让流落在外的债券最少;游戏最终结束时保持最小库存量。]

(1) 任务流程

① 将商户货物出入登记表基本信息填好。

② 接收【顾客】提交的订单表，从当前库存中取出对应量的啤酒给予【顾客】，在商户货物出入登记表上登记出货数目，并将订单表放入顾客订单收纳中。

③ 如果在当前回合中，无法提供足够的啤酒给【顾客】，可发行对应欠缺额度的债券给【顾客】并在商户货物出入登记表上登记债券额度数目。在下一回合开始后，先兑换【顾客】提交债券中等额的啤酒，然后在根据【顾客】新提交的订单表给予相应的啤酒，随后将订单表放入顾客订单收纳中。

④ 根据当前库存量，做出决策，是否需要从【批发商】那里订购啤酒，如果需要，那么将具体数目登记在商户货物出入登记表上，撰写订单表装入货车中，送达【批发商】后，取回货车。

⑤ 新一回合若收到【批发商】发的货，在商户货物出入登记表上登记入货数目。

⑥ 若【批发商】无法发送足够的货，获得【批发商】发行的债券。直至某回合【批发商】将所亏欠的货物送达时，将债券装入货车中，返还给【批发商】，并取回货车。

⑦ 最后游戏结束时，若手上持有若干债券，则将债券的数量标记在下方；若没有，则填写 0。

(2) 说明

① 一周为游戏的一个回合。

② 一枚硬币为一单位的啤酒。

③ 在游戏中，不要向任何商户透露任何信息。

④ 在游戏中，不要让任何其他商户知道自己当前的库存量。

⑤【批发商】无法在你提交订单表后在当前回合内立即给你发货，即下一回合才能发货。

(3) 游戏结束核算

① 该游戏持续______周，总共持有______张批发商发行的债券，合计______单位的啤酒。

② 销售总额______单位的啤酒(根据登记表统计出货数量)。

③ 滞销总额______单位的啤酒(统计库存中剩余的货物数量)。

④ 盈利_______单位的啤酒(盈利＝销售总额－滞销总额×2－对外发行债券赊欠总额×2)。

【3 批发商】

[尽可能多地卖出啤酒；让流落在外的债券最少；游戏最终结束时保持最小库存量。]

(1) 任务流程

① 将商户货物出入登记表基本信息填好。

② 接收【零售商】提交的订单表,将订单表放入订单收纳中。

- 若库存中有足量货物,取出装入货车,在下一回合开始后,送给【零售商】,然后在商户货物出入登记表上登记出货数目,并取回货车;
- 若库存中货物不足,取出装入货车,发行对应欠缺额度债券的装入货车,在下一回合开始后,一并送给【零售商】,然后在商户货物出入登记表上登记出货数目以及债券额度,并取回货车。

③ 根据当前库存量,做出决策,是否需要从【分销商】那里订购啤酒,如果需要,那么将具体数目登记在商户货物出入登记表上,撰写订单表,送达【分销商】。

④ 若收到【分销商】发的货,在商户货物出入登记表上登记入货数目。

⑤ 若【分销商】无法发送足够的货,获得【分销商】发行的债券。直至某回合【分销商】将所亏欠的货物送达时,将债券返还给【分销商】。

⑥ 最后游戏结束时,若手上持有若干债券,则将债券的数量标记在下方;若没有,则填写0。

(2) 说明

① 一周为游戏的一个回合。

② 一枚硬币为一单位的啤酒。

③ 在游戏中,不要向任何商户透露任何信息。

④ 在游戏中,不要让任何其他商户知道自己当前的库存量。

(3) 游戏结束核算

① 该游戏持续______周,总共持有______张分销商发行的债券,合计______单位的啤酒。

② 销售总额______单位的啤酒(根据登记表统计出货数量)。

③ 滞销总额______ 单位的啤酒(统计库存中剩余的货物数量)。

④ 盈利________单位的啤酒(盈利=销售总额-滞销总额×2-对外发行债券赊欠总额×2)。

【4 分销商】

[尽可能多地卖出啤酒;让流落在外的债券最少;游戏最终结束时保持最小库存量。]

(1) 任务流程

① 将商户货物出入登记表基本信息填好。

② 接收【批发商】提交的订单表,从当前库存中取出对应量的啤酒给予【批发商】,在商户货物出入登记表上登记出货数目,并将订单表放入订单收纳中。

③ 如果在当前回合中，无法提供足够的啤酒给【批发商】，可发行对应欠缺额度的债券给【批发商】，并在商户货物出入登记表上登记债券额度数目。在下一回合开始后，先兑换【批发商】提交债券中等额的啤酒，然后再根据【批发商】新提交的订单表给予相应的啤酒，随后将订单表放入订单收纳中。

④ 根据当前库存量，做出决策，是否需要从【制造商】那里订购啤酒，如果需要，那么将具体数目登记在商户货物出入登记表上，撰写订单表，送达【制造商】。

⑤ 新一回合若收到【制造商】发的货，则在商户货物出入登记表上登记入货数目。

⑥ 若【制造商】无法发送足够的货，则获得【制造商】发行的债券。直至某回合【制造商】将所亏欠的货物送达时，将债券返还给【制造商】。

⑦ 最后游戏结束时，若手上持有若干债券，则将债券的数量标记在下方；若没有，则填写 0。

(2) 说明

① 一周为游戏的一个回合。

② 一枚硬币为一单位的啤酒。

③ 在游戏中，不要向任何商户透露任何信息。

④ 在游戏中，不要让任何其他商户知道自己当前的库存量。

⑤【制造商】无法在你提交订单表后在当前回合内立即给你发货，需要下一回合开始后才能发货。

(3) 游戏结束核算

① 该游戏持续______周，总共持有______张制造商发行的债券，合计______单位的啤酒。

② 销售总额______单位的啤酒(根据登记表统计出货数量)。

③ 滞销总额______单位的啤酒(统计库存中剩余的货物数量)。

④ 盈利________单位的啤酒(盈利＝销售总额－滞销总额×2－对外发行债券赊欠总额×2)。

【5 制造商】

[尽可能多地卖出啤酒；让流落在外的债券最少；游戏最终结束时保持最小库存量。]

(1) 任务流程

① 将商户货物出入登记表基本信息填好。

② 接收【分销商】提交的订单表，将订单表放入订单收纳中。

- 若库存中有足量货物，取出装入货车，在下一回合开始后，送给【分销商】，然后在商户货物出入登记表上登记出货数目，并取回货车；

- 若库存中货物不足，取出装入货车，发行对应欠缺额度的债券装入货车，在下一回合开始后，一并送给【分销商】，然后在商户货物出入登记表上登记出货数目以及债券额度，并取回货车。

③ 根据当前库存量，做出决策，是否需要从【供应商】那里订购啤酒，如果需要，那么将具体数目登记在商户货物出入登记表上，撰写订单表，送达【供应商】。

④ 若收到【供应商】发的货，则在商户货物出入登记表上登记入货数目。

(2) 说明

① 一周为游戏的一个回合。

② 一枚硬币为一单位的啤酒。

③ 在游戏中，不要向任何商户透露任何信息。

④ 在游戏中，不要让任何其他商户知道自己当前的库存量。

⑤【供应商】无法在你提交订单表后在当前回合内立即给你发货，需要下一回合开始后才能发货。

(3) 游戏结束核算

① 该游戏持续_____周，总共持有______张制造商发行的债券，合计______单位的啤酒。

② 销售总额______单位的啤酒（根据登记表统计出货数量）。

③ 滞销总额______单位的啤酒（统计库存中剩余的货物数量）。

④ 盈利________单位的啤酒（盈利＝销售总额－滞销总额×2－对外发行债券赊欠总额×2）。

【6 供应商】

[生产适量的啤酒，并尽可能多地卖出啤酒。]

(1) 任务流程

① 将商户货物出入登记表基本信息填好。

② 接收【制造商】提交的订单表，将订单表放入订单收纳中。从库存取出足量货物装入货车，在下一回合开始后，送给【制造商】，然后在商户货物出入登记表上登记出货数目，并取回货车。

③ 根据当前库存量，做出决策，是否需要生产啤酒，如果需要，那么将具体数目登记在商户货物出入登记表上。

(2) 说明

① 一周为游戏的一个回合。

② 一枚硬币为一单位的啤酒。

③ 在游戏中，不要向任何商户透露任何信息。

④ 商户货物出入登记表上只需填写出货数量，其他的不需要填写。

(3) 游戏结束核算

① 该游戏持续______周，总共卖出______单位的啤酒(根据登记表统计出货数量)。

② 滞销总额______单位的啤酒(统计库存中剩余的货物数量)。

③ 盈利______单位的啤酒(盈利＝销售总额－滞销总额×2－对外发行债券赊欠总额×2)。

3. 啤酒游戏的结论

这个游戏经常出现的一种现象是，供应链上游面临的需求波动往往大于供应链下游面临的需求波动。也就是说，需求信号在向供应链上游不断传递的过程中，其波动有被不断放大的趋势。

游戏中的零售商、批发商、分销商、制造商四类角色都想服务好自己的顾客，都希望产品能在系统中平稳流通，也都想避免问题的出现。每个角色都对接下来要发生的事情进行了合理的猜测，也都依此做出了决定。这些决定不但有着良好的动机，而且符合逻辑。尽管如此，危机还是发生了——这是系统结构中固有的。

每次玩这个游戏，相同的悲剧不断在重演：四个角色起初都严重缺货，后来都囤货过多。

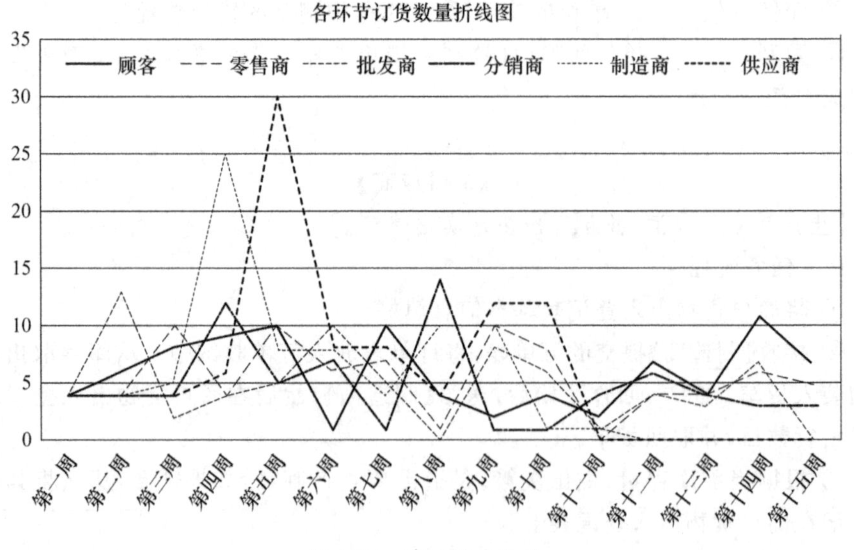

图 1-18 啤酒游戏结果

站在设计的视角来分析，啤酒游戏中出现的问题是一个经典的系统问题，距离顾客端越远的角色与真实的需求之间会产生越大的偏差，即零售商＜批发商＜分销商＜制造商＜供应商，如图 1-18 所示。这也说明，我们做设计时要尽可能地接近用户，才能找准用户的真正需求。

游戏组织中需要注意的问题如下。

(1) 时间安排

游戏以周为单位进行，可以根据课程安排调整游戏进度。游戏进行十五周大概需要1小时时间，如时间紧张，进行八周以上即可。

(2) 课堂组织

游戏正式开始前介绍规则时需预留提问时间，前期准备越充足，游戏进展越顺利。组织者可以在第一周指导各组同学决策，并预留答疑时间，从第二周开始正式进行游戏。前几周进度会较慢，后续随着各组同学熟悉游戏流程和规则进展会越来越快，如图1-19和图1-20所示。

图1-19 啤酒游戏进行——讨论决策

图1-20 啤酒游戏进行——信息记录

需要严格控制同学们的讨论时间，到点各组“司机”同学同时出动，以免产生信息时差。

四、系统和设计的关系?

系统和设计的关系包含两方面的含义：第一个是系统为设计提供了一种独到的视角，即通过系统的视角做设计；第二个是做设计的方法，设计师需要遵循系统的设计流程去做设计。

做设计的视角有很多。有的以问题为视角，有的以用户为视角，这些都是现在的主流设计思想，而通过系统的视角可以让设计师更全面地做设计。系统设计更像是设计师的上帝视角，上帝视角是叙述视角中，第三人称视角（第三人称叙述）的别称。第三人称叙述者能够以非现实的方式不受限制地描述任何事物。设计的上帝视角，更多地是指设计需要从更宏观以及整体系统的角度去展开，这也是系统设计的要点：更宽广的视野。

设计的方法多种多样，各种设计流程、设计框架层出不穷，我们很难说哪一种框架最适合做设计，但是这些框架无疑具备一个共同的特征就是系统性，按照这些框架确实可以有效地解决一些具体问题。这些框架都由很多要点组成，要点之间有着有机的联系，并且这些框架一定是完整的。随着我们解决的问题越来越复杂，我们选择的设计框架也越来越复杂，但这些框架一定能够让我们可以更好地去做系统设计。

具有系统视角和具备系统设计能力的设计师看问题总是特别准确、特别全面、特别长远，有超乎寻常的洞察力，能看清楚趋势，这样的设计师往往先人一步获得成功，那么怎样才能成为这样的设计师？你周围有没有这样的设计师，他们是怎么做到的？希望本书接下来的内容可以给读者一些启发。

重点摘要

① 系统是若干部分相互联系、相互作用，形成的具有某些功能的整体。

② 系统中最重要的是链接，并不是要素，要想成功就要做系统的链接者。

对话

学生：系统有没有分类？

老师：目前能查阅到关于系统的分类的文献是把系统分为四类——自然系统、

信息系统、社会系统、混合系统。自然系统包括水循环系统、天气系统等;信息系统包括操作系统、云服务系统等;社会系统包括语言系统、法律系统等;混合系统包括医疗体系、教育体系等。

学生:有没有什么不是系统?

老师:粉笔盒里粉笔不是系统,没有链接。系统需要要素之间彼此链接,并具备一定的功能。比如,“一团散沙”不是系统,散乱的沙子之间没有链接。

学生:在现在的商业模式中,各种大的互联网平台都是系统吗?

老师:重要的问题基本上都包含系统,在商业价值中,几乎所有高价值的商品都包含系统。现在的各种大的互联网平台,如百度、阿里、京东等平台毫无疑问都是系统。

学生:系统是整体大于部分之和,什么是好的系统?什么是不好的系统?

老师:好的系统确实是整体大于部分之和,比如田忌赛马,故事折射的道理是整体大于部分之和。不好的系统比如:三个和尚没水喝,故事讲的道理是整体小于部分之和。同时这也说明整体的链接很重要,链接得好,功能就会强。

学生:电影《功夫熊猫》是一个很好的讲系统的题材吗?

老师:是的,《功夫熊猫》讲的就是熊猫们需要联合起来打败坏人的故事。武功最高的个体并不存在,团结起来的大家才是武功最高的。这部电影揭示的道理就是系统大于部分之和。

学生:每个人都是一个完美的小宇宙,这个是不是说人体也是一个系统?

老师:每个人都是一个小宇宙,是非常形象的。人体是一个系统,人与宇宙万物都有生长衰亡的过程。老子就有天人合一,道法自然的思想。我们每个人都有肉身与灵魂,亦是一个神秘难知的存在。人体有 40 万亿～60 万亿个细胞,跟天上的星星大致一样多!人体的血管总长度,可绕赤道两圈以上!人体内所有染色体的总长度,可在地球与太阳之间折返几百个来回!人不仅是小宇宙,而且是具有超自然的、超自由的、积极主动的、鲜活有情的小宇宙,不仅拥有大宇宙的浩荡、完美,而且充满生机和创造。

学生:学生是不是在大学期间,需要培养一种很重要的能力,就是系统整合能力?

老师:现在的时代是跨学科的时代,一个人花费毕生精力学到的知识不足以用来制作一架飞机,因为制造飞机需要的知识太多,需要各种专业人才协作,才可以制造出一架完整的飞机。大学培养的人才更多的是在某个领域有专长的人才,或是T型人才,走向社会,需要和其他有专长的人合作才能更好地创造价值,所以系统整合能力以及合作能力是必不可少的能力。在企业里,有一种岗位叫总师,这种岗位的人就需要非常强的跨学科的能力和整合系统的能力,才能带领大家研发出复杂的产品。

思考题

① 试描述一个周围常见的系统现象,并做简单的分析。

② 如果你是设计师,试着思考在设计中,遇到的哪些问题是系统问题?

③ 生活中有哪些类似蝴蝶效应的系统现象?试举一个系统现象的案例进行分析。

本章参考文献

[1] 梅多斯.系统之美:决策者的系统思考[M].邱昭良,译.杭州:浙江人民出版社,2012.
[2] 圣吉.第五项修炼[M].张成林,译.北京:中信出版社,2009.
[3] 凯林,科尔斯.破窗效应:失序世界的关键影响力[M].陈智文,译.北京:生活·读书·新知三联书店,2014.
[4] 克里斯.长尾理论[M].乔江涛,译.北京:中信出版社,2006.
[5] Elisabeth Noelle-Neumann.沉默的螺旋:舆论——我们的社会皮肤[M].董璐,译.北京:北京大学出版社,2013.
[6] 科克.80/20法则[M].冯斌,译.北京:中信出版社,2008.
[7] 麦吉沃恩.精要主义[M].邵信芳,译.杭州:浙江人民出版社,2016.
[8] 贝塔朗菲.一般系统理论基础、发展和应用[M].林康义,魏宏森,等译.北京:清华大学出版社,1987.
[9] 苗东升.系统科学精要[M].北京:中国人民大学出版社,2016.
[10] 郭雷.系统科学进展[M].北京:科学出版社,2017.
[11] 许国志.系统科学[M].上海:上海科技教育出版社,2000.

[12] 佚名.沉默的螺旋理论[J].财务与会计:理财版,2010(8):1.

[13] 宋辉艳,赵静.美国金融危机引发的多米诺骨牌效应[J].经济研究导刊,2009(18):2.

[14] 蒋欢,汪凯,田秀.网络营销中的多米诺骨牌效应[J].现代经济信息,2012(21):1.

第二章　系统的设计思想方法

极其复杂的研究对象称为系统，即相互作用和相互依赖的若干组成部分结合成的具有特定功能的有机整体，而且这个系统又是它所从属的更大系统的组成部分。

——钱学森

凡是用系统观点来认识和处理问题的方法，亦即把对象当作系统来认识和处理的方法，不管是理论的或经验的，定性的或定量的，数学的或非数学的，精确的或近似的，都叫作系统方法。

——许国志《系统科学》

系统科学是处理复杂事物的科学有效方法，设计问题所表现出的复杂性需要系统设计方法处理。本章将只对局限在设计领域里的系统设计方法进行介绍。

一、设计方法论的演变

Nigel Cross 教授(图 2-1)一直是国际上设计研究领域的思想引路人，也是设计教育领域的先锋，他从 20 世纪 60 年代就开始从事设计研究和设计教育，在建筑和工业设计方面有丰富的学术和实践经验。他是英国开放大学(Open University)的设计研究名誉教授，在 Nigel Cross 教授以及其他设计研究教授的努力下，1982 年前英国首相撒切尔夫人主持内阁会议，将“设计”作为一门必修的通识课程在中小学开始推广。Nigel Cross 于 2005 年被英国设计研究学会授予终身成就奖。

图 2-1　Nigel Cross 教授

Nigel Cross 1984 年编写的 *Developments in Design Methodology* 一书，是设计方法论的经典论著。在此之前的研究中，“方法论”总会被认为是只研究而不被实践的一门特定的艺术或学科，*Developments in Design Methodology* 一书对其重新定义，将“方法论”看作是对方法的一般研究，将“设计方法论”看作是对设计原理、实践和程序广泛意义的研究，他希望可以给予“任何想反思自己如何对艺术或科学进行实践的人，以及任何教别人实践的人”一定的借鉴。在书中从设计过程的管理（the Management of Design Process）、设计问题的结构（the Structure of Design Problems）、设计活动的本质（the Nature of Design Activity）、设计方法的哲学（the Philosophy of Design Method）四个部分详细地描述了设计方法论的发展过程，如表 2-1 所示。

表 2-1 “设计方法论”的发展过程

四个部分	时间	特点
设计过程的管理 (the Management of Design Process)	1962—1967 年	注重对设计过程的整体管理的系统化程序以及在该过程中使用的系统化技术
设计问题的结构 (the Structure of Design Problems)	1966—1973 年	在系统论的方法下，了解设计问题的特殊性质，并描述其特殊结构
设计活动的本质 (the Nature of Design Activity)	1970—1979 年	关注于系统设计中设计师的行为
设计方法的哲学 (the Philosophy of Design Method)	1972—1982 年	基于可靠的设计理论对传统的系统设计进行改进

1. 设计过程的管理

设计过程的管理部分给出了 20 世纪 60 年代初对“设计方法运动”的相关记录，“系统设计”正是在这一时期得到了初步的发展。在这个阶段，设计过程的系统性以及过程中使用的系统性技术都得到了很好的发展。下面分别以工程设计、城市设计、工业设计和建筑设计的四篇代表性论文对其进行介绍。

(1) 工程设计-John Christopher Jones

John Christopher Jones 曾在剑桥大学学习工程学，之后在英格兰曼彻斯特的 AEI 工作。他在 1970 年出版了《设计方法》一书，该书被认为是设计学的主要著作之一。

在 20 世纪 50 年代，设计方法已经有了向更加逻辑化和系统化方向发展的趋势。此时，Jones 在发表于伦敦设计方法会议上的论文“A Method of Systematic Design”(1963)中首次提出并使用了“系统设计方法”，这是对探索全新的设计方法一次大胆的尝试。Jones 将“系统设计方法”看作是一种基于逻辑的、理性的、系统的思维方式，它并没有取代基于传统的、直觉的、经验的传统设计方法，而是对它进行了补充和发展。

Jones 的"系统设计方法"对"逻辑性思维"和"创造性思维"两者之间的关系进行了重新设计，并且提出了系统设计过程的三个阶段："分析(analysis)""综合(synthesis)""评估(evaluation)"，让这两种思维方式以它们各自的方式在系统中发挥作用。这三个阶段是对"系统设计方法"最早的应用，在此之后"系统设计方法"在工程设计中得到广泛应用。

(2) 城市设计-Christopher Alexander

Christopher Alexander 于 1936 年 10 月 4 日出生于奥地利维也纳，之后生活于英格兰。他是加州大学伯克利分校的终身教授和承包商，同时也是一位有名的建筑师，他的著作——《建筑永恒之道》一直被认为是西方现代《道德经》。

Alexander 在论文"The Determination of Components for an Indian Village"(1963)中创新了自己的系统设计方法，他初步提到了"要素、链接、功能或目标"之间的关系。首先，一切从零开始，将城市看作是一个物理系统，对其组件(要素)进行剖析，强调系统的性质是由其子系统的性质所决定。例如，提出问题：城市的组成部分是什么？得到的答案毫无疑问会是：房屋、街道、办公室和公园等，这来自我们对城市的功能定义，所以城市组件之间的物理链接应遵循功能划分的原则。其次，如果系统想要不断地发展变化，系统中的要素以及要素之间的链接就要松散灵活一些。例如，Alexander 在对印度村庄做规划时，将城市看作是一个"活"的系统。他的目标是为其设计一套组件，用这些组件来构建出一个不断发展变化的城市系统。这时，城市系统需要具备两个属性：第一个属性是可以向系统中添加新组件；第二个属性是可以修改和替换系统中已经存在的组件。

在 Alexander 的系统设计方法中，要素的性质会影响系统适应新发展和变化情况的速度和效率，而要素的组成又会受到功能和关系(链接)的直接影响，由此可见系统中"要素、链接、功能或目标"的重要性。

(3) 工业设计-Leonard Bruce Archer

Leonard Bruce Archer 出生于 1922 年 11 月 22 日，是英国的一名机械工程师，后来成为皇家艺术学院的设计研究教授。他有着工业设计的背景，帮助建立了设计学科。Archer 在论文"Systematic Method for Designers"(1965)中讲述了近年来工业设计的重点经历了从各种限制下的"雕塑"到采用与人工技术不同的"系统技术"的变化。在这个过程中，Archer 首先揭露了"设计"与"创造"的区别："设计"是指在思想形成与其具体体现之间有一定的模型或规定；如果没有模型和规定就直接将思想体现出来那么就属于"创造"。因此对他来说，设计活动是基于某些规定或模型的预先制定，该规定或模型代表了创建某些人工制品的意图，且其中必须包括一些创造性步骤。

Archer明确提出设计与音乐创作、科学发现和数学计算尽管有很多相似之处，但实际上是截然不同的，他提出的系统设计模型的核心包含六个阶段：拟订计划（programming）、数据收集（data collection）、分析（analysis）、综合（synthesis）、发展（development）、沟通（communication）。在实际的实践过程中，各个阶段并不是独立存在的，有时会重叠，有时甚至会反复，但这才是最真实的情况。

Archer认为设计师的经验以及知识与创造力相比同样重要。他说到："基于先前的经验进行第一近似可极大地减少解决问题时的工作量。"但是，他还说到："解决设计问题的任何理性方法都必须提供'根据证据做出决定的手段'，这是理所当然的。"因此，他强调信息的收集和组织，以便设计人员可以做出明智的决策。

（4）建筑设计-John Luckman

John Luckman是一名建筑师，同时进行运筹学（operational researcher）的相关研究。Luckman在论文"An Approach to the Management of Design"（1967）中首先提出设计是人掌握环境的第一步，设计工作是在各种各样的环境中进行的，包括建筑、城市规划、工业、工程、艺术和手工艺。

Luckman的观点与Archer有很多相似之处，他强调对信息、需求和约束的分析，设计师在经验的帮助下，可以将这些分析转换为符合正在设计的艺术品所需性能特征的潜在解决方案。他还坚持认为"一定的创造力或独创性必须被纳入设计过程才能被称为设计"，并且如果可以通过严格的计算来生成替代解决方案，那这个过程已经不是设计了。

Luckman的系统设计模型基于Jones提出的"分析（analysis）""综合（synthesis）""评估（evaluation）"三个阶段，但是Luckman认为系统设计并不是一个简单的、线性的过程，而是需要设计人员不断从最一般的问题到更具体的问题进行循环分析、综合评估的过程。Luckman认为针对系统设计过程中的各种问题，最终将会产生一个最佳解决方案，而这个最佳解决方案实际上是由相互连接和影响的"子解决方案"所组成。因此，Luckman提出了AIDA系统设计模式——分析与决策的相互连接，使设计人员能够识别兼容的"子解决方案集"，从而做出同时选择，而不是顺序选择，最终组合出一个最佳的解决方案。

2. 设计问题的结构

设计问题的结构部分将注意力转移到了理解设计问题的复杂性。了解设计问题的性质和结构，可以更加肯定地开发出解决这些问题的方法，使设计师可以通过常规的设计过程来解决复杂的设计问题。下面以四篇代表性论文为例对其进行介绍。

（1）Decision-making in Urban Design——Peter H. Levin

Peter H. Levin一直致力于城市设计过程的相关研究，他在论文"Decision-making in Urban Design"中将城市设计看作是一个决策过程,那什么是"决策(decision)"呢?Elliott Jagues 教授于1966年2月15日在运筹学会(Operational Research Society)所作的演讲"The Nature of Decision-making"(1966)中描述了"决策(decision)"的特征,即:

① 行使酌处权(例如,选择行动方案);

② 规定非自由裁量权范围(仅在这些范围内可以行使酌处权);

③ 制定目标(即决策者要达到的目标);

④ 做出承诺(即一个决策将导致的外部事件,一个错误的决策将造成浪费或其他形式的伤害)。

很显然,城市设计满足以上四个特征,那么城市设计这个决策过程又是什么样的呢?在此,Levin 将一个城市看作是一个高度复杂的系统,这个系统由很多相互影响的属性组成,Levin 详细讨论了这些系统属性的因果关系(cause and effect),设计本身的构成和产出分别是"可控原因(controllable causes)"和"可控结果(controllable effects)",但是也会出现超出城市设计过程范围的"无法控制的"原因和结果(uncontrollable causes and effects)。因此,设计师的任务是:选择可控原因并调整它们,使其即使在不可控原因所属的情境下也可以获得预期的可控结果。

(2) The Atoms of Environmental Structure——Christopher Alexander and Barry Poyner

Christopher Alexander 和 Barry Poyner 在论文"The Atoms of Environmental Structure"(1966)中提出建筑设计和建筑程序都不应该是任意的,而是可以根据某种方式进行定义。对此他们提出了一套系统的建筑设计方法,该方法由三部分组成。

首先,在调研的过程中,用"倾向(tendency)"来代替"需求(need)"的概念,"需求"是没有办法确定的,而"倾向"被看作是"可操作的需求"部分,可以通过观察人们的行为对它进行检验。"倾向"在这里可以被看作是一个假设,可以被检验和细化,最后也可以被证实或者证伪。

其次,一个系统中会有很多"倾向"的存在,当这些"倾向"之间产生冲突时,就会导致设计问题的产生。冲突往往发生在特定的环境中,所以环境设计的任务就是如何更好地安排环境,使其没有冲突产生,这时就要利用一组"关系(relations)"来做平衡,关系即防止冲突发生的环境的几何排列。

最后,一旦趋势之间的冲突得到证明,就会有"防止冲突产生的关系"产生,这时"关系"就会像一条"准则"存在于任何可能发生此类冲突的系统中,并且不会跟随人们的主观意愿发生改变。

在这个系统设计方法中,设计师的任务就是要识别出"倾向"以及它们之间的冲突,并且找到或者发明应对冲突的"关系",从而解决冲突。如果生活中的欲望是潜在的“倾向”，那么那些不受欢迎的事物就是潜在“倾向”之间无法解决的冲突。

(3) Planning Problems are Wicked Problems——Horst W. J. Rittel 和 Melvin M. Webber

Horst W. J. Rittel 和 Melvin M. Webber 在论文“Planning Problems are Wicked Problems”(1973)中提出观点：科学可以解决的问题属于“正常问题(tame problems)”，而规划和设计问题属于“诡异问题(wicked problems)”，“wicked problem”是指那些只能通过解决或部分解决才能被明确的问题。胡飞翻译的《设计：语意学转向》一书中对“wicked problem”进行了进一步的解释，即把问题“解决”一遍以便能够明确地定义它，然后再次解决该问题，从而形成一个可行的方案。

塔库马大桥(Tacoma Narrows Bridge)的设计就是一个典型的“wicked problem”。轻型的桥塔、柔韧的桥面是彼时悬索桥设计的时尚，建于华盛顿州的塔库马大桥的桥面只有常用悬索桥桥面高度的三分之一到四分之一，因其总长度达 1 810.2 米，最长跨度达 853.4 米，一度成为全球第三大悬索桥。1940 年 11 月 7 日，在风中振颤了几个月的塔库马大桥，在风力作用下，桥面扭曲变形过大，最终倒塌，如图 2-2 所示。塔库马大桥的整个破坏过程被一个一直在观测大桥的教授录了像，录像带被冠以“塔库马大桥倒塌的困惑”的名称。事件发生后，著名空气动力学家冯·卡门(Von Karman)和一个著名桥梁专家带领的调查委员会给出了一个不太确定的报告：塔库马大桥的破坏可能是由于涡流风的随机运动引起的强迫振动导致的。从“wicked problem”的角度看，直到这座桥坍塌，工程师们才知道应该充分考虑空气动力学因素。通过建造这座大桥(即解决这个问题)，他们认识到了应该额外考虑的环节，从而建造出了到现在依然矗立不倒的另一座桥梁。

图 2-2 塔库马大桥

在系统设计中经常会出现"wicked problems",Rittel 和 Webber 在此概述了"wicked problems"的 10 个属性:

① 没有明确的表述。一个人如果不了解问题的背景,就无法理解问题,从而无法解决问题。

② 没有停止的规则。没有足够的理解标准,一些额外的努力可能会增加找到更好解决方案的机会。

③ 不讲究对与错,只讲究好与坏,参与者可以从各个角度对方案进行评估。

④ 对解决方案不能进行立即的检验,也不能进行最终的检验。

⑤ 每一个方法都是"一次性操作"。因为没有机会通过反复试验来学习,所以每一次尝试都很重要。

⑥ 没有一组可以详尽描述的潜在解决方案,也没有一组可被纳入计划的良好描述的可允许的操作。

⑦ 本质上都是独一无二的。尽管当前的问题与之前的问题之间有很多的相似之处,但总有一种与众不同的特性是最重要的。

⑧ 可以被看作是另一个问题的征兆,一个问题通常会扮演因果两种角色。

⑨ 存在的差异可以用多种方式解释,选择哪种解释决定了问题解决的性质。

⑩ 计划者无权犯错,提出的解决方案只是反驳了之前的建设,假设不断被反驳是一个良性的过程,而不是犯错的过程。

在这个过程中,Rittel 和 Webber 对依赖于数据收集、数据分析和方案合成的"第一代系统方法"进行了批评,并提出了"第二代系统方法":应该建立在一个论证的过程中,问题和解决方案的形象在论证中逐渐出现,作为不断判断的产物,并且受到批判性的争论。

(4) The Structure of Ill-structured Problems——Herbert A. Simon

Herbert A. Simon(希尔伯特·西蒙,图 2-3)1916 年生于美国威斯康星州的密尔沃基,毕业于芝加哥大学,在认知科学、社会学、心理学等众多的领域都深刻地影响着我们这个时代。Simon 在他的论文"The Structure of 111-structu red Problems"(1973)中提出了"结构不良的问题(ill-structured problem,ISP)"和"结构良好的问题(well-structured problem,WSP)"两个概念,而且 Simon 认为这两者之间并没有明确的界限。Simon 提倡用传统解决问题的程序去解决那些结构不良的问题。他以一个房屋设计为例,先从房屋总体和整体规范入手,然后根据经验对房屋设计进行层次分解,通过将其分解为各种"子问题(sub-problems)"来获得房屋的结构。Simon 强调在任何一个时间段内,设计师都是在解决问题,并且可以很快地将一个初始的"结构不良的问题"转换为"结构良好的问题"。由于问题解决系统(problem-solving system)具有连续性,设计过程总是从一个子问题转移到下一个子问题。

图 2-3 希尔伯特·西蒙

很显然，Simon 所提倡的是一种传统的系统设计方法，具有分解、转移和连续等特点。Simon 认为"结构不良的问题"并不需要完全不同的解决问题的能力和技巧，和"结构良好的问题"一样，可以采用分层问题解决系统做设计。

3. 设计活动的本质

设计活动的本质专注于对设计师的设计行为进行研究，打破只研究设计师思想的局限性，依赖于心理学以及人类认知的相关研究，将设计活动看作是人类行为的"自然现象"。下面以四篇代表性论文为例对其进行介绍。

(1) The Primary Generator and the Design Process——Jane Darke

Jane Darke 在论文"The Primary Generator and the Design Process"(1979)中推崇使用主观的"社会方法"对人类行为进行分析，并且否定了严格的"科学方法"，这与当时的大量设计研究方法大相径庭。她将自己的研究建立在对建筑师的访谈之上，要求建筑师回忆他们在做设计时的想法和过程。虽然这种方法会出现"建筑师记忆不佳以及无法用语言描述非语言的行为"等状况，但仍然挖掘出了丰富的数据。

Darke 认为早期的系统设计的方法属于"分析-综合(analysis-synthesis)"的方法，但这种方法并不完全适用于现在的形势，它过度集中于设计形态，给设计师展示了一系列带有特定标签的盒子，而不是让设计师用概念去填充盒子的内容，这大大地降低了设计师本身的创造力，通过对建筑师的采访更加验证了她这一观点。因此，Darke 提出了"猜想-分析(conjecture-analysis)"的系统设计方法。这种方法基于设计师的主观判断，而不是逻辑过程，强调设计概念在需求被详细阐述之前就已经形成了。设计师在刚接触到某一问题时，就已经产生了一系列的想法或者有了一定的目标，之后的研究和设计都基于这些最初的想法和目标。这一方法实际上已经得到了广泛的应用。例如，在访谈过程中很多建筑师都表示在考虑细节设计之前，他们已经有了几个目标。

(2) An Exploration of the Design Process——Omer Akin

Omer Akin 在论文"An Exploration of the Design Process"(1979)中使用协议分析法(protocol analysis studies)对"直觉设计(intuitive-design)"进行研究,她认为"直觉设计"才是人类的自然行为。

Akin 通过让设计师在完成给定的实验任务时大声报告他在想什么和在做什么,对他们的行为进行追踪和记录,从而探索"直觉设计"所适合的系统设计过程。之后,对设计人员的行为进行分析,将直觉设计过程分为:实例化(instantiation)、一般化(generalization)、询问(enquiry)、推论(inference)、表现(representation)、目标定义(goal-definition)、规范(specification)和整合(integration)几个部分。她发现并不是所有的解决方案都来源于问题所对应的相关分析,很多时候设计师的头脑中已经形成了一些预设的想法。

对于此,Akin 同样反驳了"分析-综合-评价(analysis-synthesis-evaluation)"系统方法在设计过程中的应用。她认为系统设计并不是各自独立的单线程,设计行为导致了任务和目标的不断生成,这意味着设计活动的不同方面是层次化的、相互依赖的。分析并不是一个独立的过程,它存在于设计过程的各个阶段,综合与评价也会出现在设计的初始阶段。

(3) Cognitive Strategies in Architectural Design——Bryan R. Lawson

Bryan R. Lawson 在论文 "Cognitive Strategies in Architectural Design"(1979)中通过一个对比实验对 "科学家" 和 "建筑师" 的问题解决行为进行了研究,并且提出建筑师的首要任务就是构造出可以容纳人类活动的三维结构。

实验中的任务设定为:通过选择和排列不同颜色的彩色块儿来最大限度地增加某种颜色的显示量。两组用户分别是"建筑专业四年级的学生(建筑师)"和"科学专业四年级的学生(科学家)"。两组用户在实验的过程中表现出了很大的差异:科学家更多的是研究各个色块儿的内部结构,而建筑师则注重于生成一系列解决方案,直到解决方案得到认可。

Lawson 对实验结果进行总结分析,他将科学家和建筑师的这两种问题解决方式分别称为"以问题为中心(problem-focused)"和"以解决方案为中心(solution-focused)",这两种方法并没有对错之分,只能说明建筑师擅长使用综合的方法解决问题,而科学家擅长使用分析的方法解决问题,同时这两种解决问题的方式分别适用于他们所在的领域。

Lawson 最后提出如果他的实验结果成立,那么系统设计方法与科学方法之间的关系难以判断和界定。但是设计问题大部分属于"wicked problems",通常都难以描述清楚,因此,Lawson 认为建筑师习惯的方法也许就是最适合这类问题的方法。

(4) The Psychological Study of Design——John C. Thomas 和 John M. Carroll

Thomas 和 Carroll 在论文“The Psychological Study of Design”(1979)中通过对自己经验的反思和对他人的观察记录了研究设计师行为的不同实验和观察方法。

其中在“设计对话(design dialogues)”的观察过程中，Thomas 和 Carroll 将对话双方分别设置为客户和设计者，使其进行信息的充分辩证互动，并且将设计过程分为：目标陈述(goal statement)、目标精描(goal elaboration)、方案大纲(solution outline)、方案精描(solution elaboration)、方案测试(solution testing)、方案通过或放弃(agreement or rejection of solution)六个方面。

Thomas 和 Carroll 还设计了一个对比试验，向被试者分别提供一个时间规划(不提供辅助矩阵)和空间规划(提供辅助矩阵)的问题，两个问题除是否提供简单的辅助矩阵外毫无差别，结果空间规划问题要比时间规划问题解决得更快更好。

Thomas 和 Carroll 最终得出结论，设计之间有很强的相似性，设计可以看作是解决问题的一种普遍形式，可以应用到各种各样的环境中。例如，建筑设计中得出的一般性结论同样可以应用于工业设计。

4. 设计方法的哲学

设计方法的哲学部分反驳了仅通过观察设计师的行为就可以获得真正有价值的知识的方法，强调要基于可靠的设计理论对传统的系统设计进行改进。下面以四篇代表性论文为例对其进行介绍。

(1) Knowledge and Design——Bill Hillier、John Musgrove 和 Pat O'Sullivan

Hillier、Musgrove 和 O'Sullivan 在论文“Knowledge and Design”(1972)中对设计方法和设计研究都进行了一定的讨论，并且提出设计与研究之间已经出现了“应用上的鸿沟(applicability gap)”，这阻碍了系统设计方法在以研究为导向的学科中的发展。

Hillier、Musgrove 和 O'Sullivan 引入了经验主义和理性主义的传统哲学观，他们目前所争辩的正是：“问题不在于世界是否被预先构造，而在于它是如何被预先构造的。”这一新的认识对设计同样重要，设计师要预先构建问题，再去解决问题。他们在此讨论了设计研究的传统观点中两个过时的概念：① 科学可以产生事实知识，并且这种知识优于并且独立于理论。②通过归纳法，理论可以从对事实的分析中被逻辑地推导出来。

首先将问题拆解成元素，并补充与元素相关的科学信息，然后以逻辑进行综合得出解决方案。这种归纳式的、分析-综合(analysis-synthesis)的传统系统设计过程强调设计应该源自对用户需求的分析，而不是设计师的预先构建，这与 Hillier、Musgrove 和 O'Sullivan 提倡的设计师要预先构建问题的观点背道而驰。基于此，

Hillier、Musgrove 和 O'Sullivan 提出了以“猜想-分析(conjecture-analysis)”为核心的理性系统设计模型,其中猜想源自设计者预先存在的认知能力或者外部灵感,猜想应当尽早地出现在设计过程中,帮助设计师构建和理解问题。并且设计师在进行数据收集的过程中也会对猜想进行验证,二者同时进行,共同促进系统的发展过程。

(2) The Logic of Design——Lionel March

Lionel March 在论文“The Logic of Design”(1976)中反驳了 Alexander 和 Poyner 提出的“设计的正确与否可以是根据某种方式进行定义的事实问题,而不是任意的价值问题”的观点。他认为系统的设计方法要“从一系列可能性中选择出一个解决方案,并试图评估其相对价值”,而不是试图去提出一个“正确的解决方案”。March 呼吁要将设计与逻辑和经验科学区分开来,逻辑具有抽象的形式,科学研究现存的形式,而设计开创了新颖的形式。

在此基础上,March 引入除了演绎(deduction)和归纳(induction)之外的第三种推理模式——溯因推理(abduction)。演绎推理往往是证明某种事物一定会存在,归纳推理强调某些事物的有效性,而溯因推理仅仅表明某些东西的可能性。

March 将溯因推理看作是一种“生产性(productive)”的推理模式,并且提出了一种理性的系统设计过程——“生产—演绎—归纳(PDI)”模型,该模型有三个重要阶段:

- 生产推理(productive reasoning):基于需求的初始陈述和预先假设来得出有创造性的设计想法。
- 演绎推理(deduction reasoning):对设计的性能特点进行预测。
- 归纳推理(induction reasoning):对设计想法和预测的性能特点进行评估,并针对改进的方案生成新的假设。

March 的“生产—演绎—归纳”系统设计模型尽管在研究的入手点上独树一帜,但实际上与 Hillier、Musgrove 和 O'Sullivan 提出的“猜想-分析”系统设计模型有很多的相似之处,前者的系统过程可以总结为“预设-猜想-分析-评价”,而后者的系统过程可以总结为“预先构建-猜想-分析”,两者的内在逻辑是一致的。

(3) Design and Theory Building——Geoffrey Broadbent

Geoffrey Broadbent 在论文“Design and Theory Building”(1979)中将科学中“范式(paradigm)”的概念与设计中“风格(style)”的概念进行了比较。范式的概念最早由 Thomas Kuhn(托马斯·库恩)提出,Kuhn 认为科学所关注的是在一系列范式下去解决问题,但是偶尔也会产生一个新的理论使范式发生改变。Broadbent 认为设计在这一方面类似于科学,风格以及风格的改变对于设计来说是至关重要的,但是设计中同样会有很多不适当的风格(inappropriate style)产生,如果想要对其进行规避,则要立足于足够充分的理论基础。

Broadbent 基于 Popper 的观点针对“理论(theory)”提出了两个标准:理论可以预测研究对象的未来状态;理论是可证伪的。基于此,Broadbent 提出了“真理论(pseudo-theories)”和“伪理论(genuine theories)”两种理论方式,像社会科学之类的伪理论有能力去改变所研究的现象,而自然科学所属的真理论并不会对研究现象产生影响。

尽管目前来说设计中的大部分理论属于伪理论,需要设计师不断去探索和验证,但是 Broadbent 认为,设计中也应该生产材料特性、人们对环境的反应之类的真理论。Broadbent 同样给出说明,设计中的真理论并不是一成不变的,这也使设计活动比科学活动困难得多。

(4) Design Creativity and the Understanding of Objects——Janet Daley

Janet Daley 在论文“Design Creativity and the Understanding of Objects”(1982)中对设计学科本身的知识进行了探讨。首先提出了“设计人员做出决策的过程是否容易受到系统检验以及传统术语描述的影响?”这一问题,去探讨设计师从事实践时,他们所拥有和使用的知识的本质是什么。

Daley 选择用认识论(epistemology)的知识对上述问题进行阐述,表明设计师对于设计对象的理解与其在设计过程中所拥有或者得到的知识是密切相关的。她通过对古典认识论、理性主义和经验主义等知识的回顾,得出人类具有天生的感知力和想象力这一结论,在此背景下认为设计师有足够的认知能力可以对物体在时间和空间上进行想象式的操纵。

Daley 还提出概念、原理、法则以及理论、模型等属于知识活动主要内容的命题性知识(propositional knowledge)仅仅是占据了知识系统中的很小的一部分区域,这导致对设计进行口头论述这种表达方式有很大的局限性,因为设计师的认知和构思系统很多时候无法用语言来描述。

5. 总结

前面的内容简要地介绍了 20 世纪 60 年代到 80 年代设计方法学发展的一些主要观点,尤其是在系统设计中的主要表现和发展。在这个过程中,各个领域的专家各抒己见,对彼此的观点进行采纳或者批判,这大大地加快了系统设计的发展进程,他们所提出的一系列的系统设计方法对于我们的设计研究和设计实践都有很大的帮助。

二、基于系统的事理学

在中国工业设计近几十年的发展历程中,柳冠中教授(图 2-4)作为我国著名的设计教育专家和工业设计专业的主要创始人之一,在理论上做出了杰出的贡献,他也是我国工业设计界当之无愧的先驱者和学术带头人。柳冠中教授的"事理学"等理论方法在国内乃至国际设计界都产生了深远的影响,这些理论的内核其实都是系统设计思想。

图 2-4　柳冠中教授

"人造物"(artificial)的概念是由希尔伯特·西蒙(Herbert A. Simon)在其著作《关于人为事物的科学》中提出来的,人造物,也可称人工物,是指相对于第一自然、第二自然的人化自然之事物,主要包含了人的设计思想和创造性理念的人造事物。在西蒙"人造物"的基础上,柳冠中教授对于其中相似概念的范围进行了细化——人为事物>人造事物>人造物。人造物是单指人和造的事物工具,人造事物是人使用的物品;人造事物,是"事"与人造物过程的综合;人为事物,包括特定时代背景下的"事"与人造物。这里就出现了"事"的概念。

如图 2-5 所示,对于事理学的含义,《事理学方法论》一书的解释如下。

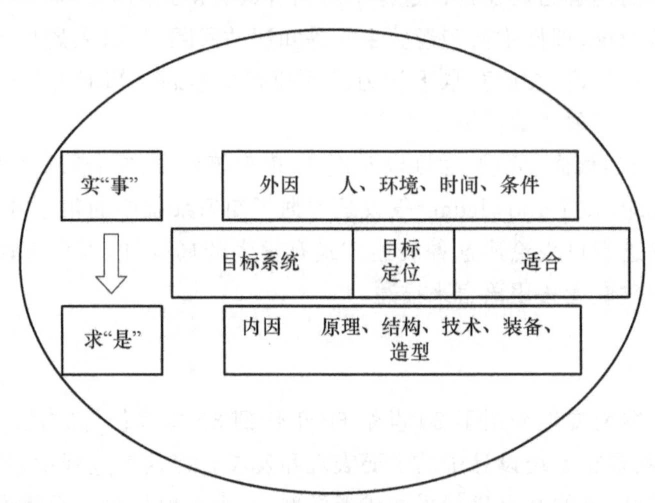

图 2-5　设计方法论——事理学

打个比方,我们在生活中都会喝水、喝茶、喝饮料,那么"喝"的用具(以下简称"饮具")有何不同呢?首先,不同的人的饮具显然是大不相同的。如图 2-6 所示,林黛玉是大家闺秀,才貌双全,行动似弱柳扶风,且生活在官宦人家的府邸之中,她所用的饮具应是精致、小巧、温润、优雅的;武松是绿林好汉,骨健筋强,忠肝义胆,且生活在饱受压迫的村镇之中,他所用的饮具应是粗犷、豪放、朴素、大气的;唐僧是向往无上佛法的僧人,信仰坚定、心怀善良,他所用的饮具应是郑重、不具有攻击意味的；曹操是乱世枭雄，运筹帷幄、求贤若渴，在世时作为东汉丞相的他，所用的饮具应是霸气、豪迈、雄放、慷慨的。

图 2-6　不同人物的“饮具”图示

其次，即使是同一个人，在不同情景中，饮具也不尽相同。例如，冬天，我们在教室上课会携带保温杯，为的是能喝热水温暖自己；夏天，则会选择不保温但容量更大的塑料水杯，为的是能够尽快解渴；而在家，我们常用的是玻璃杯、马克杯、公道杯，它们虽然脆弱易碎，但却更能烘托家庭中温馨舒适的氛围。为什么会存在这样的差别呢？这是因为“事”的不同。因此，在设计过程中，首要的是了解“事”的本质是什么，只有确定了“实事”，才能进行“求是”的设计。

> 事理学研究“事”与“情”的道“理”，简称“事理”。“事”是“人与物”关系的中介点，不同的人或同一人在不同的环境、不同的时间、不同的条件下，即便是相同的目的，他所需要的工具、方法、行为过程、行为状态也是不同的，所需的工具、产品，乃至造型、材料、构造等当然也不同了。“事”是塑造、限定、制约“物”的外部因素的总合。“事”体现了人与物之间的关系，反映了时间与空间的情境，蕴含着人的动机、目的、情感、价值等意义。在具体的“事”里，人、物之间的“显性关系”与“隐藏的逻辑”被动态地揭示了。“事”是体现“物”存在合理性的“关系场”。因此，设计应该先“实事”，即研究不同的人在不同环境、时间因素下的需求为设计目的；然后再“求是”，即选择所造“物”的材料、工艺、形态、色彩等内部因素。“事”是评价“物”合理性的标准。在具体的“事”里，我们才能知道“物”是否合乎特定人的特定目的，是否合乎人的行为习惯与信息的认知逻辑，是否合乎环境、人情、价值标准等。这一切就叫合乎“事理”。设计看起来是在造物，其实是在叙事、抒情、讲理。“理”是指知识、规律，需要研究和思考，而

不能仅看现象,要知其所以然。

柳冠中老师设计研究的理论基础是他提出的“设计事理学”。所谓“设计事理学”就是以“事”作为思考和研究的起点,从生活中观察、发现问题,进而分析、归纳、判断事物的本质,以提出系统解决问题的概念、方案、方法及组织和管理机制。从设计“物”到设计“事”的飞跃,就是“设计事理学”,是知识经济社会的设计方法论。“设计事理学”的提出和应用,是我国设计理论的一个重要发展,在设计发展历史上必将有其重要的地位。

柳冠中老师认为,我们对于任何事物的理解都可以沿着两条轨迹进行。其一,是历史的轨迹,称为“源”,也就是“源头、根源”的意思。在发展过程中,“源”会分化出“流”,对应各个流派的变化,尽管不同“流”之间会有所不同,但其起点是共同的,都是来自于“源”的。其二,是抽象的轨迹,称为“元”,即为“本质”之意。事物在不同现象中具有不同的变化,但其本质是相对不变的,探寻事物的“元”,了解其抽象的轨迹,是对事物本质的形而上思考。

设计活动包含两部分,即明确外部的限定因素,明确组织内部的构成因素。简单地说,设计就是“明确目标-构筑手段”,而手段就是人类社会中的“人造物”。例如,汽车和飞机的目标是为了更快速地移动,快速移动的手段是乘坐汽车和飞机。

内外系统是有机联系着的,在内、外之间找到一个契合点,人为事物就诞生在那个点上。设计就是内外互动的介质,是彼此沟通的桥梁,是相互联系的纽带,是人的系统与物的系统的融合。科技的发展使得设计的实现手段突飞猛进,丰富多样。但与此同时,在社会、文化的作用下,人也在不断变化着。我们很难洞察某个人或某群人在某时某地某环境下具体的需求是什么(即使是他自己也未必知道)。这也就是说,外部因素是不清晰的,是“目标不明确”的“坏问题”,手段再丰富也无所适从。这是设计的复杂性的主要原因,亦是设计方法论的难点核心。

柳教授提到的设计的生态观就是典型的系统设计观。借助设计的生态观衡量人类生活中的“物”,可以发现,“物”从资源到最终被回收经历了四个阶段,即产品阶段、商品阶段、用品阶段与废品阶段,如图 2-7 所示。不同阶段中“物”的名称不同,其属性也有所不同,面向生产的设计,要求产品符合制造工艺、降低成本、提高效率;面向商业的设计,要求新式样、新时尚;面向用品的设计,要求操作性能好、舒适耐用等;面向环境的设计,要求更低的能源、材料消耗,可再生、循环的材料。如同自然生态系统的循环,这是设计的生态链。

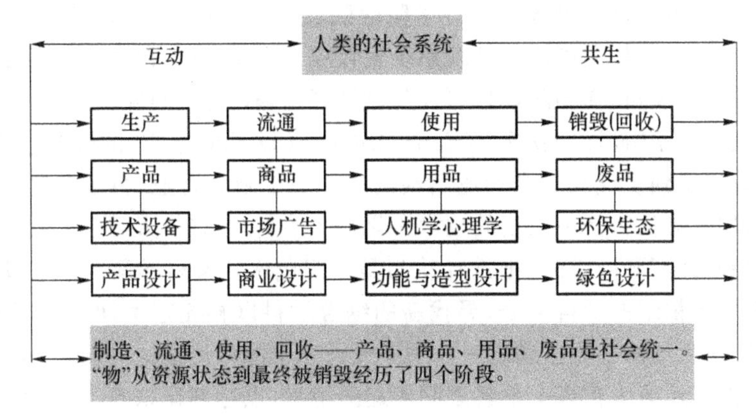

图 2-7 "物"的四个阶段(事理学方法论,2019)

三、走向系统的设计四阶论(四秩序)

1. 设计四秩序

20 世纪 60 年代,设计方法学是当时备受关注的一个课题。在当时的时代背景下,霍斯特·里特尔(Horst Rittel)作为一位数学家、设计师和教师,认为设计师解决的大多数问题都是抗解问题(wicked problem)并将其描述为"一种社会系统问题,它的表述是不完善的,信息是混乱的,有许多客户和决策者的价值观相冲突,在整个系统的分支是彻底让人困惑的"。这个定义指出了设计实践背后的一个根本问题:设计思维中的确定性和不确定性之间的关系。

里特尔通过寻求线性的替代方案提出解决抗解问题的方法,即设计者通过精确地识别问题中的这些条件,设计一个解决方案。设计过程的逐步模型被许多设计师和设计理论探讨,它的支持者认为设计过程分为两个不同的阶段:问题定义和问题解决。问题定义是一个分析序列,在该序列中,设计者确定问题的所有元素,并指定成功的设计解决方案必须具备的所有要求。问题解决是一个综合的序列,在这个序列中,各种需求被组合起来,相互平衡,产生一个最终的生产计划。反对者则指出了该方法的两个明显弱点:一是设计思维和决策的实际顺序并不是一个简单的线性过程;二是设计师解决的问题在实际应用中并没有很好地遵守线性的分析和综合。

图 2-8 理查德·布坎南教授

理查德·布坎南(Richard Buchanan,图 2-8),美国 Casewetern 大学 Weatherhead 商学院设计与

信息研究教授,卡内基梅隆大学设计学院前院长,国际设计研究协会主席/英国国际学术协会主席,主持美国联邦邮政系统设计项目以及美国/澳大利亚等多个国家的相关设计研究项目,在国际设计研究与设计管理理论方面有重要影响,理查德·布坎南教授提出了"设计四秩序"(Four Orders of Design)。20世纪设计思维的发展趋势让我们看到设计从一个行业活动发展到一个细分行业,再发展到一个技术研究领域,如今被认为是一门新的技术文化艺术。当时,许多人习惯于将文科与传统的"艺术和科学"等同起来,把设计认为是一门艺术。文科学科正在经历一场变革,伴随着更加精细的学科细分,寻找新的综合学科以补充艺术和科学成为20世纪知识和实践活动的中心主题之一。关于设计思维的讨论在这一时期具有重要意义,设计逐渐开始成为在多个学科之间架起的桥梁,以达到让来自不同学科的人更高效、有效地合作互利的目的。设计四秩序就是布坎南在这样的背景下为解决抗解问题做出的一种创新型的尝试。

布坎南将设计对象分为以下四个类别。

(1) 符号和视觉传达符号(symbols & signs)

符号和视觉传达符号的设计由传统的平面设计工作(如排版和广告、书籍和杂志制作以及解释插图),已经扩展到了通过摄影、电影、电视和计算机显示等领域。传播设计领域正迅速演变成一个广泛的探索问题,通过新的文字和图像的综合传播信息、观点和思想。

(2) 物质对象(objects)

物质对象包括对传统意义上的日常产品的形式和视觉外观,服装、家用物品、工具、仪器、机械和车辆,但已扩展到对产品与人类之间的物理、心理、社会和文化关系的更深入和多样化的解释。这一领域正迅速演变为对建筑问题的探索,其中形式和视觉外观必须进行更深入、更综合的论证,将艺术、工程和自然科学以及人文科学的各个方面结合起来。

(3) 活动和有组织的服务(actions & events)

活动和有组织的服务包括对物流的传统管理关注,将物质资源、工具和人力按有效的顺序和时间表结合起来,以达到特定的目标。这一领域已经扩展到对逻辑决策和战略规划的关注,并正在迅速发展成为一种探索,即更好的设计思维如何有助于在具体情况下实现经验的有机流动,从而使体验更人性化、更有意义。这一领域的中心主题是联系和后果。设计师们正在探索日常生活中越来越广泛的联系,以及不同类型的联系如何影响动作的结构。

(4) 为生活、工作、游戏和学习设计复杂的系统或环境(systems & environments)

系统不是物质系统,而是信息的集成,既包括物理制品在生活、工作、娱乐和学习环境中的交互作用,也包括系统工程、建筑学和城市规划的传统关注点,或复杂整体各部分的功能分析,以及随后在层次结构中的集成。但这一领域也扩大了,反映了人们对中心思想、思想或价值观的更多意识，这些核心思想或价值观表达了任何平衡和运作的整体的统一。这一领域越来越关注探索设计在维持、发展和将人类融入更广泛的生态和文化环境中的作用，在需要和可能的时候塑造这些环境，或者在必要时适应这些环境。

对设计四阶论进行归纳总结，如表 2-2 所示。

表 2-2 设计四阶论详解

设计四阶论	一阶	二阶	三阶	四阶
内容	符号与视觉传达	实体产品	活动和有组织的服务	复杂系统和环境
典型代表	图形设计	日用产品	物流管理	城市规划
设计对象	信息	人＋物	有形资源＋人＋物	复杂系统＋环境
目标/理念	可传达	有用、可用、想用	智能、有意义、满意	生态、文化
设计重点	交流	形式、外观、内部功能	联系、结果	思想、价值

“人们分别发明符号传达讯息，构筑实物满足用途，连接行动实现交互，构建系统整合关系。”这也印证了“设计正在从以造物为核心的活动升级为处理复杂关系的活动”。这四秩序分别关注的问题表明了另一层面的延伸：交流传达的问题、造物的问题、创造并支持人的活动的问题，以及制造人类体验最大集合体的问题。

乍一看，这四秩序似乎分别与传统的平面设计和工业设计、新兴的交互设计以及系统设计专业一一对应，一条水平延伸的轨迹直观可见。然而布坎南并不认为每一种设计对象专属于某一个专业。他指出，每一个秩序都是一处重新思考、重新构思设计本质的场所（place）。

四个类别相互关联，没有任何一个类别在面对一个设计问题时是优先考虑的。例如，符号、事物、行为和思想的顺序可以被看作是从混乱的部分上升到有序的整体。符号和图像是经验的碎片，反映了我们对实物的感知；物质对象，反过来成为行动的工具。符号、事物和行为是在复杂的环境中，通过统一的思想来组织。部分和整体并不必须以升序或降序来对待，而可以用多种方式定义不同的类型。

序列可以被合理地看作是从混沌环境到符号和图像的下降梯度。事实上，符号、事物、行为和思想不仅是相互联系的，它们还相互渗透和融合在当代设计思维中，对创新产生了惊人的影响。设计师们的主要关注点通常开始于其中一个类别，但是当最初的选择在框架中的另一个点重新定位时，创新就出现了，设计师因此提出了新的问题和想法。

这四个类别不仅揭示了设计的过去和现在的沿袭，也指出了设计在未来的发展方向。

2. 用"设计四秩序"解决抗解问题

在"设计四秩序"中重新定位作为设计思维工具的特殊意义,允许设计者定位或重新定位手头的问题。设计师通过重新定位可以直观地或有目的地塑造一个具体的设计情境,考虑并关注所有参与者的观点和他们的问题,以及进一步开发和探索的创新条件。从这个意义上说,设计者使用重新定位工具与科学家选择确定性的研究主题具有异曲同工之妙。设计师使用哪些有效前提应用到设计情境之中是设计思维的准主题,设计者据此设计出适合特殊情况的工作假设。在实践中,设计师从准主题入手,这是一个不确定的主题,等待着被具体化。

这有助于解释设计是如何作为一门综合学科发挥作用的。设计师通过使用重新定位工具来发现或发明一个工作假设,建立包括艺术和科学在内的知识关联原则,确定这些知识如何在特定的情况下运用于设计思维。实际上,工作假设在关联原则的基础上,指导设计师收集所有可用知识,最终决定具体的产品。

工业设计师主要关心的是实物。但设计文献中的研究表明,工业设计师通过在符号、动作和思想的背景下思考物质对象,找到了新的探索途径。例如,有些人认为物质对象是交际的,因而产生了对产品语义和修辞方面的思考。另一些人则把实物放在经验和行动的背景下,就产品在使用情况下如何发挥作用以及它们如何促进或抑制活动的流动提出新的问题,这是一个重大转变,从有关产品内部功能的问题,以及产品的视觉形式如何表达这种功能,最后,其他人正在探索作为更大系统、周期和环境的一部分的物质对象,开辟了一系列新的问题和实际关切,或重新激发旧的辩论。问题包括保护和回收、替代技术、精心设计的模拟环境、"智能"产品、虚拟现实、人工生命以及设计的伦理、政治和法律层面。

就拿一个具体的产品设计——电视遥控器——为例。将它视为一个有形物(physical object)来看待时,我们研究它的结构、功能、造型、材料、零部件等方面;而且有一个不言而喻的默认,就是这些方面是产品这个整体不可分的元素,我们是在有形物的大前提下讨论这些元素的。但是,如果我们向用户提供了什么更合适的行为和活动这样的情景下再来检视这部遥控器,我们谈论的元素就极有可能转向:用户、目标、行动、产品媒介和使用场景。而这些元素以及它们之间相互关联的关系网都是由第三领域 activity 这个视角统领的。同样是在这个遥控器项目中,我们也非常可能投入精力反复推敲一个按键的形状和色彩。我们把这个按键看作一个重要的符号,它将提示人们应该如何操作,或者如何避免误操作。此刻,作为符号的图像、文字、动作、声音、含义以及含义的沟通这些第一领域最重要的元素进入我们的视野。更大胆一点设想,加入我们需要讨论可以实现遥控器所有沟通功能的一个环境或者系统,我们关注的元素将并成为实现各种沟通活动而存在的各种单元间的组织形式、运作过程等——所有这些成其为一个智能环境或者系统。极有可能的是,遥控器这个原本实实在在的物在第四领域的视角下将融化在新的关系网络中,原本作为产品的遥控器可能不复存在。

所以,这四个领域(或者秩序)对于某个具体的设计项目不一定是泾渭分明的单项选择。它们意味着某一个时刻设计师站在哪个立场上用哪一种视角看待他的设计对象,而这个视角完全有可能改变成另一个视角,如图 2-9 所示。

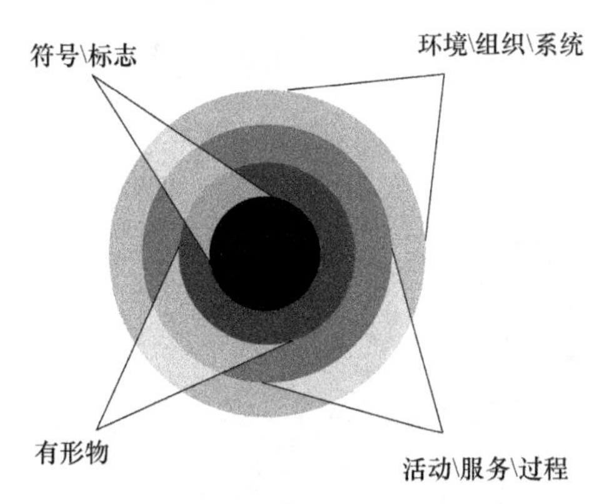

图 2-9　同济大学设计创意学院马瑾《如何理解设计四秩序》

3. 用实际案例解读设计四秩序

设计四秩序实际案例如图 2-10 所示。

	Symbols (传达/符号)	Things (建构/事物)	Action(交互/行动)	Thought(整合想法)
Symbols 发明/符号	Graphic Design (图形设计)			
Things 判断/事物		Industrial Design (有形物)		
Action 链接/行动			Interaction Design (交互行为)	
Thought 整合/想法				Environmental Design (系统环境)

图 2-10　设计四秩序案例

(1) 符号＋实体产品——潘顿椅(Panton Chair)

以丹麦设计大师维纳尔·潘顿(Verner Panton,1926—1998)名字命名的潘顿椅的设计灵感来源于设计师丰富和与众不同的想象力。如图 2-11 所示,潘顿椅外观时尚大方,舒适典雅,有种流畅大气的曲线美,色彩艳丽,具有强烈的雕塑感,被世界许多博物馆收藏,至今享有盛誉。

图 2-11 潘顿椅

潘顿椅也常被称为 S 椅,它没有额外的骨架,看起来圆滑而流畅,具有女性人体的曲线美。潘顿椅可以说是现代家具史上的一次革命性突破——这是世界上第一把一体化、注塑成型的塑料椅,摒弃了椅子必须有四条腿的刻板印象。

从设计四秩序的角度看待潘顿椅,可以发现维纳尔在设计椅子(实体视角)的过程中,更多关注的不是传统的结构、功能、造型、材料、零部件等方面,而是尝试跨越到符号这一视角,通过形状如字母 S 的曲线传达给观者圆滑流畅的力度美感,也获得了“世界上最性感的椅子”的美名,为之后很多设计师提供了一个新的视角/创新视角。

(2) 符号＋行为——苹果手机

在构建一件设计作品或者系统时候,首先就是通过文字或者符号方式来传达功能的表现能力。人们由于长期受“红灯停,绿灯行”的思维影响,自然而然地知道红色表示禁止,而绿色代表通行,所以当用手机拨打号码时候,红色按钮代表挂断,绿色按钮代表接通,这样的符号传达的信息就与人们的心理吻合。同样,当手机界面给一个反馈符号的时候,人们就会相对应地做出反馈动作。而本身符号系统构建比较完善的苹果手机(图 2-12)就能够让用户在极短的时间内熟练使用，因为用户使用时该产品符号传达的信息与用户的行为逻辑是契合的。因此，设计师在设计一整套符号的系统时，要充分考虑到符号传讯给用户时的易理解性，提升符号的辨析度，最大限度地把信息内容准确传递给用户群体。

图 2-12　苹果手机(图片来源于网络)

(3) 产品十行为——无印良品 MUJI CD 机

日本设计大师深泽直人设计的 MUJI CD 机，它让那些喜欢怀旧的人找到了与现实时髦世界的链接点。如图 2-13 所示，它看起来很像一台小小的换气扇，且颇有一些苹果产品的设计风格——极简、素雅、注重细节。这个壁挂式 CD 机是没有繁复功能的音乐播放机，只需轻拉电源线就可启动或停止，以通风扇的独特造型建构物品与设计间的关系，并呈现无印良品一贯简约的美学风格——容易使用、整体的协调感、凭直觉就能操作。MUJI 壁挂式 CD 播放器是日本工业设计在过去十年中最流行的产品之一。从设计四秩序的角度解读 MUJI CD 机，与其说深泽直人在设计一款 CD 机，不如说他在设计一种听 CD 机的感受，在设计一种如诗般的生活方式。

图 2-13　MUJI CD 机：把日子过得像首诗

(4) 符号+系统——迪士尼音乐厅

传统的建筑学把建筑物看作是一个大系统或大环境，然而，一群建筑师一直在积极地寻求在符号、符号和视觉传达的背景下重新定位建筑，由此产生了后现代实验和解构主义建筑等趋势。如图 2-14 所示，位于美国加州洛杉矶的华特·迪士尼音乐厅(Walt Disney Concert Hall)，作为洛城音乐中心的第四座建筑物，由普利兹克建筑奖得主法兰克·盖里设计，其奇特的不锈钢风帆状造型使其成为洛杉矶市中心南方大道上的重要地标，它独特的外表引来的关注早已超过了音乐厅本身。该作品是解构主义的代表作，解构主义既不遵循"规则"，也不是为了获得特定的美学，同时也不是对社会困境的反叛，而是释放形式和体量的无限可能性。从各个不同角度看，帆板会组成各不相同的造型，送给来访者惊喜。

图 2-14　解构主义代表建筑——迪士尼音乐厅

(5) 产品+系统——意大利城市交通导向标识系统

意大利人对于生活的热爱已经从美食、美酒拓展到了城市交通标识系统。洋溢着青春色彩的创意图案与配色，给穿梭在城市中的人们指引方向的同时也添了一分暖阳般的活力。如图 2-15 所示，这套标识系统巧妙地利用了城市中现有的各

图 2-15　意大利城市交通导向标识

种基础设施，通过简单巧妙的改造，将标识设计得兼具美观性、功能性和趣味性，为意大利赋予了一抹别样的风情。

在障碍杆上放置的导视立方体就是一次在系统中进行的绝妙的产品设计尝试。色彩鲜艳的立方体、侧面上清晰明确的指示图标和象征图标在完美承担起导视作用的同时，也带给人们会心一笑的绝佳寻路体验，完美融入城市道路景观。

(6) 行为＋系统——ABIE Container＋

ABIE 是日本的一家美发沙龙公司，他们的价值观是：生活中的一切都会带来美。公司有 30％的员工来自农村地区，他们中有许多人想要返回家乡从事美发工作，但担心家乡没有具有吸引力的美容院，没有启动资金，无法保证能够获得稳定的收入。所以该公司打造了 ABIE Container＋ 这一“移动美发沙龙”的概念，如图 2-16所示，凭借 11 m^2 集装箱的设计，让日本各地的居民都可以感受 ABIE 的服务。

图 2-16　ABIE Container＋“日本空间设计奖”服务和接待空间类 金奖

这个成功的设计不仅为 ABIE 带来了大量客户，也让品牌得到了很好的宣传和推广。而这个设计，正是从行为出发，为了达到可以服务日本各地居民的目的，同时考虑到美发店开设的复杂性，提出了这样一个极其聪明的解决方案。

重点摘要

① Nigel cross 的设计思想，以及系统设计思想的流变。

② 柳冠中老师的事理学思想。

③ 布坎南的设计四阶论，给我们设计师在设计实践上提供了不同的视角。

对话

学生:随着社会的发展,设计的边界是不是越来越模糊?

老师:设计的边界外延不断扩充,无论是产品设计、服务设计,还是体验设计,都需要系统思维,从系统的角度来看待问题、梳理关系和展开设计。设计现在已不再局限于实体产品设计。

学生:布坎南提出的设计四阶论,对于我们做具体的设计实践有何具体的指导意义?

老师:设计四阶论让我们在做设计的时候,可以从多个视角去看待自己的设计对象。从不同的视角去做设计,设计的产出自然不一样。

学生:我们在做某一类型的设计时,比如正在做一个产品设计,这个时候我们仍然可以用四阶论的思维指导我们的设计吗?如何从系统的角度指导产品设计呢?

老师:四阶论给我们提供了做设计的不同视角,在做具体的设计时,需要有所侧重,其他视角也要尽量了解和兼顾到,但不是重点。比如,做具体的产品设计时,肯定需要考虑到材料、结构和工艺。但是,如果作为设计师你的眼睛的余光可以看到社会、环境、组织的需求,那在你做具体设计的时候考虑会更周全。

学生:如果把实体产品当作系统来看,实体产品有哪些设计要素呢?

老师:产品的功能要素、结构要素、人因要素、形态要素、色彩要素、环境要素都可以算是产品系统的要素。如果简单地分可以分为外部要素、内部要素。

学生:设计是回应问题,如何理解现在大家提到的抗解问题(wicked problems)?

老师:抗解问题是指一个困难的或不可能解决的问题,因为这个问题不完整、矛盾、不断变化且往往难以识别或定义。英语中使用"wicked"是指一种抵抗的决心。另一种对抗解问题的定义是"问题因其复杂的社会意涵,而没有任何能够确定的停止点"且因为复杂的相互依赖性,试图解决抗解问题的行动或方法可能会造成其他问题的产生。理解了这个,我们就能更好地理解西蒙提出的设计是有限理性的,设计没有最优解,只有满意解。

学生:书中简单提到思维方式是溯因思维,这个可以展开说一下吗?

老师：设计的前期，设计师从观察到理解，需要用到三种思维方式——溯因思维、演绎思维、归纳思维。溯因思维也可以说是溯因推理，是设计独有的思维方式，是在科学探索中，从已知结果或现象通过假设寻求其发生原因的推理，比之演绎和归纳是一种更常见的认知方式，溯因推理被认为是一种不明推理。演绎证明某物必须是，归纳说明某物实际上实施过，溯因只是提议某物可能是。溯因是形成解释性假设的过程，是提出新观念的唯一逻辑操作，这种假设源于我们本能的猜测和直觉的闪现。设计思维非常重要的三个要点是溯因思维、整合设计、以用户为中心的设计。这个在课程的后面的内容会反复介绍。

学生：柳冠中教授的事理学思想对我们的设计实践有何具体的指导意义？

老师：“设计事理学”就是以“事”作为思考和研究的起点，从生活中观察、发现问题，进而分析、归纳、判断事物的本质，以提出系统的解决问题的概念、方案、方法及组织和管理机制。从设计“物”到设计“事”的飞跃，就是“设计事理学”，是知识经济社会的设计方法论。“设计事理学”的提出和应用，是我国设计理论的一个重要发展，在设计发展历史上必将有重要的地位。柳冠中教授的几位博士研究生在“设计事理学”理论的指导下，对“事”，包括金、木、水、火、土及汉字等进行了系统、深入的原创性探讨，取得了丰硕的成果并产生了广泛的影响，大大丰富了中国的设计艺术学体系。设计实践需要设计理论的指导，有时候这种指导看似不明显，但实际上可以对我们的思维方式造成潜移默化的影响。

思考题

① 在设计中，遇到的哪些问题是典型的系统问题？

② 试举例证明“事”的不同对确定“目标系统”的影响。

③ 如何理解目标是抽象的，目标系统是具体的？试举例说明。

④ 如何理解“设计四阶论给我们提供了不同的设计视角”？

本章参考文献

[1] 柳冠中. 事理学方法论[M]. 上海：上海人民美术出版社，2019.

[2] 唐林涛. 工业设计方法[M]. 北京：中国建筑工业出版社，2006.

[3] 许国志. 系统科学[M]. 上海：上海科技教育出版社，2000.

[4] 亚历山大. 建筑的永恒之道[M]. 赵冰，译. 北京：知识产权出版社，2002.

[5] 克里彭多夫. 设计：语意学转向[M]. 胡飞，高飞，黄小南，译. 北京：中国建筑工业出版社，2017.

[6] 马格林,布坎南.设计的观念[M].张黎,译.南京:江苏凤凰美术出版社,2018.
[7] 西蒙.关于人为事物的科学[M].杨砾,译.北京:解放军出版社,1988.
[8] NIGEL CROSS. Developments in Design Methodology[M]. New York: John Wiley & Sons,1984.
[9] BUCHANAN R . Wicked Problems in Design Thinking[J]. Design Issues, 1992, 8(2):5-21.
[10] 柳冠中,李昂.设计思维——构建科技创新的系统逻辑[C]//2014(淄博)医疗、环保及其相关产业设计创新国际论坛,2014.
[11] 马瑾.如何理解设计四秩序[DB/OL].(2015-02-28)[2022-01-24]. https://www.docin.com/p-1083574296.html.
[12] 马谨,娄永琪.基于设计四秩序框架的设计基础教学改革[J].装饰,2016(6):4.
[13] 柳冠中."人为事物"的科学:设计"设计学"[J].美术观察,2000,000(001):57-58.
[14] 何扬帆,王小雨,覃会优.设计思维下产品设计的应用研究[J].工业设计,2018(9):2.
[15] 魏屹东.溯因推理与科学认知的适应性表征.[J].南京社会科学,2020(7):34-43.
[16] 李炬.论皮尔士的溯因逻辑[J].逻辑学研究,2018,11(4):11.
[17] LUCKMAN JOHN. An Approach to the Management of Design[J]. OR, 1967,18(4):345-358.
[18] RITTEL WEBBER. Planning problems are wicked problems[J]. Polity,1984,4.
[19] BRYAN R LAWSON. Cognitive Strategies in Architectural Design[J]. Ergonomics,1979,22(1):59-68.
[20] JOHN C THOMAS, et al. The psychological study of design[J]. Design Studies,1979.
[21] DALEY J. Design creativity and the understanding of objects[J]. Design Studies,1982,3(3):133-137.
[22] DARKE J. The primary generator and the design process[J]. Design Studies,1979,1(1):36-44.
[23] BUCHANAN R. Design Inquiry: The Common, Future and Current Ground of Design, Futureground: Proceedings of the Design Research Society International Conference[D]. Melbourne: Monash University,2004:9-16.

第三章　设计对象从产品到服务、体验

Design is to design a design to produce a design.

——约翰·赫斯科特(John Heskett)

(工业)设计旨在引导创新、促发商业成功及提供更高质量的生活,是一种将策略性解决问题的过程应用于产品、系统、服务及体验的设计活动。它是一种跨学科的专业,将创新、技术、商业、研究及消费者紧密联系在一起,共同进行创造性活动,并将需解决的问题、提出的解决方案进行可视化,重新解构问题,并将其作为建立更好的产品、系统、服务、体验或商业网络的机会,提供新的价值以及竞争优势。(工业)设计是通过其输出物对社会、经济、环境及伦理方面问题的回应,旨在创造一个更好的世界。

——世界设计组织

(World Design Organization,2015)

一、设计对象的发展变化

关于设计的定义,约翰·赫斯科特(John Heskett)教授在他的《简明设计史》里给出了这个定义:“Design is to design a design to produce a design.”这个定义只是一个简明的定义,说明了设计概念的复杂性和多样性,没有对设计师在具体设计实践时所关注的设计产出以及设计对象做一个详细的描述,只是把设计的最终产出以“design”这个词汇抽象概括。

约翰·赫斯科特教授(图 3-1)是国际设计研究学界知名的学者,他曾经在美国伊利诺伊理工大学设计学院(IIT)执教 15 年,后来又担任了香港理工大学的首席教授直至去世。

图 3-1　约翰·赫斯科特教授

如果要全面系统地了解随着社会发展，设计的发展趋势，以及设计对象的变迁，从对工业设计的几次关键的学术定义的历史演变这个角度来看，会有很直观的感受，我们可以从以下四个不同历史时期工业设计的定义来解读：

- 1970 年国际工业设计协会(International Council of Societies of Industrial Design，ICSID)对工业设计的定义是："工业设计，是一种根据产业状况以决定制作物品之适应特质的创造活动。适应物品特质，不单指物品的结构，而是兼顾使用者和生产者双方的观点，使抽象的概念系统化，完成统一而具体化的物品形象，意即着眼于根本的结构与机能间的相互关系，其根据工业生产的条件扩大了人类环境的局面。"
- 1980 年国际工业设计协会对工业设计的定义是："就批量生产的工业产品而言，凭借训练、经验及视觉感受而赋予材料，结构、形态、色彩、表面加工以及装饰以新的品质和资格，称为工业设计。根据当时的具体情况，工业设计师应在上述工业产品全部侧面或其中几个侧面进行工作，而且，当需要工业设计师对包装，宣传、展示、市场开发等问题付出自己的技术知识和经验以及视觉评价能力时，也属于工业设计的范畴。"
- 2006 年国际工业设计协会对工业设计的目的与任务进行了区分，提出："工业设计的目的——设计是一种创造性的活动，其目的是为物品、过程、服务以及它们在整个生命周期中构成的系统建立起多方面的品质。因此，设计既是创新技术人性化的重要因素，也是经济文化交流的关键因素。工业设计的任务——设计致力于发现和评估与下列项目在结构、组织、功能、表现和经济上的关系：增强全球可持续性发展和环境保护(全球道德规范)；给全人类社会、个人和集体带来利益和自由；在世界全球化的背景下支持文化的多样性(文化道德规范);赋予产品、服务和系统以表现性的形式(语义学)并与它们的内涵相协调(美学)。"

- 2015 年,国际工业设计协会在韩国光州召开的 29 届年度代表大会上,将沿用近 60 年的"国际工业设计协会" 正式更名为"国际设计组织"(World Design Organization,WDO),会上还宣布了工业设计的最新定义。工业设计的最新定义为:"(工业)设计旨在引导创新、促发商业成功及提供更好质量的生活,是一种将策略性解决问题的过程应用于产品、系统、服务及体验的设计活动。它是一种跨学科的专业,将创新、技术、商业、研究及消费者紧密联系在一起,共同进行创造性活动,并将需要解决的问题以及提出的解决方案进行可视化,重新解构问题,并将其作为建立更好的产品、系统、服务、体验或商业网络的机会,提供新的价值以及竞争优势。(工业)设计是通过其输出物对社会、经济、环境及伦理方面问题的回应,旨在创造一个更好的世界。"

从"工业设计"定义的变迁中,不难发现设计需要考虑到的要素逐渐复杂化,这种变化反映了社会的发展趋势。随着设计大环境的复杂化、设计语境的多样化,设计必将向系统化、全局化方向进一步发展。此外,可以清晰地发现设计对象的外延也逐步扩展,设计的对象也更加丰富。设计对象从最初的满足工业化生产的产品到 2015 年的"产品、系统、服务及体验"。这种变化反映了设计对象从有形到无形的过程,侧重物质的是产品,侧重非物质的是服务,侧重情感为主的是体验。

事实上设计对象的变化与经济形态的变迁密不可分。1998 年由美国学者约瑟夫·派恩(B. Joseph Pine II)与詹姆斯·吉尔摩(James H. Gilmore)最先在学术界正式提出体验经济,随后他们于 1999 年合作出版了《体验经济》一书,并提出了四种社会经济形态。

《体验经济》将社会经济形态区分为产品经济、商品经济和服务经济三种基本类型,经济社会发展的演进已从过去的产品经济、商品经济、服务经济走向更高更新的体验经济,而各社会经济形态又呈现不同的特点,如表 3-1 所示。

- 产品经济:又名农业经济,产生于大工业时期商品短缺、供不应求的背景下,以生产原材料为主,消费者自给自足。
- 商品经济:又名工业经济,产生于工业化不断加强的供大于求的背景下,以商品制造为主,消费者重视商品的性能与效率。
- 服务经济:1968 年由美国经济学家维克托·R. 福克斯(Victor R. Fuchs)提出,注重商品销售的客户关系,消费者可以获得个性化的定制服务。
- 体验经济:出现于 20 世纪末,注重消费者的满足程度,消费者可以在消费过程中产生独特的自我体验。

表 3-1 世界经济发展的四个阶段

经济形态	经济产出	主要特点
产品经济(农业经济)	初级产品	自然性:自然界的原材料
商品经济(工业经济)	产品	标准化:将初级产品统一进行加工制作
服务经济	服务	定制化:针对客户需求量身定制的无形活动
体验经济	体验	个性化:可创造独特的感受和经历

那么,在接下来的部分中,我们将结合最新的"工业设计"定义,从设计的视角对设计的对象"产品、产品服务系统、服务及体验"进行系统地阐述。

二、产品

产品是指作为商品提供给市场且被人们使用和消费并能满足人们某种需求的任何东西,包括有形的物品,无形的服务、组织、观念或它们的组合。简单来说是"为了满足市场需要而创建的用于运营的功能及服务"就是产品。产品是以使用为目的的物品和服务的综合体。产品的价值是由用户来衡量的。

产品一般可以分为五个层次,即核心利益层、一般产品层、期望产品层、延伸产品层、潜在产品层,如图 3-2 所示。

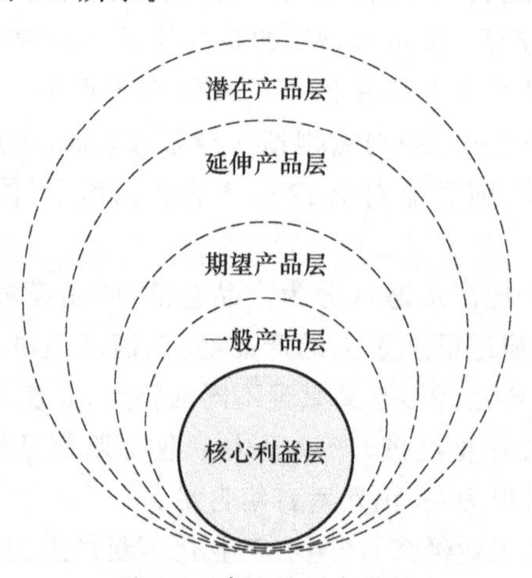

图 3-2 产品的五个层级

核心利益层是指消费者通过消费产品和服务来满足其基本的需求和欲望。

一般产品层是指产品的基本外观,包括对于其功能来说绝对必要的那些属性特征,但不是显著的特征。这是一个基本的、朴素的、能够圆满地实施产品功能的产品外观。

期望产品层是指购买者在购买产品时,期望能获得的一系列产品属性或特征。

延伸产品层是指产品区别于竞争对手的其他属性、利益，或与之相关的服务。

潜在产品层是指产品最终将要经历的各种延伸和转变。

为了更好地理解产品的五个层级，以酒店这种产品形态为例，核心利益层是“顾客真正需要的休息与睡眠”；一般产品层是“酒店的床、衣柜、浴室、厕所”；期望产品层是“干净的床、新的毛巾、清洁的厕所和安静的环境”；延伸产品层是“酒店的网络速度、快捷结账、美味的晚餐、优质的服务等”；潜在产品层是“酒店有可能发展成家庭式酒店、网红酒店等”。

在设计领域，产品多指实体产品，更多聚焦在产品的五个层级的前三个层级，如图 3-3 所示的小米车载充电器爆炸图实体产品需要设计师更多关注结构、材料和工艺。

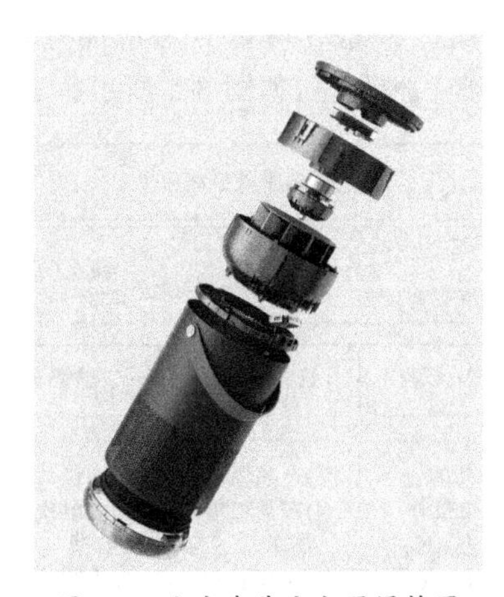

图 3-3　小米车载充电器爆炸图

三、产品服务系统

产品服务系统（product service system，PSS）的概念在 20 世纪 90 年代后期起源于欧洲，尤其是荷兰和斯堪的纳维亚地区。20 世纪 90 年代中后期，联合国环境规划署提出了产品服务系统的概念，其关键思想是企业提供给消费者的是产品的功能或结果，用户可以不拥有或购买物质形态的产品。产品服务系统是一种在产品制造企业负责产品全生命周期服务模式下所形成的产品与服务高度集成、整体优化的新型生产系统，通过产品与服务的耦合创造新的价值。

产品服务系统这个概念实际上来源于管理学科，产品服务系统作为一种企业的创新策略，涵盖了有形的产品和无形的服务，从经济、环境和社会综合的角度进行创新。1999 年，Goedkoop 等人给出了对产品服务系统的明确定义：“产品服务系统是一个整合了产品、服务、基础设施和相关参与者的创新商业模式，有助于更好地提升企业的整体竞争力，满足顾客需求，避免对环境造成伤害”。产品服务系统将有形的产品和无形的服务联系起来，旨在从系统论的角度出发，为从单独的生产循环转变到集成化的生产和消费循环创造机会。在百度百科中产品服务系统被解释为：“企业在销售产品的同时提供销售服务的商业模式，一种企业负责产品全生命周期服务（生产者责任延伸制度）模式下，所形成的产品与服务高度集成、整体优化的新型生产系统。”

Vezzoli 等学者提出了可持续的产品服务系统（sustainable product service system，S. PSS）这一概念，是一种提供产品和服务的组合模型，该系统中用户满意度由产品满意度和服务满意度共同实现；该系统创新了利益相关者之间的互动关系，使产品或其生命周期责任由供应商担负，以便供应商为其经济利益持续寻求环境和社会效益的新解决方案。S. PSS 可以分为产品导向的 S. PSS、使用导向的 S. PSS 和结果导向的 S. PSS 三种类型，如图 3-4 所示。

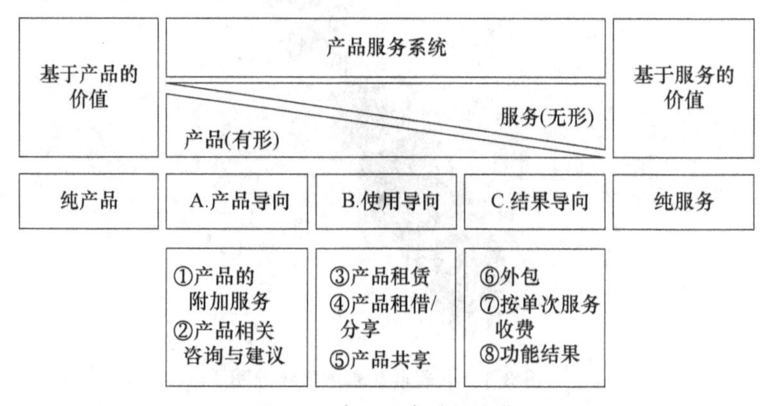

图 3-4　产品服务系统分类

产品导向型：是消费者拥有产品的所有权，产品的生产方提供和产品相关的服务。这一类型是目前最为普遍的，如电视机、电冰箱、电脑等电器，用户是产品的所有者，而生产商负责提供产品的维护、维修、升级以及质保等方面的服务，也有一些生产商会提供和产品相关的回收及再利用方面的服务。

使用导向型：是产品或者服务的生产方拥有产品的所有权，消费者获取的仅仅是一种服务而不是有形的产品。典型的例子有出租、共享或集中使用等，如共享单车、共享汽车等。

结果导向型：是通过向消费者提供信息或者服务而不仅仅是具体的产品本身，从而帮助消费者更好地使用产品，提高产品的使用效率。比较典型的有洗衣房的洗衣服务。一家洗衣房通过向消费者提供专业的衣物清洗方面的服务，帮助消费者减少洗衣时间。

产品服务系统的三种类型举例如图 3-5 所示。

图 3-5　产品服务系统的三种类型举例

在产品服务系统中，有三个关键元素，即产品、服务、系统。产品是制造出来用于销售并满足用户需求的实体物质；服务是向他人提供的、具有经济效益的商业活动；系统是所有相关元素及元素关系的集合。在产品服务系统中，基础载体是物质产品，核心是用户价值，主导是用户需求，重点是用户体验，产品服务系统的目标是提供物质产品和非物质服务为一体的综合解决方案。

产品服务系统设计(product service system design，PSSD)是基于 PSS 提出来的，主要是针对产品服务系统涉及的战略、概念、产品(物质的和非物质的)、管理、流程、服务、使用、回收等进行系统地规划和设计。在产品服务系统设计中，体系化思考尤为重要。系统的内部要素可能有设计语言、品牌、服务流程等，而外部要素则可能包括社会环境、文化环境、生态环境、经济环境等。由此可见，支撑产品服务系统的要素有很多，因此要素的取舍至关重要，系统中的要素在不同的时间、地点，需要做出不同的考量选择，关键要素要能够形成系统的 DNA，使系统与其他系统有效地区分开。设计的过程就是整合、平衡系统中要素的过程。

产品服务系统设计的共性关键点是："用户为先＋追踪体验流程＋涉及所有接触点＋致力于打造完美的用户体验。"因此，产品服务系统设计可理解为从利益相关者(客户、服务提供者等)的角度出发，并以提升用户体验为目的，而提出的系统与流程的产品或服务设计。

> 产品服务系统设计的思想方法，其显著特点是整体性、综合性。
>
> 整体性，即把事物整体作为研究对象，从事物(系统)的整体出发，着眼于系统总体的最高效益，而不只局限于个别子系统。综合性，是通过辩证分析和高度综合，使各种要素相互渗透、协调而达到整个系统的最优化。综合性有两方面的含义：①任何系统都是一些要素为特定目的而组成的综合体；②对任何事物的研究，都必须从它的成分、结构、功能、相互联系方式等方面进行综合的系统考察。

四、服务

服务设计(service design)一词最早于20世纪90年代伴随着世界经济的转型出现在当代设计领域(服务设计:当代设计的新理念)。1982年,美国服务管理学专家肖斯丹克(G. Lynn Shostack)在《欧洲营销杂志》(*European Journal of Marketing*)上提出"如何设计一种服务"(How to design a service),同时强调,要以"服务"为重点,通过"设计"手段来进行规划。之后,她在《哈佛商业评论》(*Harvard Business Review*)上发表论文《设计服务》("Designing Services That Deliver"),首次将"设计"与"服务"两词结合,这被认为是"服务设计"的理论雏形,而文中介绍的服务蓝图(service blueprint)作为服务设计方法也被广泛应用,服务蓝图是一种深入分析服务流程的工具。Grove和Fisk在1983年提出的"服务剧场模型"中,将服务的提供比喻为戏剧演出,如图3-6所示,演出的整体效果取决于演员(服务提供者即员工)、观众(顾客)、场景(服务场所与设施等),以及表演(前后台之间动态互动)的结果。该模型是对服务互动中体验影响因素的一种形象、生动的解读。

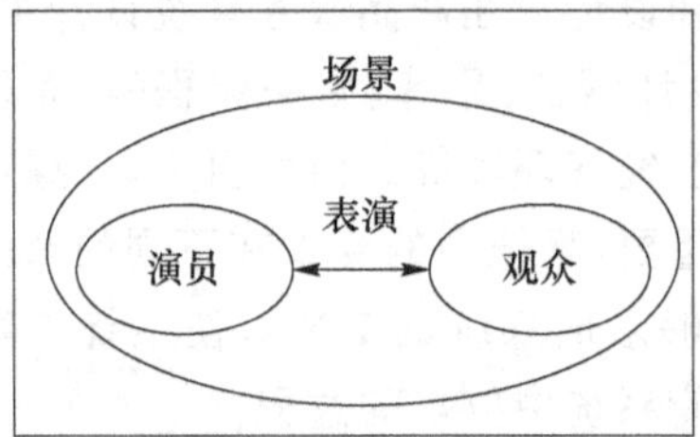

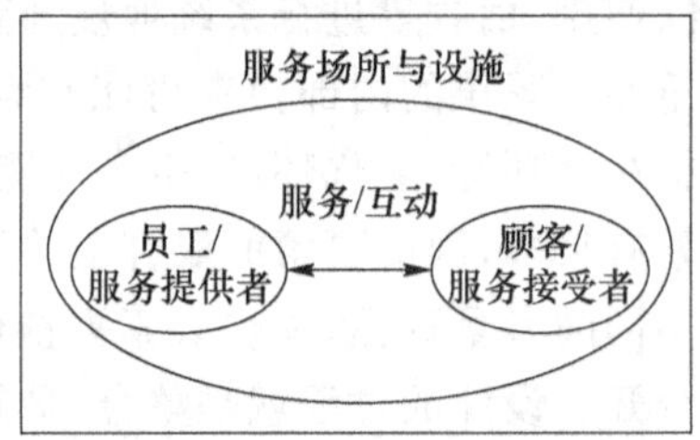

图3-6　服务剧场理论

1911年,英国设计管理学教授比尔·霍林斯(Bill Hollins)在*Total Design*一书中提出了当下设计学范畴中的"服务设计"概念。同年,迈克尔·埃尔霍夫(Michael Erlhoff)第一次将"服务设计"作为一个设计专业学科在德国科隆国际设计学院(KISD)进行教学和推广。之后,随着英国第一所服务设计公司Live Work的诞生和美国知名设计公司IDEO为客户提供横跨产品、服务与空间三大领域的设计服务,服务设计与商业领域的结合愈加紧密并出现了许多成功的案例。

> 例如,租车服务中汽车产品和租赁服务被有效提供,客户通过租赁服务使用汽车,不再需要定期淘汰和保养汽车,将这部分工作转移给汽车租赁公司集中处理,把服务设计视为一种生态系统,其目的也是强调所有参与者都要在其中相互交换价值。
>
> IBM早在20世纪40年代就提出了"IBM意味着服务"的从销售工业产品到提供管理服务的商业模式转变策略。20世纪90年代中期,IBM

提出了“服务科学”(service science)的概念，之后又倡导SSME，即“服务科学、管理与工程”(service science，management and engineering)的跨学科体系，试图将与服务相关的研究，如服务管理、服务营销、服务工程、服务设计等，聚集到一个大的体系内，来解决服务经济中的复杂问题。

对服务设计的相关定义做一个简单的梳理，我们发现：服务设计的概念在不同领域有不同的解读，在不同领域对服务设计的研究有不同的侧重。服务设计更倾向于一种设计策略，在以用户为中心的前提下运用整合的设计方式创造新的服务，进而提升用户体验，达到价值共创。服务设计相关定义的梳理如表3-2所示。

表3-2　服务设计相关定义的梳理

来源	定义
《设计词典》(*Design Dictionary*)	“服务设计”从客户的角度来设置服务的功能和形式。它的目标是确保服务界面是顾客觉得有用的、可用的、想要的；同时服务提供者觉得是有效的、高效的和有识别度的。
《设计管理系统管理指南——服务设计》(*Design Management Systems: Guide to Managing Service Design*)	“服务设计”是一个服务塑形阶段，它能吻合潜在客户合理与可预见的需求，并经济地使用可用的资源。
《服务设计——通往进化领域的实用途径》(*Service Design: Practical Access to An Evolving Field*)	“服务设计”是一个创新或改进全面体验服务的设计，并作为一个接口，以一种新的方式连接组织和客户端，使其更加有用、易用、理想化，以及更有效和高效。
维基百科	服务设计是指为了提高服务质量和服务提供者与客户之间的交互，对服务的人员、基础设施、信息沟通和材料组成部分进行规划和组织的活动。服务设计可以是对现有的服务进行更改，也可以是创建全新的服务方式。
《服务设计研究初探》(李冬，明新国，孔凡斌，王星汉，王鹏鹏)	服务设计是以客户的某一需求为出发点，通过运用创造性的、以人为本的、客户参与的方法，确定服务提供的方式和内容的过程。
《基于现象学方法的服务设计定义探究》(代福平、辛向阳)	服务设计是针对提供商与/对顾客本身、顾客的财物或信息进行作用的业务过程进行设计，旨在使顾客的利益作为提供商的工作目的得以实现。

对服务设计的各种定义中提到的“客户”，应该作更宽泛的理解，这里的客户应该包括服务接受者、服务提供方、利益相关者。其中提到的“有效识别”更多指的是品牌。理解服务设计的定义，有助于在具体设计实践中更明晰设计产出的内容。

1. 触点

服务设计如果从广义的交互来说，交互和服务其实有很高的重合度。触点是服务设计中一个重要概念，是服务设计中很重要的切入点。顾名思义就是事物之间相互接触、衔接的地方，可以是有形的，也可以是无形的。什么是触点？我们可以通过一个案例给大家说明。

以滴滴打车为例，当我们叫车时，首先会打开滴滴 App，你的手机交互界面就是第一个触点，先操作，再叫车，下单后等司机过来。如果这时候司机打来电话，接电话就是第二个触点，在这个触点中，你会感受到司机的业务能力、熟练度和态度等，然后等待司机到达。司机开车前来时，我们先看到打到的车，车也是触点，上车后，车内装饰布置、内部环境也是触点。当然，司机本人更是非常重要的触点。所以，在这个服务过程中，我们的行为是被一个又一个的可接触的点连接起来的，所有这些和我们有接触的点，都称为触点。有的是通过智能设备进行交互的，我们称之为数字触点（电脑、电话）；有的是能看得见、摸得到的实物，我们称之为物理触点；还有的是见到服务提供者，如前台、服务员、保安等，我们称之为人工触点。每一个触点都为用户传递感受，它的好与坏，必要还是多余，高效还是低效，都决定了使用者的感受。我们每天的生活，正是被这样或那样的触点填充着，每一个小小的触点，都有可能迁怒我们，或是感动我们。

从上面的案例可以看出，触点可以分为物理触点、数字触点、人工触点。为了保证整个服务系统的体验一致性，对触点的设计显得尤为重要。提升触点的体验满意度，就是服务设计要做的工作。

2. 服务设计的特征

Sangiorgi，Daniela 和 Anna Meroni 在 *Design for Services* 著作中提出服务设计具有无形性、不可分割性、异质性、易逝性的特征，这些观点被广泛接受。

> 无形性（非物质性）：以到咖啡厅消费咖啡的经历来说，我们购买的不只是咖啡，还有水电、人工、座位、咖啡杯、餐巾纸。除此之外，不同主题的室内环境，调煮咖啡的方法、水平，员工的相貌、气质和待人风格，乃至周边商圈和消费群体中潜藏的职业机遇和氛围，都有可能是影响我们选择和感受服务的不同因素。在消费者关注的不同服务元素中，一些是可见的物质基础和物理环境，一些是非物质的时间、水平和态度。从消费习惯来说，消费者对其中的一些物质或非物质的条件有明确的心理预期，比如说必备的物质条件、服务提供者必须付出的劳动，以及相应的时间与技能。还有一些则是在基本需求之外的惊喜，包括服务提供者精心营造的差异化服务，比如主题环境、纪念品、个性化促销活动，也可能是服务提供

者和顾客之间充满不确定性的社会互动，甚至可能是在这一特定场景下的一次意外浪漫经历给消费者带来的特殊记忆。

不可分割性：服务的生产和消费往往是同时进行的，顾客需要不同程度地参与服务的生产过程。没有消费者的在场参与，服务提供或传递过程中就缺少了被作用的客体。因此，消费者所购买的服务中，除了服务提供商提供的物质基础、时间和技能外，还有一部分是由自身亲自参与并和服务提供者共同完成的服务接触，也就是客户和服务组织（包括员工以及相应的物质基础和环境条件）之间的社会互动。

异质性：由于服务的生产和消费是服务提供者和顾客在特定的环境和语境下互动产生的，即便在同一时间、同一地点，接受同一个员工提供的同类服务，不同的顾客却有可能因为自身性别、年龄、教育背景、行为习惯等个人原因，和服务提供者之间产生完全不同的互动，感受着完全不同的服务体验，这就是服务的异质性。这种差异性不仅体现在不同的顾客在同一家餐厅就餐可能获得的不同感受，同一个顾客在不同的时间消费同样的服务的时候，情绪或同伴的变化也可能影响其和服务提供者之间的互动，从而获得完全不同的服务体验。

易逝性：由于服务的生产需要消费者的直接参与，当消费者与服务提供者之间的互动关系结束的时候，服务作为一种特殊的商品也随之消失，而不能像传统有形商品那样被储存或占有。

对比产品服务系统设计和服务设计，从二者的概念和目的来看，产品服务系统设计（PSSD）作为一种能够提升企业竞争力的商业策略，通过产品与服务集成为系统，整合资源，节省成本，提升效率，针对客户需求随时定制和调整服务，并对社会经济和环境带来益处。

3. 以盒马鲜生为例解读服务设计

盒马鲜生的出现，正是可持续产品服务系统的一个成功的上市，通过建立一种新的生活模式和理性的消费方式，契合以用户生活体验为中心的服务设计理念。

2016 年 10 月，马云在云栖大会上提出了新零售的概念。新零售由传统零售发展而来，再次激活传统实体零售，针对传统实体零售的弊病寻找出路，重构人、物、场，以实现消费者生活体验场景化。

盒马是阿里巴巴集团旗下，以数据和技术驱动的新零售平台。盒马希望为消费者打造社区化的一站式新零售体验中心，用科技和人情味带给人们“鲜美生活”（盒马鲜生官网 https://www.freshhema.com）。盒马鲜生作为线下进行新零售转型的典范，就是通过对消费场景的打造与线上的融合，使得线下零售得以重构，从而满足消费者日益提升的购买力和多样化的需求，提升服务效率、降低行业成本,创造更多价值。新零售驱动下的超市用户需求进一步发生了变化,从"买到便宜的"到"买到优质的",从买"商品"到买"服务",从满足生活基本需求到生活中方方面面的精致化升级,因此研究用户是服务设计流程中的重要环节。

消费者所购买的商品将来自于各种消费场景,而不再是单一的超市门店,门店不再只是逛街的地方,更是让消费者体验到优质服务的场所,促进消费者由商品消费向服务消费转型。构建无处不在的消费场景,丰富消费者购买商品和接受服务的渠道,为消费者提供全渠道、全天候、线上与线下无缝衔接的服务场景,促进服务升级。

盒马鲜生的门店以社区为中心,小规模只售卖生鲜食物。盒马鲜生的生产者为本地社区生鲜生产基地的工作人员,消费者为本地社区的用户,两者都为本地社区的人员。由于供应能力存在差异,一个地区的多个盒马鲜生之间可以相互调运生鲜食物,且它们都为平行的网络,无大小之分。相反,传统连锁经营的超市一般是以规模和人群来定位和构建商品品类,不具有分布式经济小规模的特点。其不仅销售生鲜,也销售其他品类。

盒马鲜生构建食品品类是只围绕"吃"这个应用场景。盒马鲜生门店拥有比大型超市更丰富的生鲜食品品类,承接了附近用户对"吃"所有品类和方式的需求。盒马鲜生围绕"吃"构建了三个应用场景。第一场景是菜市场,用户可以去线下门店购买生鲜食品回家烹饪;第二场景是餐饮店,设置堂食座位区,顾客可以将生鲜请厨师现做现吃,满足了赶时间或不方便回家烹饪的客户。上述两个应用场景持续维持盒马经营的闭环流量。第三场景是物流中心,客户可以在线上盒马 App 下单,附近门店接单、分拣所有来自线上的订单,门店周边 3 km 范围内的客户 30 分钟免费送达,实施全温层保鲜专车专送,而且是"门到门"的配送服务,高效完成订单,如图 3-7 所示。因此,盒马鲜生让客户能够实现不同应用场景下的一站式购物体验,使生活更加便捷、高效。

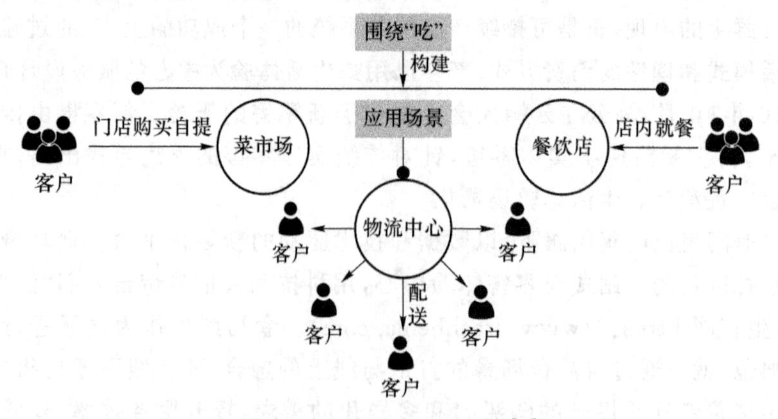

图 3-7 盒马鲜生应用场景[22]

盒马鲜生区别于传统超市与线上生鲜销售，其生鲜品类的销售采用“线上盒马 App＋线下盒马实体店＋冷链物流”的产品服务系统模式，利用大数据、互联网、自动化、云计算、数字化等先进技术和设备融合重构线上、线下以及物流，通过覆盖全国的生鲜物流网络，全渠道数字化运营，提升供应链能力和效率，降低成本，其产品服务系统地图如图 3-8 所示。盒马鲜生每天原产地直采，经过加工检测中心质检、精细包装、全程冷链运输直接进入盒马鲜生超市冷柜售卖。本地直采直供至盒马门店包装销售，早上采摘，中午送至门店，商品未售尽当晚销毁。配送联合流水化的分拣装箱系统形成冷链物流配送服务网。盒马鲜生采用小型包装的方式，食物分量多为消费者一餐所需，供给成品和半成品便于挑选。电子价签、悬挂链 RF 枪组的数据流转系统，大大地提高了销售效率。盒马只限于盒马 App 和支付宝两种付款方式，将线上收集到的客户数据汇总到企业营销系统数据库里，依靠其技术进行数据分析，根据用户的消费行为深度挖掘其需求和偏好，并制定针对性的营销策略，指引盒马商品的采购和品类的开发，合理地进行库存管理和品类的调整，最大化减少剩余。同时，盒马鲜生保护消费者权益，无论购买任何产品，都提供无条件退货服务。

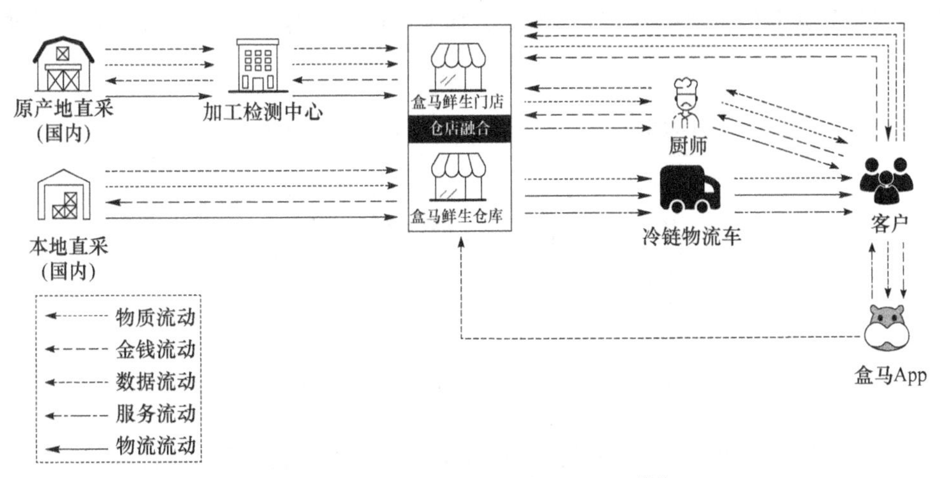

图 3-8 盒马鲜生产品服务系统地图[22]

五、体验

著名未来学家阿尔文·托夫勒(Alivin Toffler)1970 年在《未来的冲击》一书中就提到过“体验经济”，并在 1983 年的《第三次浪潮》一书中再次提及：“制造业终将被服务行业赶上，而体验生产必将超过服务业，服务经济最终将转向体验经济。”

自此之后，体验经济成为学术界的热门话题。派恩(B. Joseph Pine II)和吉尔摩(James H. Gilmore)在《体验经济》一书中对体验经济产生的原因有如下描述：

体验经济为什么会在此时诞生呢？科技是部分原因，它推动了许多新体验的产生，企业间日益严峻的竞争是另一个原因，它促使公司不断寻找新的产品或服务差异。不过，这些回答都不够，最全面的答案应当是经济价值的本质及其自然递进的趋势……体验经济兴起的另一个原因无疑是人们的日益富足。经济学家提勃尔·西托夫斯基(Tibor Scitovsky)说过："人类富足之后主要的表现是更频繁地聚会吃喝，他们会增加自己认为重要的聚会和节日的数量，直到最终把它们变成像周末晚宴那样的惯例。"这种情况和我们付钱享受的体验一样，我们经常去各种格调高雅的餐厅，而且次数越来越多，就连喝咖啡也要找个有节日气氛的地方。

1943年，美国心理学家亚伯拉罕·马斯洛(Abraham Harold Maslo)在论文《人类激励理论》中提出了马斯洛需求层次理论，如图3-9所示该理论像阶梯一样从低到高按层次分为五种，依次是：生理需求、安全需求、社交需求、尊重需求和自我实现需求。人类在不同的时期对各种需求的迫切程度是不同的，雷丙寅和王艳霞在论文《体验经济时代的消费需求及营销战略》(2002)中将该理论与产品经济、服务经济和体验经济进行对应(如图3-9所示)，彰显出体验经济时代的精神追求层次。

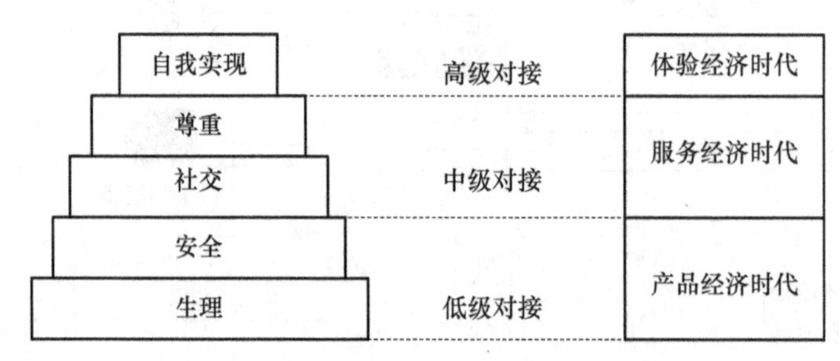

图3-9　马斯洛需求层次与经济时代对应关系

对于"体验"的热衷在20世纪80年代就已经初见端倪，但是当时人们对它并没有很清晰的认知，经常将它与"服务"混为一谈，直到苹果公司取得了巨大的成功，"体验"一词才真正进入学术界和企业界的视野。

《现代汉语词典》对于"体验"有三个释义：一指亲身经历，实地领会；二指通过亲身实践所获得的经验；三指查核、考察。可见"体验"同时具有名词和动词两个词性，且"体验"在广义上通常被理解为"亲自处于某种环境而产生认识，例如作家去体验生活、演员对所饰的角色必须有所体验"，这里的"体验"是一个同时包含了名词和动词的完整的过程，"人物、环境和认识"正是这个过程中必不可缺的三个节点。

- 人物：体验的过程中会涉及体验营造者、体验接收者和各个利益相关者，而这里的人物指的是体验接收者，他们是开启体验整个过程的重要节点。
- 环境：体验中的环境既包括整个实体空间，也包括空间中所营造的氛围，环境是链接人物和认识的关键节点。
- 认识：指在体验的过程中或者过程后所产生的回忆、知识等信息，认识的部分会在很大程度上受到人物和环境的影响。

Elizabeth Sanders 曾在论文"Virtuosos of the Experience Domain"(2001)中提出体验是一个主观的事件，只有拥有经验的人才能感受到。体验是短暂的，即仅持续片刻(the moment)；体验过的生活，让我们产生回忆(memories)；有些体验尚未经历或感受过，是想象得到的，可以称作梦想(dreams)。如图 3-10 所示，体验是回忆和梦想相遇的地方，并且与二者紧密相连。

- 当下的时刻已经融入过去的记忆中，我们参考过去的经验来解释周围发生的事情；
- 此刻也与我们的梦想紧密相连，对未来的希望和恐惧进行解释，以了解我们周围正在发生的事情。

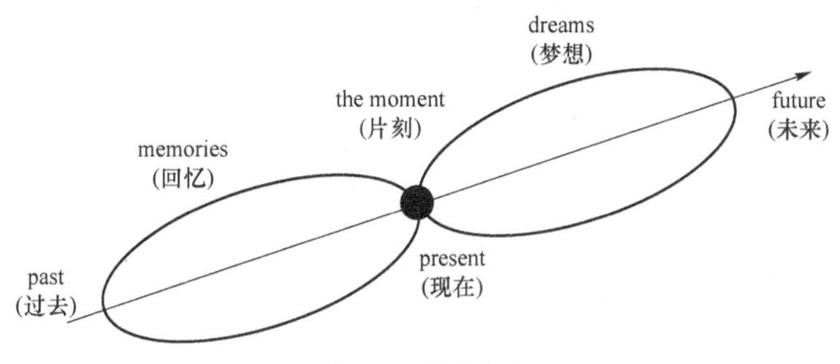

图 3-10 体验领域

B. 约瑟夫 · 派恩(B. Joseph Pine II)和詹姆斯 · H. 吉尔摩(James H. Gilmore)在他们所著的《体验经济》中强调"商品是有形的，服务是无形的，而创造出来的体验是令人难忘的"，并在此对"体验"进行了清晰的描述：

> 当企业有意识地利用服务为舞台、产品为道具来吸引消费者个体时，体验便产生了。和初级产品的可互换性、产品的有形性、服务的无形性相比，体验的独特之处在于它是可回忆的。体验的购买者，我们在此还是沿用迪士尼乐园的称呼——"宾客"，看重的是企业在一段时间内展现出来的吸引自己的能力。正如人们从前会省下买东西的钱去购买服务一样，现在大家开始节省花在服务上的时间和金钱去寻找值得回忆的、更具价值的新目标——体验。

> 实际上，体验是在一个人的心理、生理、智力和精神水平处于高度刺激状态时形成的，结果必然导致任何人都不会产生和他人相同的体验。每一种体验都源自被营造事件和体验者前期的精神、存在状态之间的互动。

由此可见，虽然体验基于产品和服务，但又与这二者不尽相同。体验最显著的特点是主动营造性和可追忆性，它产生的价值很长一段时间内都会留存在用户的心中。

1. 体验设计的产生和发展

派恩和吉尔摩 1994 年 4 月出版的著作《体验经济》使得"体验经济"一词成为当时的热门话题，随后又出现了一批衍生词，其中就包括"体验设计"。2001 年 Nathan Shedroff 出版了与"体验设计"同名的书籍，奠定了体验设计在设计领域的基础。诺曼(Donald Arthur Norman)是美国认知心理学家、计算机工程师和工业设计家，他指出良好的用户体验要满足用户的需求，让用户愉悦和惊喜，在他先后出版的《设计心理学》《情感化设计》两本著作中都对体验设计进行了相关的介绍。Emily Stevens 对体验设计发展历程的描述也有助于我们从历史的维度充分了解体验设计，如图 3-11 所示。

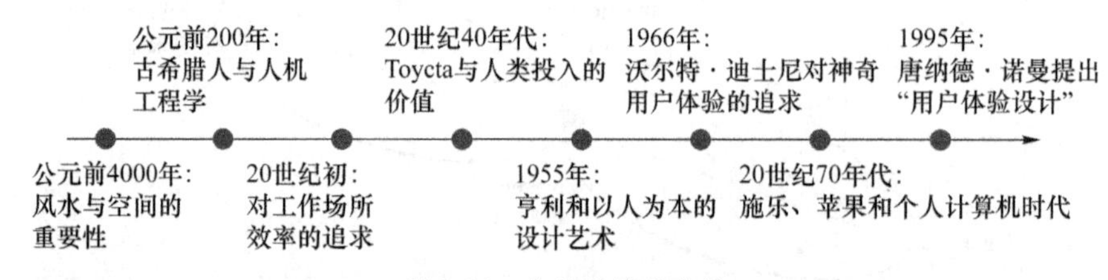

图 3-11　体验设计的发展

胡飞和姜明宇在论文《体验设计研究：问题情境、学科逻辑与理论动向》(2018)中描述了设计类型的 3 种维度，他们从设计类型的维度对体验设计进行分析，使我们得知体验设计并不是一种独立的设计类型，而是基于心理学、人机工程、民族学等学科逐渐发展起来的：

> 基于实践的设计，与职业相关，包括平面设计、产品设计、空间设计等；基于方法的设计，开拓设计实践的方法论，如系统设计等；基于价值观的设计，是设计实践的理论和伦理基础，以用户为中心的设计(UCD)、可持续设计(D4S)均属于此类。
>
> 从设计实践的对象来看，无形的体验无法脱离具体的载体，而是与有形对象共时性存在的主观感受，因此体验设计难以成为独立于产品设计、视觉传达设计和环境设计等之外的新的设计实践类型；从设计的方法学

> 来看，无论用户体验还是体验设计均未形成完整的方法论体系，而是整合了来自心理学、人因工程、民族学等多学科方法；从设计的价值观来看，用户体验设计与体验设计均属于UCD，那么体验设计也就不是一种新的基于价值观的设计类型。

代福平在他的论文《体验设计的历史与逻辑》(2018)中给出了体验设计的三个阶段，即体验设计的自在阶段、体验设计的自觉阶段和体验设计的自为阶段。

- 体验设计的自在阶段：人与人为事物的原初合一关系之形成——人不仅能制造和使用工具(某些动物，如黑猩猩，也可以)，而且能携带工具。人是制造、使用和携带工具的动物。
- 体验设计的自觉阶段：人与人为事物的对立关系之发现——工业化生产改变了人与人为事物的关系。技术的发展和专业分工的加剧，使工具变成越来越复杂的各种机器。人被技术统治，世界成了技术世界。技术世界的人为事物对人而言突然变得陌生了，看不懂了，不会用了，需要学习如何操作了。
- 体验设计的自为阶段：人与人为事物的新型合一关系之重建——体验设计就是要建立人与人为事物的新型合一关系。主要表现为两个特征：从物的客观性转向人的主观感受；体验设计就是要消除技术对人的统治，使技术回归到它本来的角色，即为人的生活服务，从而把技术世界转变为生活世界。

代福平对体验设计的三个阶段的描述向我们清晰地展示了体验设计中人与物之间关系的演变，这也与设计的发展过程不谋而合，体验设计作为一种新的设计思想将伴随着技术和文化继续向前发展。

2. 体验设计的定义和内涵

体验设计是一个比较复杂的概念，迄今为止对它并没有一个明确的定义，也因此大部分人将体验设计与用户体验设计混为一谈。体验设计相比于用户体验设计虽然是仅仅去掉了“用户”两个字，但实际上已经形成了两个完全不同的概念，去掉“用户”代表着体验设计不再只针对用户，它还可能针对设计人员或者其他的利益相关者。在体验设计中，系统中所有人的体验都至关重要。以下是设计领域的学者们对于体验设计进行的探讨，有助于我们对体验设计有更加清晰的理解：

- 虽然没有明确的出处，但是目前国内文献中普遍使用的定义为：体验设计是将消费者的参与融入设计中，是企业把服务作为“舞台”，把设计作为“道具”，把环境作为“布景”，使消费者在过程中感受美好体验的设计。

- Elizabeth Sanders 在论文《为体验而设计:新的工具》(1999)中提出体验设计的目的是设计用户对事物、事件和地点的体验。Sanders 提出首先要了解体验的两个构成内容:传播者(体验的营造者)所提供的内容和被传播者(体验的接收者)所带来的互动,两者的重叠部分才是体验真正发生的部分,只有了解了这些构成内容才能进行体验设计。Sanders 还指出体验是个人在当下的感受,它并不以设计师群体为转移,但是设计师可以为获得更好的体验进行设计,体验将决定该产品、服务的成败,并在与人建立积极连接中发挥重要作用。
- 辛向阳在论文《从用户体验到体验设计》(2018)中将体验作为设计对象,将其定义为:在特定目标引导下,通过一系列有意义的事件实现的个人成长经历。

体验设计是在体验经济和信息时代的背景下萌生出的一种新的设计理念。在体验设计中"体验"和"设计"同等重要,设计能够带给用户情感上的共鸣,从而引发用户深刻的体验。反过来,研究用户的体验也同样可以促进设计的进行。

3. 以星巴克的发展为例剖析体验经济与体验设计

如图 3-12 所示,《体验经济》一书给出了经济价值的递进规律,对经济价值有如下描述,并给出了一个案例:

> 被美泰玩具收购的普利桑特公司(The Pleasant Company)由曾担任过小学教师的普利桑特·罗兰德于 20 世纪 80 年代创立,主要生产女孩们玩的各种娃娃。这家公司的产品系列的每一个娃娃都代表美国历史上的一个特定时期,针对每个时期该公司都推出了五六本小说读物。因此,购买这些娃娃的女孩同时也能熟悉美国的历史故事,该公司的系列产品主要通过产品目录和网络向家长营销,一经推出就受到了好评。1998 年 11 月,普利桑特公司在芝加哥的密歇根大道开办了第一家美国女孩娃娃店,成为一个强调独特体验的主题消费地点。这里有娃娃美发厅、娃娃照相馆、娃娃咖啡餐厅、娃娃展示厅,以及各种可以抱着娃娃玩或看书的角落;店内员工以表演的形式提供服务,如设有接待员,需要修理的娃娃要到医院挂号,诸如此类的新鲜构思到处都是;此外还提供各种特别活动,如主题聚会、晚间游览和生日聚会等。凡是到过这里的人都很难想象它是一家零售商店,因为美国女孩娃娃店里的一切营造出来的都是顾客体验。你当然可以在这里买娃娃、买书、买家具、买衣服、买各种各样的小东西,甚至可以买和娃娃配套的给孩子穿的衣服,但是,在这里买卖永远都是排在体验之后的行为。

星巴克企业的发展对经济价值的递进规律似乎有更好的印证，星巴克(Starbucks)于1971年在美国西雅图创立，至今已经发展为人们熟知的咖啡品牌。星巴克多年来致力于向顾客提供最优质的咖啡和服务，它成功地改变了世界体验咖啡的方式，营造出了独特的"星巴克体验"，将星巴克的门店打造成人们除了工作场所和生活居所之外温馨舒适的"第三生活空间"。他们的这种理念对业内、业外的企业都产生了很大的影响，美国一家机构推出了面向老年群体的"星巴克"Cafe Plus，为老年人提供丰富的娱乐和文化体验。

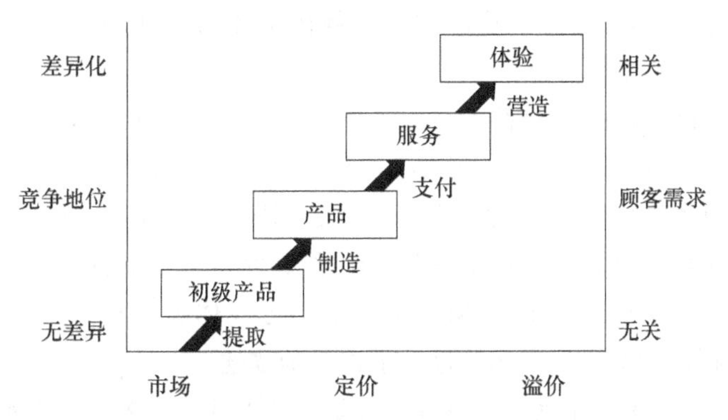

图3-12 经济价值的递进(来源:《体验经济》)

星巴克通过其所坚守的"体验文化"成功地发展为一个独具特色且具有高附加值的品牌，它不仅注重咖啡的品质，还注重体验的营造。星巴克人始终坚持着一种观念：咖啡是星巴克将其独特的格调传递给顾客的一种载体，咖啡的消费很大程度上是一种感性的文化层次上的消费，文化沟通需要的就是咖啡店所营造的环境文化能够感染顾客，形成良好的互动体验。

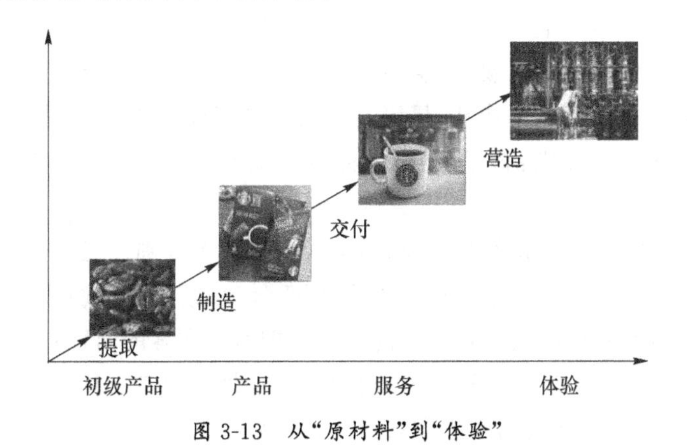

图3-13 从"原材料"到"体验"

如图3-13所示，星巴克企业见证了一杯咖啡从原材料到产品、到服务、再到体验的发展,它的价格随着消费者能够获得的体验而改变。

- 星巴克最初的主营业务为咖啡豆,咖啡豆虽然具有天然、淳朴的特点,但是将这种原材料直接售卖给顾客之后需要再次加工,这显然不适合如今已经适应快节奏生活的大部分人。
- 将咖啡加以包装打造成独具特色的产品,此时售卖的不仅仅是咖啡,还有咖啡的包装以及品牌背后的文化。
- 星巴克坚持为每一位顾客打造个性化服务,顾客在门店内不仅可以直接获得煮好的咖啡,还可以获得咖啡的制作服务,店员提供专门的制作服务以及用具的清洗服务等。
- 推出星巴克精品烘焙品尝室,致力于用每一杯咖啡传递星巴克独特的体验,顾客可以近距离地观察咖啡的烘培和制作过程。星巴克通过提供安静舒适的体验环境、营造独特的体验氛围,同时赋予咖啡生命性和灵活性,将喝咖啡与客户体验紧密地联系起来,给顾客留下愉快的回忆。

约瑟夫·米歇利(Joseph A. Micheli)在《星巴克体验》(2012)一书中对为员工创造体验、为顾客营造星巴克体验进行了这样的描述:

> 曾效力于星巴克的约翰·摩尔,如今已成为"品牌解剖营销业务公司"的创始人,他说:"我觉得星巴克体验的特殊之处在于,整个咖啡店基本上就是一个大家庭。领导赋予我们关爱,我们再彼此传达这份关爱。"重视员工的领导们会鼓励员工以同样的方式去对待自己的同事。
>
> 霍华德·舒尔茨曾在 brandchannel.com 上如是表示:星巴克的成功标志着我们与顾客之间建立起了感情的纽带,在与众多经典品牌的竞争中,星巴克的优势在于,我们每天都要与顾客进行面对面的互动交流。我们的产品并不像罐装汽水一样静静地摆在超市的货架上,我们的员工会悉心了解你对饮品的需要,还会将你和你孩子的名字默记于心。

尽管已经取得了巨大的成功,星巴克仍然时刻警醒,约瑟夫·米歇利为此总结出星巴克体验的五项原则:彰显个性;关注每个细节;奉上惊喜,送去满意;顺阻力而行;留下印注。

- 彰显个性:构建独特的管理模式,全力激发各个级别员工的热情和创造力。
- 关注每个细节:秉持销售就是细节的理念,兼顾顾客体验中的"幕后因素"(即顾客看不到的因素)和"台前因素"(即直面顾客的因素)。
- 奉上惊喜,送去满意:虽然对事物的可预见性可以基于用户安全感,但是意想不到的小礼物会为顾客带来很大的惊喜。
- 顺阻力而行:重视顾客给予的批评,区别出真心提出建议和假意诋毁的顾客。

• 留下印记：重视企业的社会性，在企业发展的同时为社会献出一份力量。

以上五项原则让我们对星巴克的成功有了更充分的了解，星巴克已经将体验融入了品牌文化当中，这让我们看到了体验的力量，对体验的合理运用可以让一个企业、社会乃至国家都得到意想不到的发展。

产品向服务和体验的转型，背后潜藏着效率的提升和系统的复杂化。这种转型也对设计师提出了更综合的要求，设计需要整合，学科需要交叉，设计师需要与技术、社会、管理人才一起协同创新、共创价值。也许不久的将来，冰箱有可能会消失，会被食材极速配送服务替代；洗衣机有可能会消失，会被上门快递洗衣服务替代。设计一定要顺应时代的发展，才能更好地服务于人。

六、如何对设计对象做系统分析

以摩拜单车为例，这是共享经济时代移动互联网技术结合公共自行车的一款典型产品。相比私家自行车，摩拜单车提供的是：通过“共享产品＋服务”的模式，提高自行车利用率，节省用户及社会成本，提升用户生活体验。

它的出现首先得益于技术的发展，其次单车出行作为城市出行领域的一个重要场景，重要程度不可忽视。通过单车的分时租赁，与地铁、公交、出租车、专车等形成有效互补的闭环，且与城市交通业巨头形成差异化竞争。单车共享系统的建立，可以有效地缓解城市交通压力，极大地提高用户的出行效率。无论从解决社会问题角度，还是从落地执行的商业角度，以及承载需求的产品角度，摩拜的模式都是可行的。摩拜所要解决的痛点显而易见：用户出行最后一公里的问题。

在车身设计上，摩拜单车经过专业设计，将全铝车身、防爆轮胎、轴传动等高科技手段集于一体，使其坚固耐用，进而降低维护成本。定制的单车外形在街头有较高的辨识度，时尚醒目，方便人们找车的同时，也是城市里一道独特的风景。

此外，摩拜单车的服务特色还包括，摩拜单车摒弃了固定的车桩，无桩理念让用户的租车和还车更简单，允许用户将单车随意停放在路边任何有政府画线的停放区域，用户只需将单车合上车锁即可离去。车身锁内集成了嵌入式芯片、GPS 模块和 SIM 卡，便于摩拜监控自行车在路上的具体位置。

案例

摩拜单车产品系统要素分析

摩拜单车产品系统要素分析①

摩拜单车产品系统要素分析如图 3-14～图 3-42 所示。

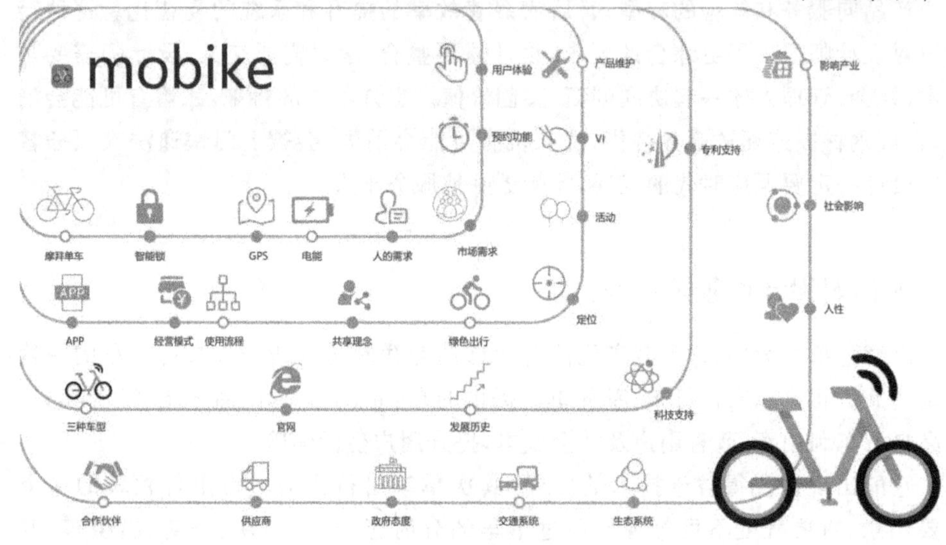

图 3-14　摩拜单车系统分析图

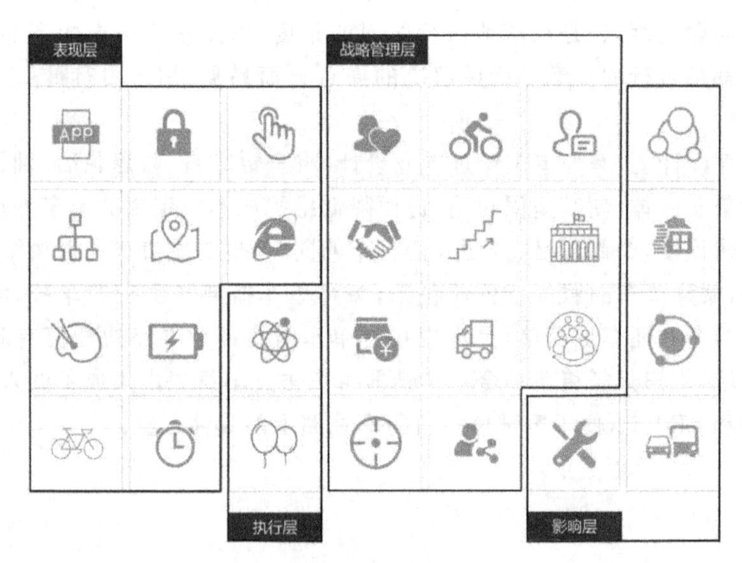

图 3-15　要素分析

① 作者：北京邮电大学 2014 级本科生卢心悦、汪蕾、冯玉婷　指导老师：汪晓春

First level.

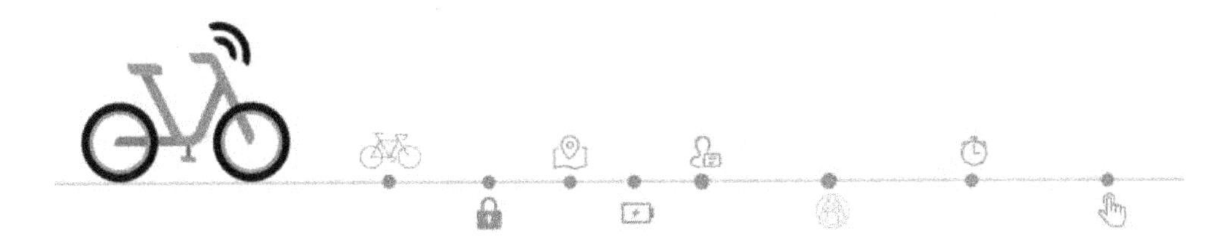

图 3-16　第一层级

单车系统mobike / mobike lite

材质 —— 全铝车身，不易生锈，相同重量下更能经受户外风吹雨淋的考验。

传动 —— Mobike为实心轮胎，并采用轴承传动，避免掉链子的麻烦，但车身较沉。

Mobike lite将轴传动改为KMC链条传动，并换成蜂窝式实心轮胎，在不易损坏的前提下减轻了重量，解决了之前的难骑问题。

色彩 —— 橙色轮毂、银色全铝车身设计，色彩艳丽，充满现代气息，具动感且辨识度高。

收费 —— 两款车型押金一律¥299，mobike成本¥3000，收费¥1/30min；mobike lite成本¥1000，收费¥0.5/30min。

PS：当信用分低于80 时，费用增加（用户注册初始积分为100）。

部件 —— 轴传动、单摆臂、车身一体成型；实心轮胎，免充气，防爆胎，耐磨损；五幅轮毂不易损坏；旋转式车铃利于骑行操作。

生产 —— 采用先进的OEM生产模式，即公司提供设计方案，工厂负责整合供应链和生产产品。

工艺 —— 先向上游元件厂下订单，元件供给达到要求后，再向下游的代工厂就某个时间段的产量达成一致，之后由制造商生产线进行生产。

1ST

图 3-17　单车系统

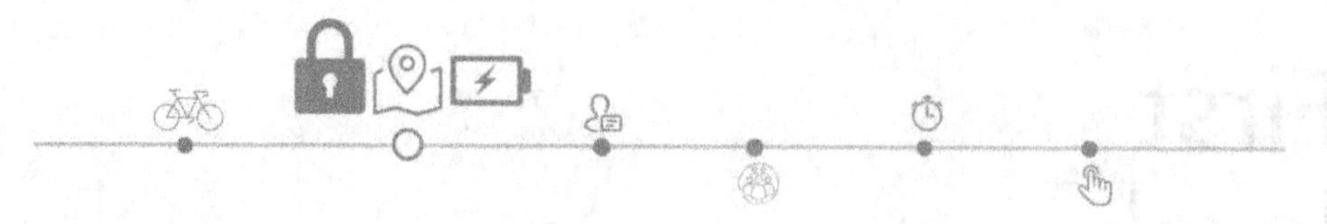

智能锁

内部智能电子锁，扫码即开，手动落锁后自动结束行程即支付（无法通过APP端结束行程），计费机制相比机械密码锁更加可靠，降低违规使用可能。

mobike自带GPS定位，在APP端可以显示出车辆的具体位置，结合高德地图，让用户找车更加方便。同时GPS让单车去向有迹可循，大大降低了车辆丢失的可能。同时定位功能约束用户在规定位置停车，降低了僵尸车数量。

电能

mobike采用脚踏发电，mobike lite采用太阳能电池（太阳能电池板置于车筐内），电能用于供给电子智能锁。

图 3-18 智能锁、GPS、电能

人的需求

低成本高效解决短途出行问题。

市场需求

通过互联网的便捷，让空闲的资源能够迅速的匹配需求方，从而创造产品或者服务的交换，进而产生价值。摩拜单车的投放城市主要为北上广深等一线城市，缓解交通压力。

图 3-19 人的需求、市场需求

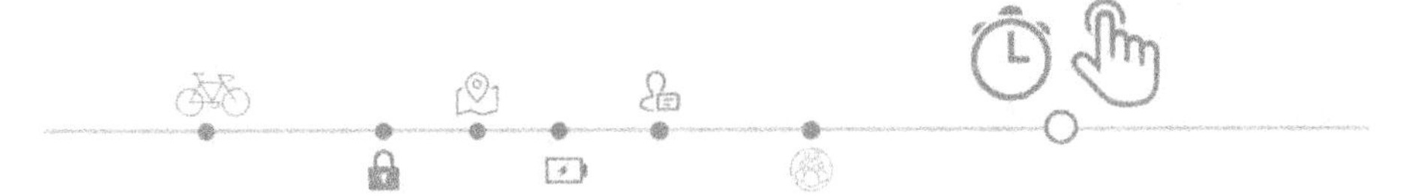

预约功能

摩拜APP可提前预约车辆，限时15分钟，15分钟后自动取消预约，每天最多取消5次。找车过程中地图上有路线提示，到达车辆附近有寻车铃辅助寻找，可用性良好。

用户体验

Mobike用轴承传动代替了链条传动，防止“掉链子”；实心轮胎骑行两万公里之内只会轻微磨损、无需充气；轻骑系列改用KMC链条和蜂窝实心轮胎，不易掉链子的同时减轻重量解决难骑问题；且座椅高度较普适，不可调节。这些硬件保证了单车不易损坏从而给用户带来良好的使用体验。橙色轮毂、银色全铝车身的设计增大了辨识度；内置物联网芯片和GPS，智能锁通过骑行充电，避免复杂的开锁操作；落锁自动结束行程，与手机端同步并配有信用机制；这些支持便于用户操作，同时抵制了一些不良用户的违规行为，避免了其他用户的糟糕体验。

图 3-20　预约功能、用户体验

Second level.

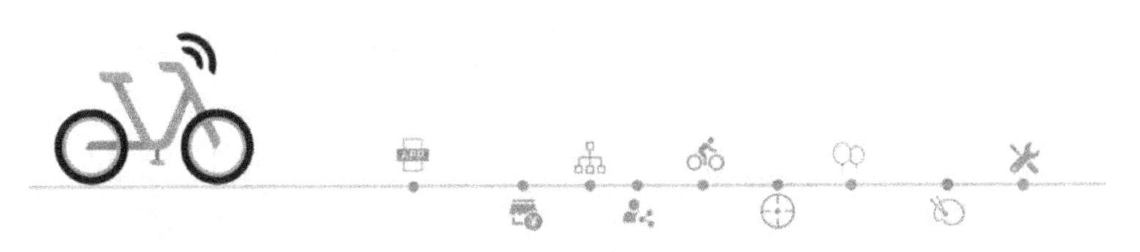

图 3-21　第二层级

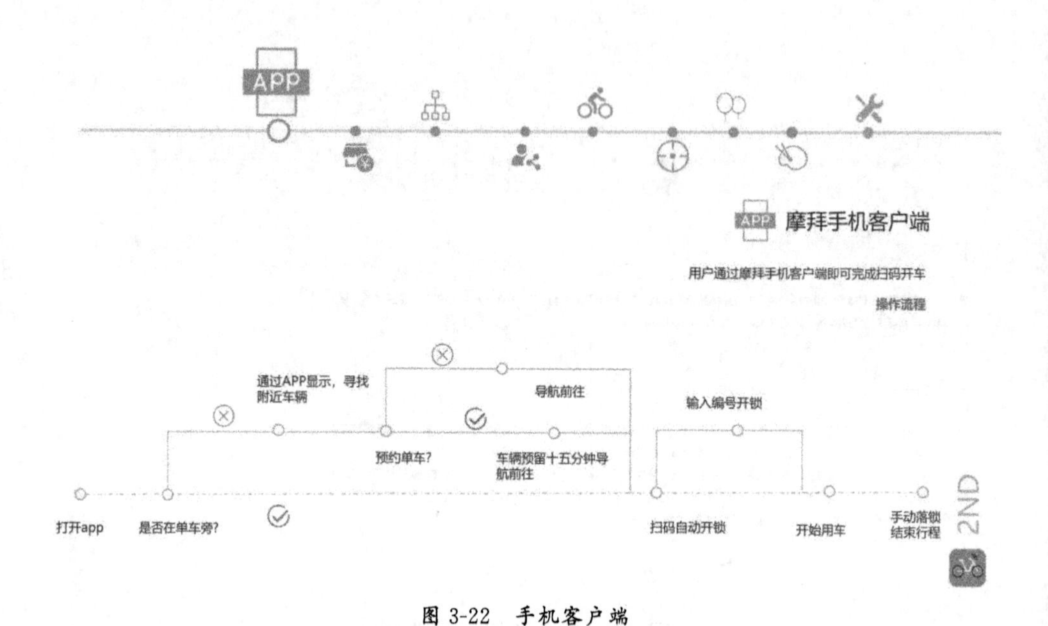

图 3-22　手机客户端

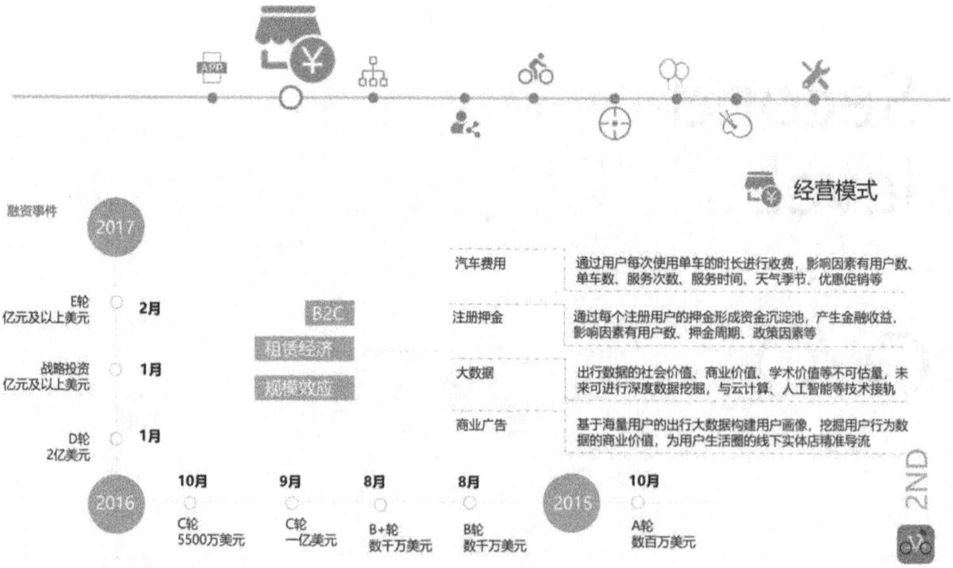

APP

经营模式

融资事件

2017

E轮
亿元及以上美元　2月

战略投资
亿元及以上美元　1月

D轮
2亿美元　1月

B2C

租赁经济

规模效应

汽车费用	通过用户每次使用单车的时长进行收费，影响因素有用户数、单车数、服务次数、服务时间、天气季节、优惠促销等
注册押金	通过每个注册用户的押金形成资金沉淀池，产生金融收益，影响因素有用户数、押金周期、政策因素等
大数据	出行数据的社会价值、商业价值、学术价值等不可估量，未来可进行深度数据挖掘，与云计算、人工智能等技术接轨
商业广告	基于海量用户的出行大数据构建用户画像，挖掘用户行为数据的商业价值，为用户生活圈的线下实体店精准导流

2016
10月 C轮 5500万美元
9月 C轮 一亿美元
8月 B+轮 数千万美元
8月 B轮 数千万美元

2015
10月 A轮 数百万美元

2ND

图 3-23　模式

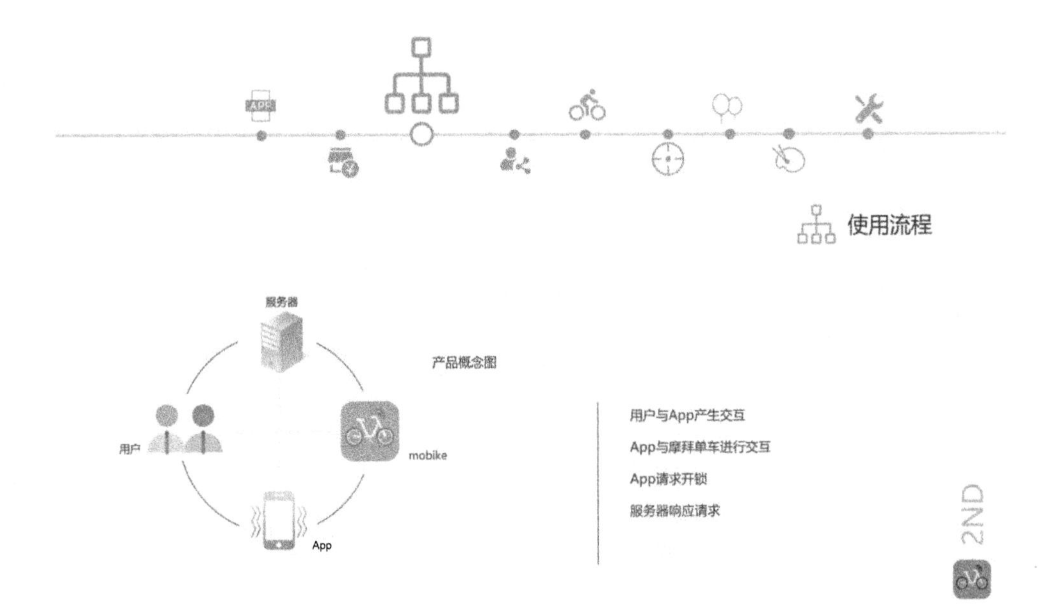

图 3-24　使用流程

图 3-25　共享理念、绿色出行、定位

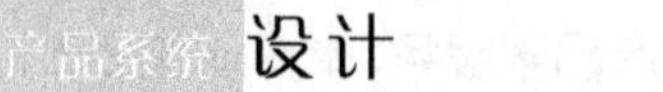

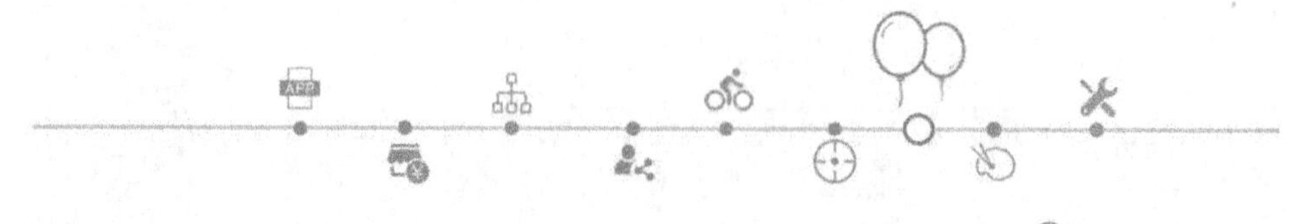

活动

红包车："边骑车，边赚钱"概念深入人心。用户打开摩拜单车App，除了看到周围可供使用的单车之外，还可以发现红包图标，也就是最新上线的"摩拜红包车"。用户可以通过GPS定位找到"摩拜红包车"并解锁骑行，有效骑行时间超过10分钟即可获得双重奖励：2小时内骑行免费，以及获得最低1元，最高100元金额的现金红包。

30天免费骑行：用户打开摩拜单车微信小程序并扫码用车，骑行结束锁车后将获得包含30天的免费骑行"红包"。用户把免费骑行"红包"分享到微信对话或微信群后，将能够与最多10位好友一起分享免费骑行天数，每位用户最多可累积30天的免费骑行"福利"。

图 3-26　活动

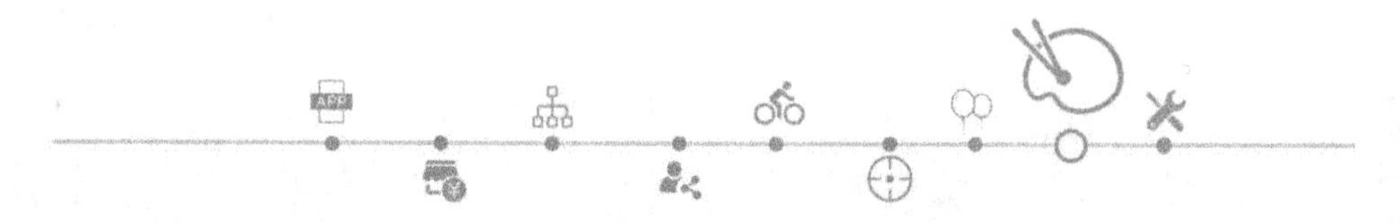

VI系统

简洁新颖的视觉设计，配合一套合理的界面设计规范，来增强软件扩展性和品牌统一性。设计后期，就色彩、质感和控件的运用以及地图标签、文字布局、徽章规范等做了详细说明。

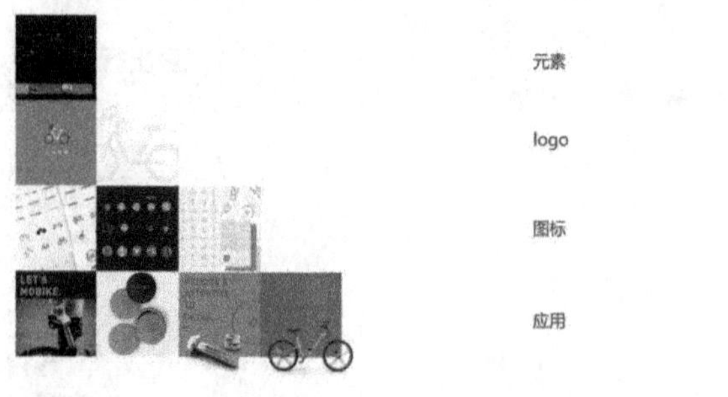

图 3-27　VI 系统

图 3-28 产品维护

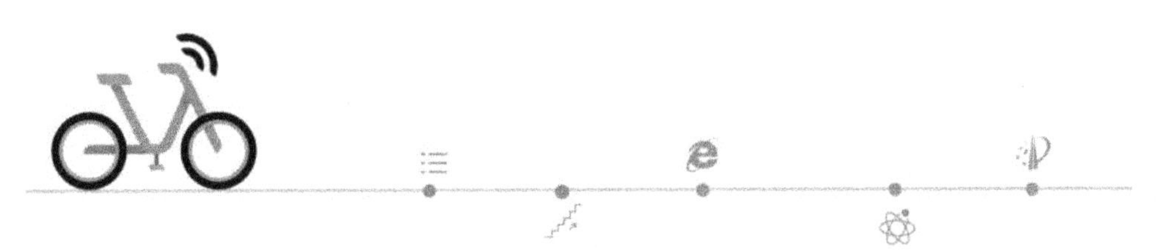

图 3-29 第三层级

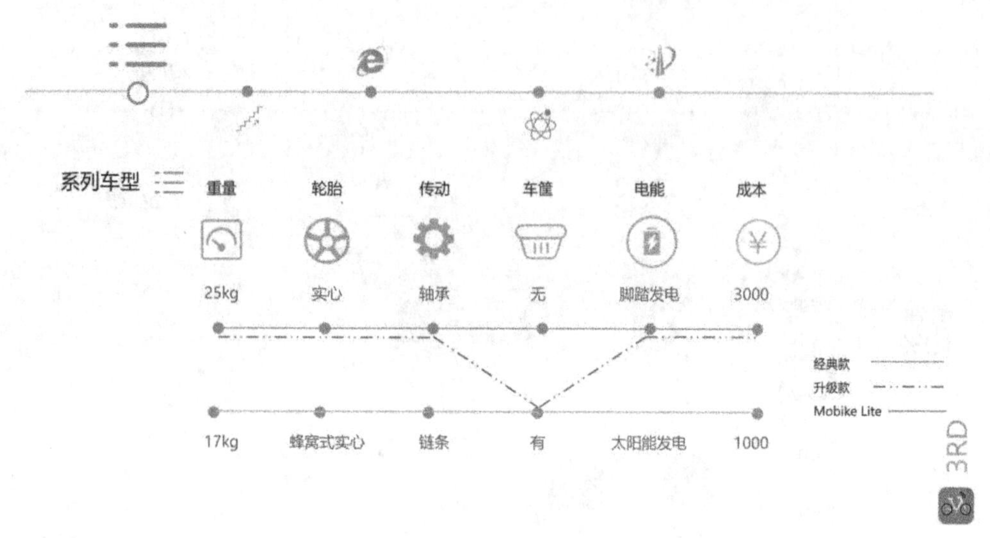

图 3-30　系列车型

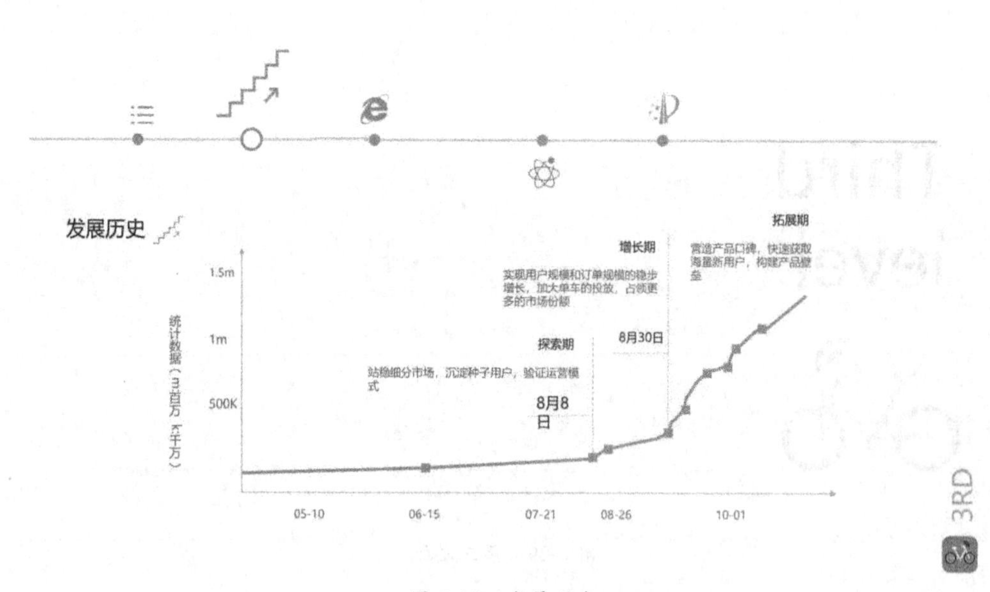

图 3-31　发展历史

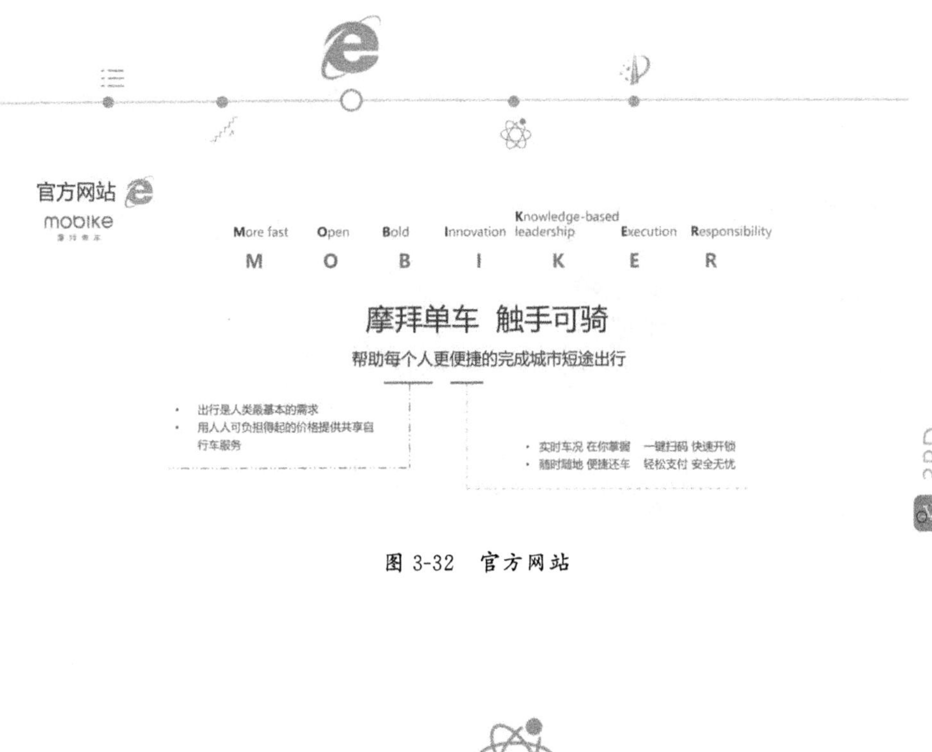

图 3-32　官方网站

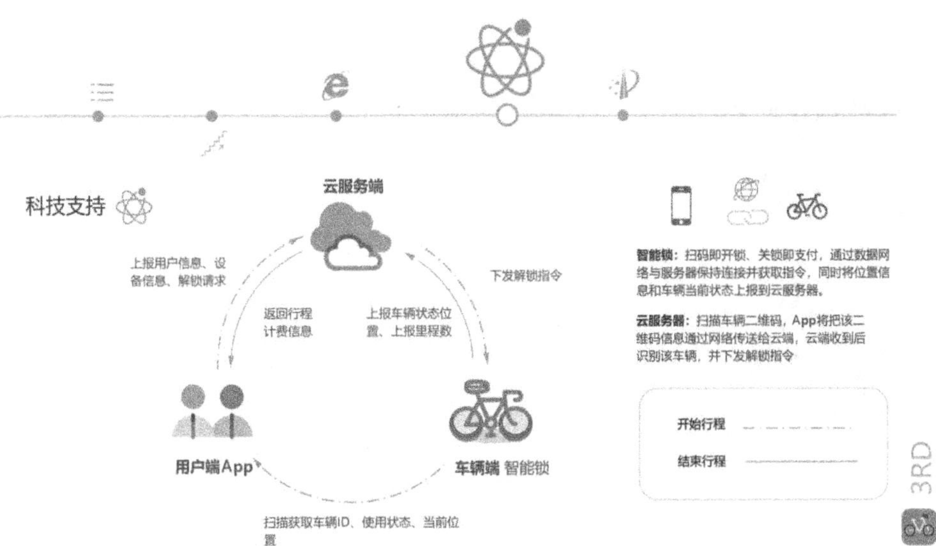

图 3-33　科技支持

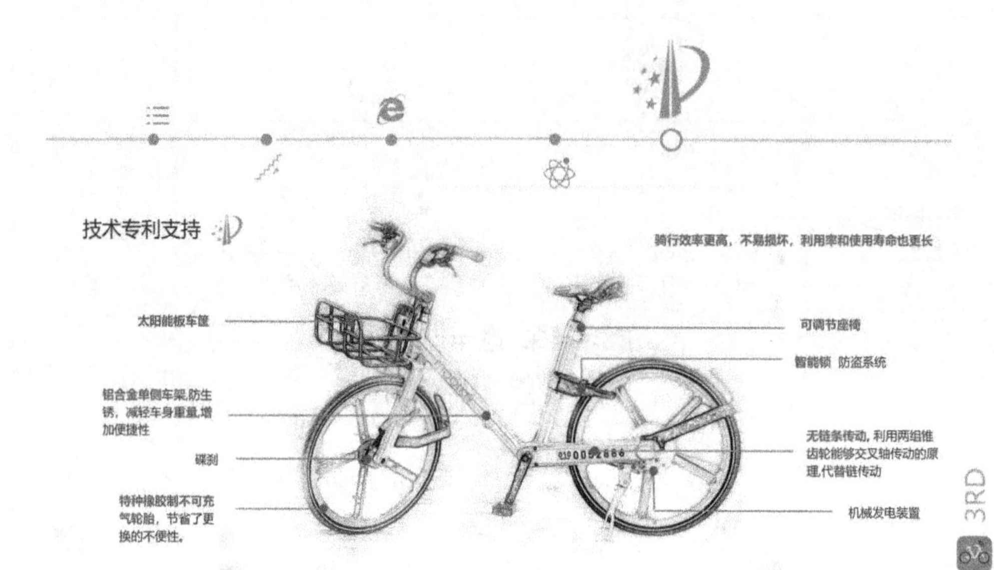

图 3-34　技术专利支持

Fourth level.

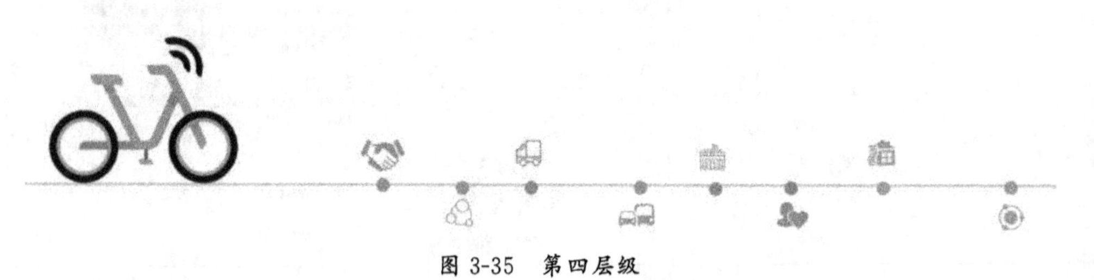

图 3-35　第四层级

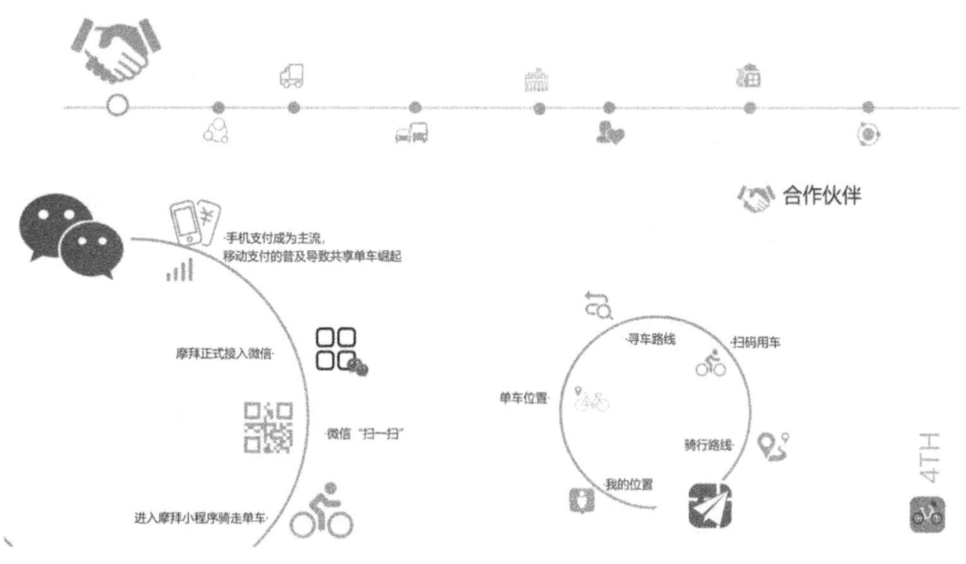

图 3-36 合作伙伴

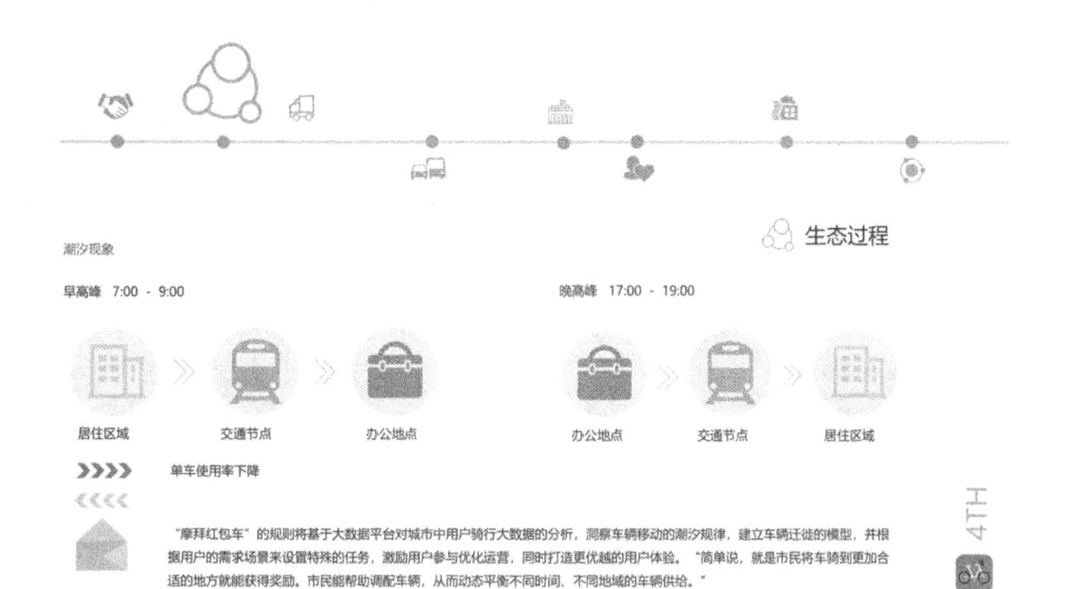

图 3-37 生态过程

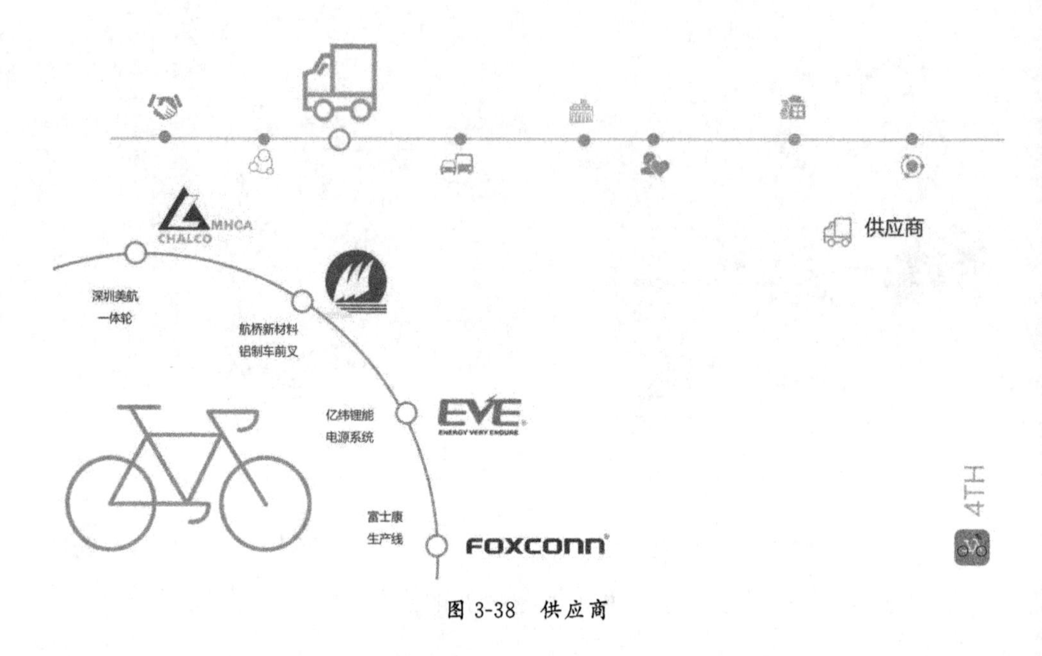

图 3-38 供应商

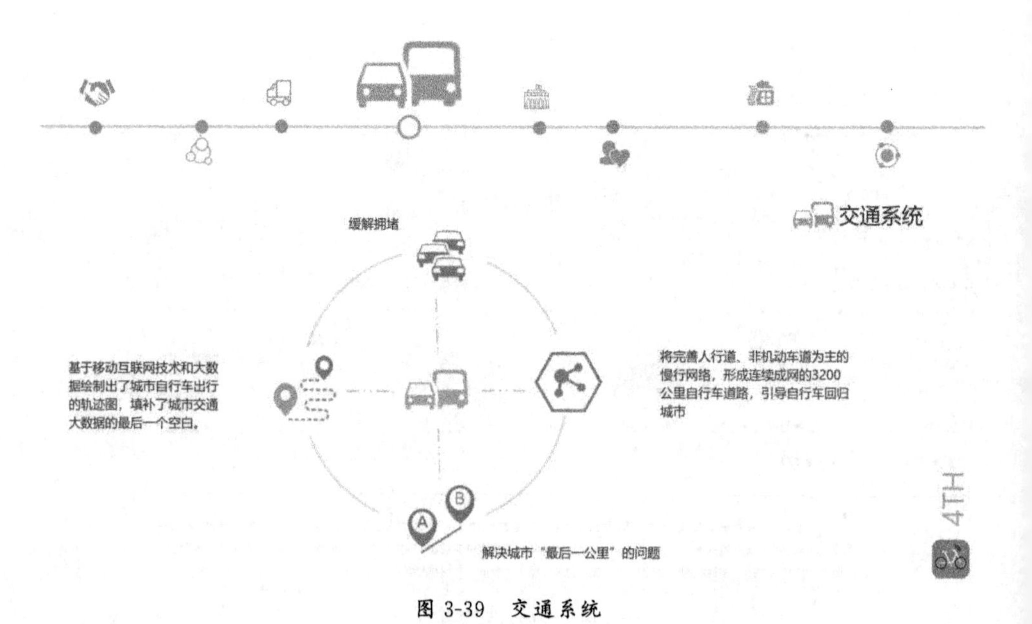

图 3-39 交通系统

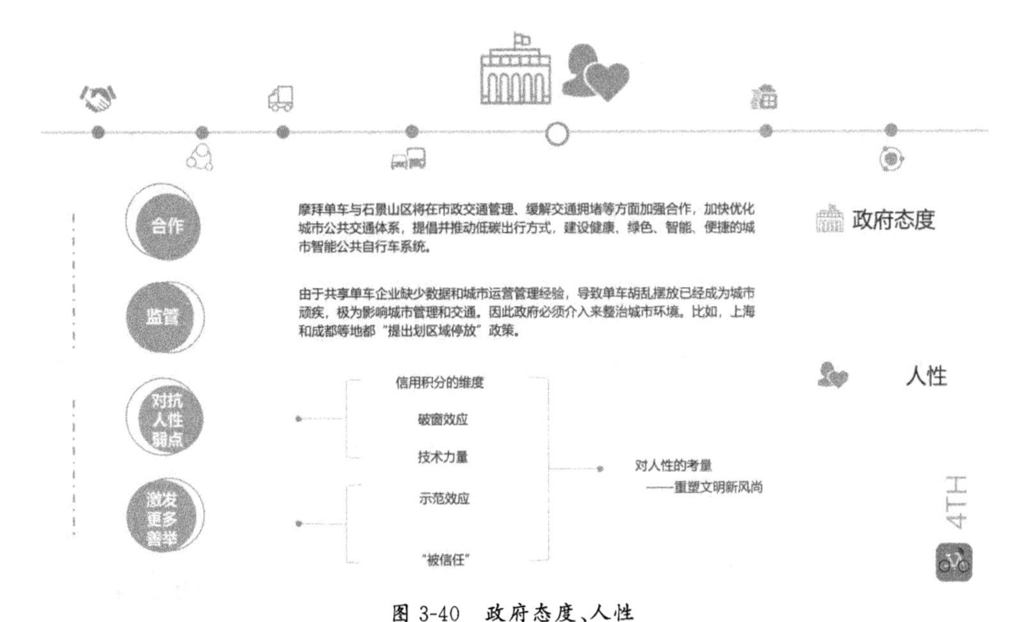

图 3-40　政府态度、人性

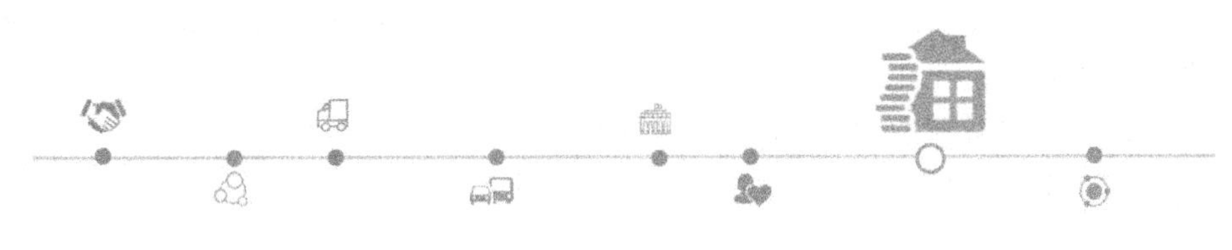

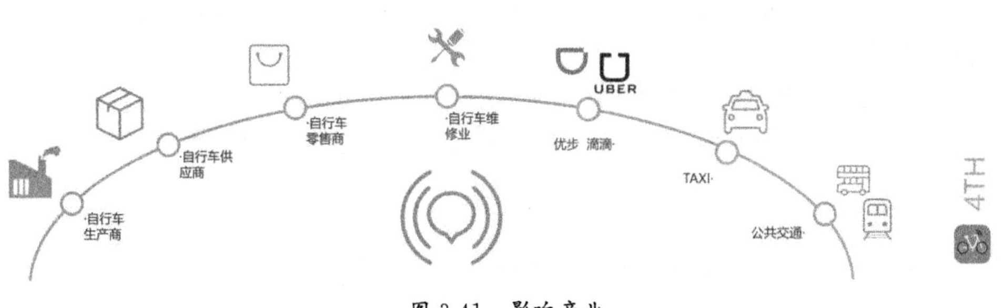

图 3-41　影响产业

社会影响

做一个 有社会责任感 的企业

它的诞生是时代的刻度

—— 时代文化

有高度责任感的企业，以创新的形式为国分忧，为民纾难，造就与之相匹配的时代文化

改变历史的少数企业之一

—— 颠覆传统

通过“共享”方式解决公众的出行问题，“颠覆”了传统公共自行车服务，打通了城市中长途出行的“最初一公里”和“最后一公里”这两端“链条”。

在运营过程中体现出的服务观

—— 道德重塑

虽然违停、带回家，甚至损坏二维码等不文明形为的“道德阴影”虽非一日可除，摩拜仍致力于重塑社会文明风尚。

4TH

图 3-42　社会影响

特斯拉系统要素分析

重点摘要

① 2015 年，“国际设计组织”(World Design Organization，WDO)对工业设计的最新定义。

② 服务设计概念中的“服务剧场模型”。

③ 服务设计中的触点。

对话

学生：产品、产品服务系统、服务、体验都是设计的对象，在设计流程和方法上有没有差异？

老师：设计思维指导设计实践，做设计的基本原理和设计思维逻辑应该都差不多。但是针对不同的对象，会在设计具体的流程和做设计过程中选用工具上有一些差异。

学生：2021 年，雷军宣布，小米集团将成立一家全资子公司小米汽车有限公司，负责智能电动汽车业务，也标志着小米正式跨界造车。请问如果从名称上看，公司名字是不是有“服务”或者“体验”更好？汽车这个名词还是工业时代的名词。

老师：非常赞同你这个观点，汽车这个名词还是工业时代的名词，不能很好地

体现未来出行的方向。如果公司名字是小米未来出行体验有限公司，这个名字会更好些。事实上，从汽车到交通工具，到出行体验，这些名词的变迁，也说明了行业也越来越接近本质，同时也越来越靠近用户，企业家和设计师只有这样去理解，才有可能开发出突破性的产品。

学生："一切即服务（Anything-as-a-Service）"也被称为"万物皆服务（Everything-as-a-Service）"或"XaaS"。现在企业都在提这个观点，这会不会是社会的大势所趋？

老师：特别是在IT行业，这个提法很流行，确实是社会的趋势。"服务"在本质上是一种租赁，它对资源的占用方式是"为我所用"而非"为我所有"，对资源的消费模式是按需付费而非固定支出。云计算于21世纪初进入市场，随即带动了IT服务交付和消费方式的转变。"即服务（as-a-Service）"体系最初专注于以"软件即服务（Software-as-a-Service）"的模式提供软件技术，但很快扩展到其他领域，如平台即服务（Platform-as-a-Service）、基础架构即服务（Infrastructure-as-a-Service）、数据中心即服务（Datacenter-as-a-Service）等。"服务剧场模型"可以帮助我们更好地理解服务，产品实际上已经变为服务中的道具了。

学生：体验中的"峰终定律"是什么意思？这个对于我们做体验设计有帮助吗？

老师：峰终定律（Peak-End Rule）是2002年诺贝尔经济学奖获得者丹尼尔·卡尼曼教授提出的。他认为：人的大脑在经历过某个事件之后，能记住的只有"峰"（高潮）和"终"（结束）时的体验，过程的体验其实是可以忽略的。做设计的时候，我们可以使用峰终定律来营造解决方案中的意想不到的收获和惊喜时刻。这个定律在具体设计的时候可以结合用户旅程图这个设计工具使用。

学生：产品、产品服务系统、服务、体验是不是都可以用一个词——"系统"来替代？

老师：非常赞同这个观点，这几个词都可以说是设计对象，做设计的时候，不同的视角设计产出对象是不一样的。但是这些对象都有系统的属性，都是由很多要素有机组成的。在设计方案的表达上，需要把这些要素表达清楚。

学生：在产品系统服务设计中，如何对"触点"进行设计呢？

老师：做系统设计时，"触点"往往是需要我们重点表达的，"触点"可以理解成服务中的道具，如果是实体的，那么需要表达清楚材质工艺；如果是数字的，那么需要表达清楚是如何交互的。做具体"触点"设计时，按照产品开发设计的逻辑做就可以。

学生:本章盒马鲜生和摩拜单车的案例都相当详尽,在我们自己进行系统分析时有哪些需要特别注意的点?

老师:在进行系统分析的时候,需要注意系统中要素的层次逻辑关系,这个很重要,好的系统图一定是有序、清晰明了的。需要注意的是,系统的关键要素也需要在系统图里标示出来,关键要素往往决定了系统的特质。在绘制系统图的时候要注意图标和文字的比例,一般情况是图标要大一些,文字要小一些,毕竟最终系统图呈现的还是一张图。

学生:从对工业设计定义的变化的分析中可知,工业设计的发展对学生设计能力的要求也发生了变化,对于我们正在学习设计的学生来讲,我们应该加强培养什么样的专业能力?

老师:工业设计专业发展非常快,设计对象也变得更广,从产品到服务到体验,都是设计需要关注的,这就意味着学生需要具备开阔的视野,对其他学科比如管理学、心理学的知识也要了解,这样才能不断丰富自己的知识体系,经得住当下社会对设计师提出的能力挑战。

思考题

① 试描述你生活中一个服务替代产品的案例。

② 试构想未来 5 年,生活中有哪些产品会被服务所替代,有哪些产业会发生根本性的改变?

③ 自选生活中的一个产品,进行产品服务系统分析,以系统图的方式呈现分析结果。

本章参考文献

[1] 姜奇平. 体验经济:来自变革前沿的报告[M]. 北京:社会科学文献出版社,2002.

[2] 马谨,娄永琪. 新兴实践:设计的专业、价值与途径[M]. 北京:中国建筑工业出版社,2014.

[3] 王国胜. 服务设计与创新[M]. 北京:中国建筑工业出版社,2015.

[4] 张乃仁. 设计词典[M]. 北京:北京理工大学出版社,2002.

[5] 宝莱恩,乐维亚,里森. 服务设计与创新实践[M]. 王国胜, 张盈盈,付美平,等译. 北京:清华大学出版社,2015.

[6] JONATHAN CAGAN,CRAIG M. Vogel. 创造突破性产品[M]. 辛向阳,王

膝，潘龙，译. 北京：机械工业出版社，2018.
[7] 米歇利. 星巴克体验[M]. 靳婷婷，译. 北京：中信出版社，2012.
[8] 派恩，吉尔摩. 体验经济[M]. 毕崇毅，译. 北京：机械工业出版社，2012.
[9] VEZZOLI C，KOHTALA C，SRINIVASAN A，et al. Product-service System Design for Sustainability[M]. London：Taylor and Francis，2017.
[10] SANGIORGI，DANIELA，ANNA MERONI. Design for Services[M]. London：Gower，2011.
[11] NATHAN S. Experience Design[M]. State of California：New Riders Press，2001.
[12] 罗仕鉴，邹文茵. 服务设计研究现状与进展[J]. 包装工程，2018，39(24)：43-53.
[13] 吴春茂，陈磊，李沛. 共享产品服务设计中的用户体验地图模型研究[J]. 包装工程，2017，38(18)：62-66.
[14] 胡飞. 体验设计研究：问题情境、学科逻辑与理论动向序言[J]. 包装工程，2018，39(20)：2.
[15] 代福平. 体验设计的历史与逻辑[J]. 装饰，2018(12)：92-94.
[16] 辛向阳. 从用户体验到体验设计[J]. 包装工程，2019，40(08)：60-67.
[17] 代福平. 基于现象学视角的体验设计方法论研究[D]. 无锡：江南大学，2020.
[18] 代福平，辛向阳. 基于现象学方法的服务设计定义探究[J]. 装饰，2016(10)：3.
[19] 辛向阳，曹建中. 定位服务设计[J]包装工程，2018，39(18)：7.
[20] 李冬，明新国，孔凡斌，等. 服务设计研究初探[J]. 机械设计与研究，2008，24(6)：5.
[21] 赵树梅，徐晓红. "新零售"的含义、模式及发展路径[J]. 中国流通经济，2017，31(5)：12-20.
[22] 马可，何人可，张军，等. 应用于分布式食物生产的可持续产品服务系统设计研究[J]. 包装工程，2021，42(14)：8.
[23] 卜立言，姚冰，李鹤森，等. 新零售驱动下的超市购物服务系统设计策略研究[J]. 包装工程，2019，40(4)：8.
[24] EIGLIER P，LANGEARD E. Servuction：Le Marketing des Services[J]. Le marketing des services，1987.
[25] GOEDKOOP M J，Van Halen C J G，Te RIELE H R M，et al. Product service systems，ecological and economic basics[J]. Report for Dutch Ministries of environment (VROM) and economic affairs (EZ)，1999，36(1)：1-122.
[26] SHOSTACK G L. How to Design a Service[J]. European Journal of Marketing，

1982,16(1):49-63.

[27] SHOSTACK G L. Designing Services That Deliver[J]. Harvard Business Review,1984,41(1).

[28] SUSANNE H G POULSSON,SUDHIR H KALE. The Experi ence Economy and Commercial Experiences[J]. The Marketing Review 2004,4,267-277.

[29] SANDERS B N,DANDAVATE U. Design for Experiencing: New tools [J]. school of industrial design engineering department of industrial design,1999.

[30] HOLLINS B. Design management systems-Part 3. Guide to managing service design[EB/OL]. (2016-12-11)[2022-06-09]. https://www.doc88.com/p-9099611376063.html? r=1.

第四章　产品系统设计思维

设计思维是研究、认识并建立“实事求是”的思维的过程，就是在“观察、分析、归纳、联想、创造、评价”的基础上的“事理学”的“目标系统法”。这是设计的“思维逻辑”。

——柳冠中

基础研究(Basic Research)致力于发现和揭示事物的原理和规律，但不会提出新的解决方案。转化性研究(Translational Research)通过将知识和创造性的想法转化成新的产品/服务，从而对当前的问题提出新的解决方案。

——克莱格·佛格尔(Craig M. Vogel)

一、简单的系统设计(瓦楞纸板椅)

柳冠中教授在《综合造型设计基础》(2000)一书中提出设计思维方法是综合造型基础的“基础”，并对设计思维进行了如下论述：

> 设计思维实际上是围绕着“问题”来展开的，所谓“问题”是指设计各要素交织在一起时，所产生的关系或矛盾。发现、研究、判断、解决、评价“问题”贯穿设计整个过程，驾驭这个过程的方法、技巧则要以“设计思维方法”引导。这就是通过观察问题一分析问题一归纳问题，到联想一创造乃至在全过程中不断地评价解决问题的模式来构筑的。每一个环节都有其目标和相应的方法，而环节与环节之间又是渐进的、循环的，其最终的目标就是要学会用“综合系统的思维方法”来解决问题。学会在观察、分析、归纳、联想、创造和评价这个解决问题的全过程中灵活运用知识技巧、积累造型实践经验，总结设计的规律。这就是所谓的“基础的基础”。

基于此，柳冠中教授提出了如图 4-1 所示的设计思维的线性过程：基于观察、重在分析、精于归纳、善于联想、意在创造和勤于评价。柳教授在其著作《事理学方法论》(2019)中对这个线性的设计思维过程进行了详细的论述：

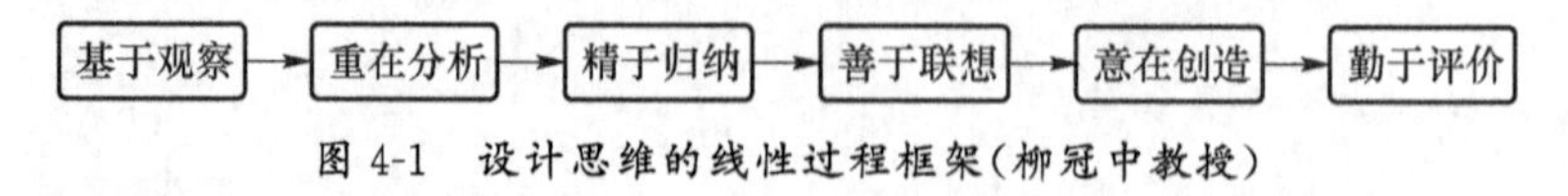

图 4-1　设计思维的线性过程框架(柳冠中教授)

1) 第一步,基于观察。观察,是我们了解现象、收集信息、发现问题的过程,万事开头难,只有具备了正确的方法和经验,才能有效地发现问题,进而开始设计。

① 目的要明确——从“俗称”到本质——“形而上”的“抽象”;

② 忠实于对象——感官体验+思考反馈(用各种视角、方法和咨询);

③ 扩延、比较——搜寻同类目的之“物”进行比较——“形而下”;

④ 由表及里、去粗取精——从整体到局部,再回到整体——细节与目的一致。

2) 第二步,重在分析。分析,是我们研究“物”与“外部因素”“物”与“内部因素”之间关系的过程,能够帮助我们掌握“物”与“物”本质上的共性与个性,从而为下一阶段的“归纳”与“联想”提供依据。

① 寻找“物”存在的外因限制——人、环境、时间、条件等的制约;

② 析出“物”的内因与外因的逻辑“关系”——寻找现象的依据;

③ 比较相似“物”的内、外因的关系——透析共性基础上的个性。

3) 第三步,精于归纳。归纳,是我们将分析的结果“合并同类项”的过程,将复杂的问题分析归类,能够帮助我们进一步提高对问题的认识,从而析出“关系”,并“重新整合关系”。

① 将目的与外因限制的关系归纳出实现“总目标”的前提“子目标”;

② 理顺“目标”与“子目标”的结构关系——形成“目标系统”;

③ 理解“目标系统”是“实事求是”的“设计定位”,即“评价体系”。

4) 第四步,善于联想。联想,是我们在实际问题的语境中,充分了解外部因素的限制情况,结合归纳得到的“物”与环境的“关系”,根据“物”的个性与共性,进行举一反三的过程。

① 根据“目标”和“子目标”的“定位”搜寻相对应的“其他物”;

② 理顺“目标”与“子目标”的结构关系——形成“目标系统”;

③ 理解“目标系统”是“实事求是”的“设计定位”,即“评价体系”。

5) 第五步,意在创造。创造,是我们在上述“观察、分析、归纳、联想”的基础上,进行设计的过程,也是选择材料、组织结构、整合关系、创造内因的过程。

① “联想”阶段形成的“创意”要被“目标系统”不断“评价”;

② 所有"创意"方案要在不断解决"内因"过程中依据"评价系统",始终以支撑、完善"目标系统"为目的;

③ 从整体方案的"创意"到方案细节的"创意","细节"与"细节"之间的过渡,"细节"与"整体方案"的"关系",即不同层次的"内因"都要与对应的"外部因素"相协调。

6) 第六步,勤于评价。评价,是建立在对"物"的"观察、分析、归纳"之上,进行人工选择的过程。自然界依靠"物竞天择,适者生存"进行选择,只有"适应外部因素"或"改变内因"才能得以生存延续。同样的道理,一件人造物得以制造,一项服务得以推广,都离不开特定时代背景、文化环境中人们的需要。

有了正确的、符合自然规律和社会准则的价值观以及客观、全面、系统的观察、分析、归纳方法——科学的思维方式,当然能掌握"事物"的"本质"和"系统关系","由表及里、由此及彼"和"举一反三"的"联想、创造"方法也就因势利导了。

这套系统设计思维方法,在低年级的课程作业上当作设计的基本方法指导非常有效。在低年级的设计基础课程中,一个经典的练习是用瓦楞板纸做坐具的设计。如果按照这六个步骤进行设计实践,学生可以得到很好的系统思维的训练。在教学过程中,结合这六个设计步骤,在每个设计步骤阶段给学生介绍一些小的设计工具,学生在制作设计报告时,可以按照这六个设计步骤展开,每个步骤里有相应的设计内容,帮助学生把抽象的设计方法应用到具体实践过程中,如图 4-2 所示。

二、Elizabeth B.N. Sanders 与设计研究的新兴趋势

Elizabeth B. N. Sanders 从 1981 年开始从事工业设计研究顾问的工作,2011 年加入俄亥俄州立大学设计系担任副教授,在参与性设计研究、集体创造力和跨学科性相关的学术活动中非常活跃,梳理了许多目前正被用于从"以人为本"的工具、技术和方法,并在设计学科中进行了协同设计的实践。

除此之外,Sanders 还是设计研究咨询公司 SonicRim 的联合创始人,并且创立了 MakeTools 公司,在新兴的设计领域探索更广阔的空间。她目前的工作重点是将参与性的、以人为本的设计思维和共同创造实践带到我们未来面临的挑战中。图 4-3 所示为 Sanders 主导研究的设计研究新趋势,她将设计研究的方法划分为研究主导(research-led)和设计主导(design-led):

① 以研究为主导的观点拥有悠久的历史,并受到应用心理学家、人类学家、社会学家和工程师的推动;

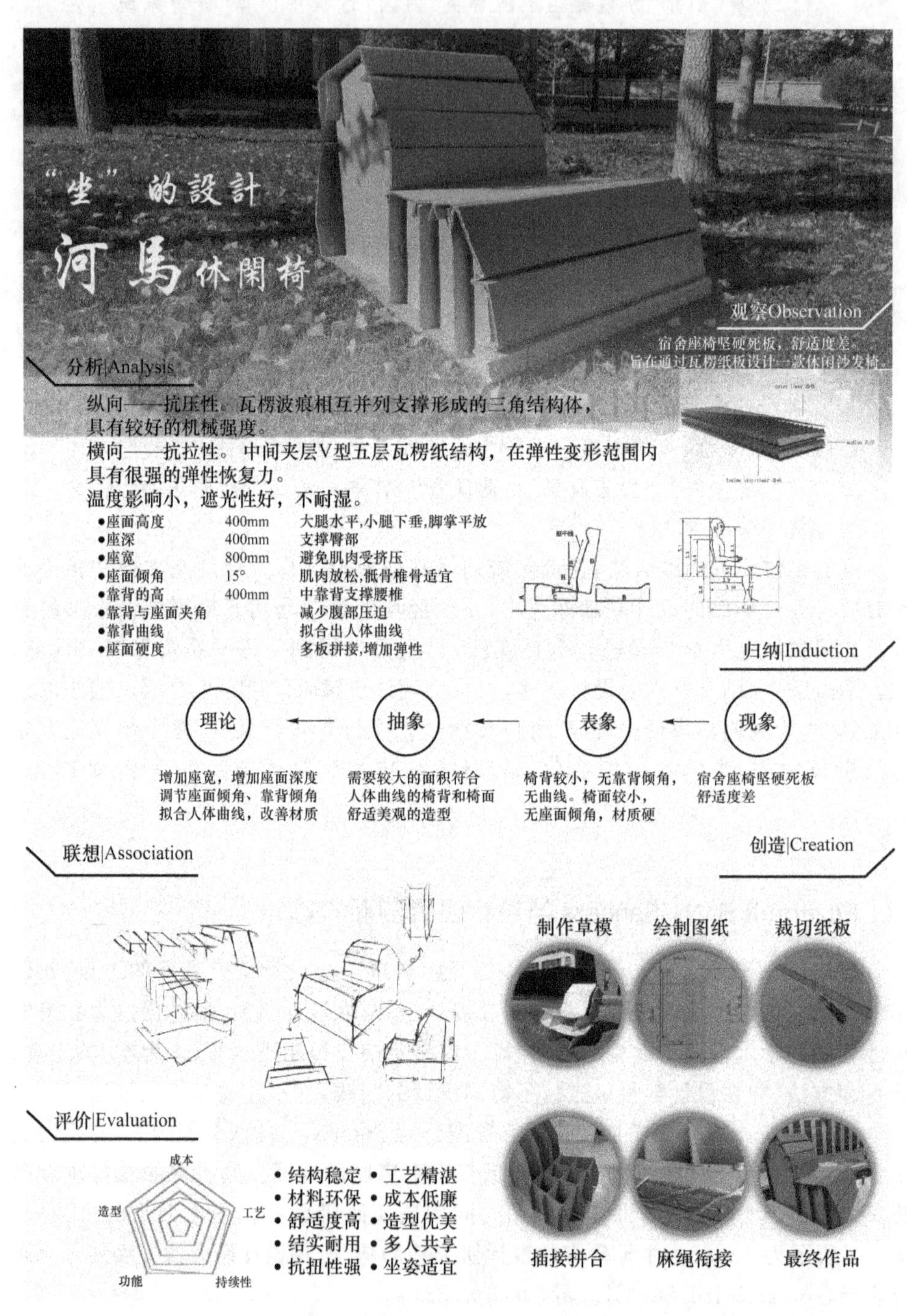

图 4-2　北京邮电大学 2018 级工业设计学生-田蕴轩-综合造型基础设计作业

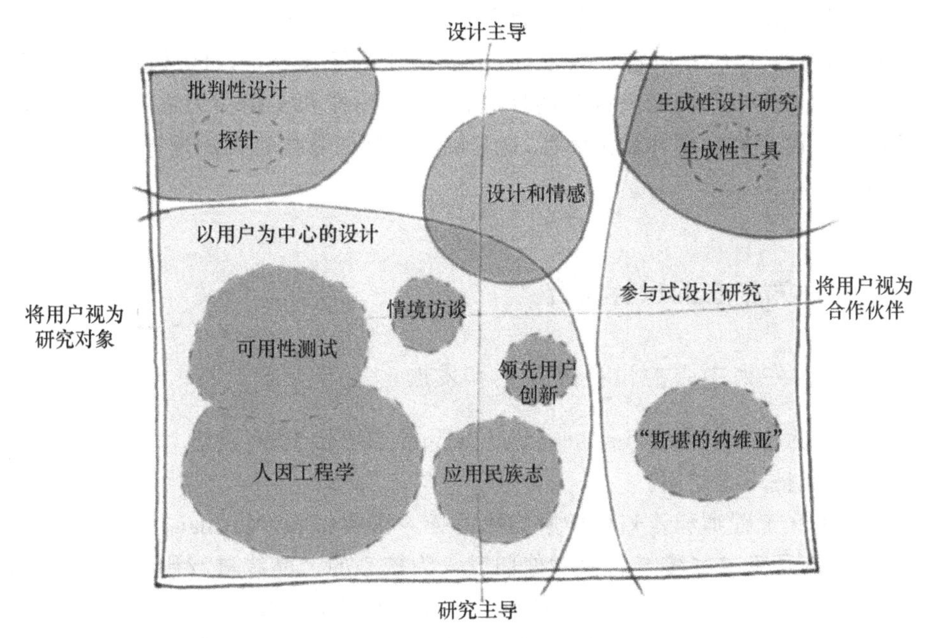

图 4-3　设计研究趋势(Elizabeth B. N. Sanders and Pieter Jan Stappers, Co-creation and the new landscapes of design)

② 以设计为主导的观点在近十年的时间内陆续出现。

与此同时,Sanders 对专家思维(expert mindset)与参与性思维(participatory mindset)作了区分。

① 专家思维:将用户视为研究对象。

② 参与式思维:将用户视为合作伙伴。

在此基础上,Sanders 对设计研究中的新兴领域进行划分,整体划分为以用户为中心的设计(user-centered design)、参与式设计(participatory design)、设计与情感(design and emotion)和批判性设计(critical design)四部分内容:

课程作业-瓦楞纸板椅设计

① 以用户为中心的设计:使用具有专家思维的研究主导方法来收集、分析和解释数据,以便制定规范或原则来指导产品和服务的设计开发,以用户为中心的工具和方法还可以应用于概念和原型的评估中。

② 参与式设计:涵盖了研究主导和设计主导的视角,参与式设计尝试通过让设计过程中被服务的人积极参与进来,以确保设计的产品或者服务满足他们的需求。它的起源可以追溯到 20 世纪 60 年代和 20 世纪 70 年代斯堪的纳维亚国家与工会所做的几个工作。

③ 设计与情感:设计与情感是一个比较新的领域,于 1999 年在代尔夫特举行的第一届设计与情感会议上正式成立。这是一种全球现象,世界各地的从业者都

为它的发展做出了贡献。它以设计为主导,位于中间区域。

④ 批判性设计:它以设计为主导,由设计师担任专家。该区域的出现可以解释为对以用户为中心的大型区域的反应,它以可用性和实用性为重心。批判设计会提出精心设计的问题并做出回答,这与解决问题或寻找答案的设计一样困难,且同样重要。

三、以用户为中心的设计研究

(一)以用户为中心的设计的产生和发展

以用户为中心的设计(user-centred design)方法始于20世纪70年代,并在20世纪90年代被广泛使用。

身为电气工程师和认知科学家的唐纳德·诺曼(Don Norman,图4-4)加盟苹果公司之后,帮助这家传奇企业对他们以人为核心的产品线进行研究和设计。而他的职位则被命名为"用户体验架构师"(user experience architect),这也是首个用户体验职位。Don Norman还撰写了经典的设计书《设计心理学》(*The Design of Everyday Things*),直到今天它依然是设计师的必读书。

图4-4　唐纳德·诺曼,第一个用户体验专家

(二)设计思维

设计思维(design thinking)的思想在20世纪较早时期就已经显现,但是当时并没有受到学术界的过多关注,直到20世纪80年代人性化设计进入人们的视野中,设计思维也因此引起人们的瞩目。设计思维不仅是一种积极进取的思维方式,更是一套指导创新的方法论体系,以用户为中心的设计在很大程度上受到了设计思维思想的影响。

希尔伯特·西蒙(Herbert A. Simon)撰写的《人工科学》中第一次将设计作为一种"设计思维"的观念,率先在科学领域中肯定了"设计思维"。而"设计思维"这个术语的第一次正式出现是在哈佛设计院的Peter Rowe于1987年所撰写的《设计思维》中，但是当时该术语主要针对的是建筑设计。理查德·布坎南(Richard Buchanan)于1992年发表了《设计思维中的抗解问题(Wicked Problems in Design Thinking)》一文，表达了对设计思维在更广泛层面上的认知，提出逐渐转向设计思维来洞察新的技术文化的原因是：设计师们正在探索将理论与实践相结合的具体的知识，以达到新的生产目的。

David Kelley于1991年创立了世界顶级创意公司IDEO，并且将设计思维作为其核心思想，使其成功商业化。IDEO总裁兼首席执行官——Tim Brown撰写的《IDEO，设计改变一切》(2011)中提到设计思维是一种以人为本的创新方式，提炼自设计师积累的方法和工具，将人的需求、技术可能性以及对商业成功的需求整合在一起。Tim Brown曾在《哈佛商业评论》定义："设计思维是以人为本的设计精神与方法，考虑人的需求、行为，也考量科技或商业的可行性。"他在《IDEO，设计改变一切》一书中对设计思维进行了如下概述：

> 设计思维不仅以人为中心，还是一种全面的、以人为目的、以人为根本的思维。设计思维依赖于人的各种能力：直觉能力、辨别模式的能力、构建既具功能性又能体现情感意义的创意的能力，以及运用各种媒介而非文字或符号表达自己的能力。没有人会完全依靠感觉、直觉和灵感经营企业，但是过分依赖理性和分析同样可能对企业经营带来损害。居于设计过程中心的整合式方法，是超越上述两种方式的"第三条道路"。

在此基础上，越来越多的学者进行了与设计思维相关的研究。例如，IDEO和Continuum等设计领域的顶尖顾问，以及斯坦福设计学院、多伦多大学Rotman商学院等学校的教育工作者，都对设计思维的过程进行了研究，下面介绍两个经典的设计思维流程：双钻模型、斯坦福D. School设计思维流程。

1. 双钻模型

双钻模型最初由英国设计协会(British Design Council)于2005年提出。该设计模型的核心是：发现正确的问题，发现正确的解决方案。一般应用在产品开发过程中的需求定义和交互设计阶段。双钻模型把设计过程分成4个阶段：发现问题、定义问题、构思方案和交付方案。

(1) 阶段一：发现问题

发现问题——对现状进行深入研究。包括了解用户特征、产品当前状况、用户如何使用产品以及用户对产品的态度等。

(2) 阶段二：定义问题

定义问题——确定关键问题。这一阶段，我们关注的焦点是：用户当前最关注、最需要解决的问题是哪些，需要根据团队的资源状况做出取舍，聚焦到核心问题上。

(3) 阶段三:构思方案

构思方案——寻找潜在的解决方案。在方案发散阶段,我们不需要过多考虑技术的可实现性,因为在后续环节,一些看似有很大技术瓶颈的方案,可以逐步演化为可施行的开发方案。

(4) 阶段四:交付方案

交付方案——把上一阶段所有潜在的解决方案,逐个进行分析验证,选出最适合的一个或多个。

双钻模型就是一个以价值为导向、以发现并解决问题为核心的过程。

与前面提到的柳冠中教授提出的设计思维线性过程不一样的是,双钻模型属于一种弹性过程。如图 4-5 所示,两个钻所示区域分别是问题空间和解决方案空间,里面有很多可能性。该模型可以帮助我们把复杂的东西条理化、体系化。

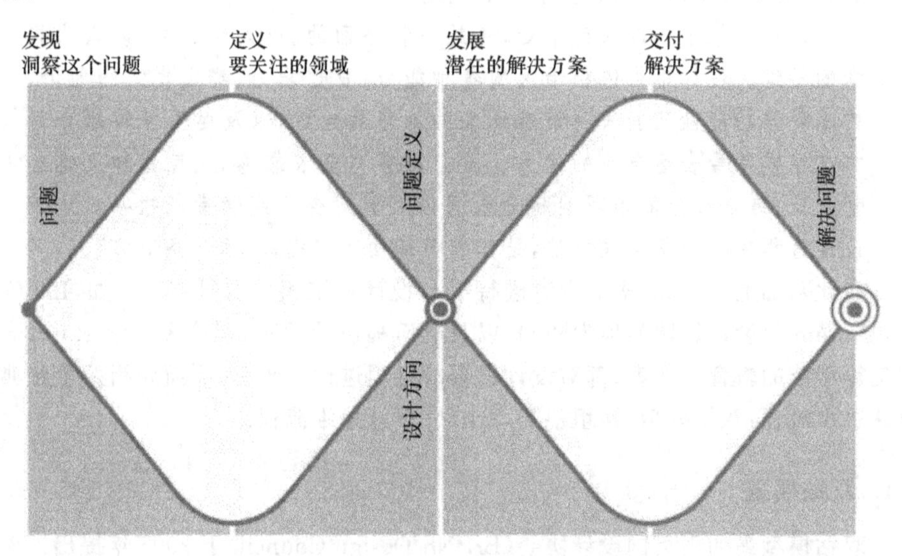

图 4-5　英国设计协会提出的双钻模型

2. 斯坦福 D. School 设计思维流程——wicked problem

斯坦福 D. School 是位于硅谷的设计学院,全名 Hasso Plattner Institute of Design at Stanford (简称 D. School),由 IDEO 创始人、斯坦福的机械工程系教授 David Kelley 于 2004 年创立。D. School 将设计思维作为他们的理论根基,提出了如图 4-6 所示的迭代式设计思维流程。初始流程分为五个步骤:移情(empathize)、定义(define)、构思(ideate)、制作原型(prototype)和测试(test),这五个步骤不是简单的线性关系,而是迭代的关系。

以下是斯坦福 D. School 对这五个步骤的介绍。

(1) 移情(empathize)

要进行有意义的创新,则需要了解用户并关心他们的生活,移情是以人为本的设计过程的核心,移情模式是在设计挑战的背景下了解人们的工作。设计和研究人员需要努力了解用户的处事方式以及背后的原因,他们的身体和情感需求,他们对世界的看法以及对他们有意义的事情。

观察(observe)、参与(engage)、看和听(watch and listen)可以帮助我们与用户更好地产生共情。

观察(observe)——观察用户在工作和生活中的行为,一些最有价值的想法常常来自用户所说和所做的细节之中。

参与(engage)——通常通过访谈的方式来实现。与用户进行一次深刻的对话,并且在对话过程中不设限制,多问一些"为什么",从而挖掘出用户的潜在需求。

看和听(watch and listen)——将观察和参与结合起来。比如:观察用户行为并要求其进行具体的描述;要求用户在执行特定任务时表达自己的想法,从而提出更深层次的问题。

(2) 定义(define)

找到正确的问题是创造正确解决方案的唯一途径。定义的目标是制定有意义且可行的问题陈述——这就是我们所说的观点(point-of-view,POV)。观点是一个指导性声明,重点放在特定用户的洞察力和需求上。洞察力通常来自从综合信息中发现联系和模式的过程中。一言蔽之,"定义"就是意义制造(sensemaking)。

将在移情中挖掘到的问题和需求进行综合处理,像探索水平面下的冰山,进一步结合"用户、需求和洞察力(user、need、insight)"三个元素来阐明一个可行的问题陈述——观点。

(3) 构思(ideate)

这不是提出"正确"的想法,而是要产生最广泛的可能性。构思是为了从发现问题过渡到为用户创建解决方案,是将问题空间和设计人员的理解与想象力相结合,以生成解决方案。特别是在设计项目的早期,构思是关于推动尽可能广泛的想法,而不仅仅是找到一个最佳的解决方案。最佳解决方案的确定将在之后通过用户测试和反馈来发现。可以通过将自己有意识和无意识的思想以及理性的思维与想象结合起来进行构思。例如,在头脑风暴中,可以利用团队的协同作用,在其他人的想法的基础上达成新的想法。

(4) 制作原型(prototype)

通过原型的迭代,可以来发现并解决设计中的问题并优化解决方案。

在项目的早期阶段,这个问题可能很宽泛——比如"我的用户是否喜欢以竞争的方式来烹饪?"在早期阶段,应该创建低分辨率的原型,既快速又便宜(考虑时间和成本),又能从用户那里得到有用的反馈。在以后的阶段,原型和问题可能更加完善。例如,您可以为烹饪项目创建一个后期原型,目的是找出:"我的用户喜欢使用语音命令还是视觉命令烹饪?"

原型可以是任何用户可以与之互动的东西——可以是贴在墙上的便利贴,可以是组装的小工具,可以是角色扮演活动,甚至是故事板。理想情况下,倾向于用户能够体验的东西。

(5) 测试(test)

测试是了解解决方案和用户的机会,测试可以向用户征求关于原型的反馈,是了解用户、与用户产生共情的另一个机会,但与最初的移情不同,现在已经对问题进行了更多的框架分析,并创建了测试的原型。在这个基础上,继续问"为什么",然后把注意力集中在能了解到的人和问题可能的解决方案上。测试可以帮助完善原型和解决方案、了解有关用户的更多信息并且完善初始的 POV。

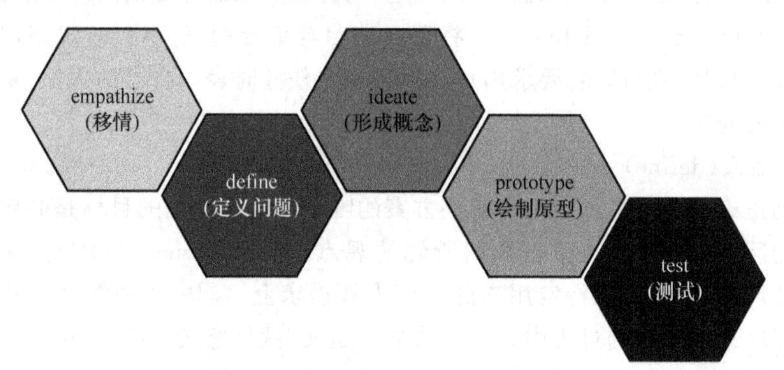

图 4-6 迭代式设计思维框架——斯坦福 D. School

清华 & 北邮-Intel 老龄可穿戴设计工作坊-2015

四、co-design 的设计研究

(一) co-design 的产生和发展

随着体验经济的到来,产品和服务的设计将集中于个性化体验的共同创造上,用户在产品和服务设计过程中扮演的角色从"孤立"到"关联",从"无知"到"知情",从"被动"到"主动",每个用户都具有独特的价值。因此企业不能在很少或根本没有用户干预的情况下自主设计产品,而应当将与用户的互动视为协同创造产品服务价值的基础,这也是产品服务设计能否真正满足用户个性化体验需求的关键所在。

co-design,即协同设计,是设计师、用户与其他利益相关者共同参与设计实践的设计方法。Prahalad 和 Ramaswamy 提出价值的意义和价值创造的过程正在从一个以产品和企业为中心的观点,迅速转变为创造个性化的用户体验。知情、网络化、授权和活跃的用户越来越多地与企业互动,共同创造产品和服务的价值。研究人员和从业人员已经看到在设计开发过程早期阶段进行的 co-design 工作能够对产品服务产生积极与长远的影响。

在 co-design 设计实践中,设计师为设计参与者提供生成性工具包,用户使用其中的工具创建个性化的解决方案,准确地表达内心需要和想要的内容。生成性工具包允许用户在设计交付之前对设计解决方案进行多次迭代。目前已经出现广泛的用户生成性工具包,包括软件工具、手动工具和思维工具,它们都致力于使用户能够设想并创建用户理想的个性化解决方案。

目前,关于 co-design 设计方法的研究分为理论和实践两个方面。在理论方面,Liz Sanders 对 co-design 等生成性设计研究在设计研究领域的定位进行了归纳总结,与 co-design 等生成性设计研究相关的方法工具,有设计文化探针、生成性工具等。co-design 等生成性设计研究是以将用户视为合作伙伴的参与式思维方式为基础,以设计为导向的设计实践活动。Steen 等人将参与式设计、关键用户研究、民族志调研、移情设计研究、情景设计调查及协同设计等六种设计方法进行分析对比后,得出 co-design 是用户知识向设计师与研究者传达的方法工具集合,且相较于参与式设计,co-design 更加强调对未来情境与机会的探索。

在实践方面,目前关于 co-design 的实践主要为将这一新兴的设计方法应用于设计实践当中,设计出用户体验更好的产品和服务。Eleonora 等人在论文“Co-Designing Wearable Devices for Sports: The Case Study of Sport Climbing”(2018)中通过 co-design 的方法设计出一种可穿戴设备,旨在加强攀岩教练和学员之间的交流,并在室内攀岩课上评估其实用性、可用性和舒适性。常方圆在《基于协同设计工作坊方式的 App 用户体验研究与实践》(2018)一文中,通过 co-design 工作坊获得特殊人群(如老年人和儿童用户)的深层设计需求与用户体验设计解决方案,并测试 co-design 工具的效能,发现 co-design 能够帮助研究者有效地挖掘特殊人群的需求,并提出用户体验设计解决方案,但同时,co-design 过程中使用的工具需要根据参与者的特点进行适配与改良。Broadley 等人在论文“Co-design at a Distance: Context, Participation, and Ownership in Geographically Distributed Design Processes”中探讨了如何与偏远社区和农村社区开展有效的 co-design 活动。

(二) co-design 的核心理念

1. 人人都具有创造力

21 世纪的环境、社会和文化剧烈变化,设计师将会面临着比以往更加重大的挑战,设计的创新能够帮助设计师应对这些挑战,但前提是将设计过程对每个人开放,领域内的专家往往精通自身所处学科的方法、工具和思维方式,而 co-design 需要交叉学科的人才共同参与,只有通过集体思考和行动,才能够解决如今面临的这些挑战。价值共创和协同设计为最终的消费者与用户在集体思考和行动中提供了表达创造力和沟通交流的工具,并且认为所有人都具备设计创造力,如果提供相关的工具,人人都可以参与到 co-design 设计实践中。

虽然个体创造力在生活中的每件事情中都能够得以体现,但这并不意味着所有个体对某件事情或某一细分领域都具有相同水平的创造力,也不是某个个体对所有事情或所有领域都具有相同水平的创造力,因为在细分领域的专业技能和经验、兴趣热情,以及愿意为之付出的努力等因素,都会影响个体创造力的水平。

Elizabeth Sander 开设的 SoniRim 设计顾问公司,主要为各大公司提供设计研究服务。表 4-1 所示为 Sanders 等人通过在各个领域进行细致观察,与用户进行访谈对话,根据用户所展现出的领域内专业程度、兴趣热情,以及愿意为之付出的努力,将用户的创造力由低到高划分为四个层级:第一是“做”(doing),通过体力或机械重复性的劳动完成某件事情;第二是“调适”(adapting),通过一定程度上的修饰使某件事情满足自身的个性化需求;第三是“制作”(making),通过自身劳动实现某件事情,与“做”不同的是,“做”强调事情的简单机械性,而“制作”强调通过自身的努力去实现事情;第四是“创造”(creating),对灵感与创造力的自我表达,这一层级用户体现出的创造力水平最高。

表 4-1　四个层次的创造力

创造力层级	动力	需求	案例(水果)
做(doing)	完成某事	极少的兴趣和经验	
调适(adapting)	使之成为自己的	中度的兴趣和知识	
制作(making)	自己制作某物	兴趣和领域经验	
创造(creating)	表达自我创造力	高度的兴趣和技能	

综合造型基础-木制玩具作品集

情绪椅-关于LED的创意设计

二维码创意设计实践

最基本的创造力是“做”,“做”背后的动机是通过生产活动来完成某些事情,这一层级的驱动力为生产力,比如当用户有效地参与日常活动,如锻炼或收拾家务时,会感到具有创造力。“做”这一层级只需要极少的兴趣,对技能的要求也很低。比如在食品制备领域,“做”的活动是购买或选择食材。下一层级的创造力为“调适”,“调适”背后的动机是通过某种方式改变某件事情,来满足属于自己的个性化需求,比如用户可能会调整产品,以便更好地满足自己的功能需求。当产品、服务或环境不能完全满足人的需求时,“调适”创造力就会出现。“调适”需要更多的兴趣和更高的技能水平。在食品制备领域,“调适”的活动可能是在食物中混合添加一些额外的成分,使其更加符合自己的口味。第三层级的创造力是“制作”,“制作”背后的动机是使用自己的双手和头脑来构建制作以前不存在的东西,通常遵循于某种指导,例如配方或说明,这种指导描述使用何种工具或材料以及通过何种方法进行构建。“制作”需要真正的兴趣和该领域内的经验,人们可能会将大量时间、精力和金钱花在他们最喜欢的制作活动上,许多爱好都适合这种创造力。在食物制备领域,“制作”的活动可能是参照食谱烹饪菜品。最高层级的创造力是“创造”,“创造”背后的动机是表达自我或创新,以激情为动力,并以高水平的经验为指导,“创造”的特点是不依赖于原材料的使用和预定模式。在食物制备领域,当厨师发现关键调料用完时,必须在烹饪途中进行即兴创作,体现了“创造”这一层级的创造力。

这四个层级的创造力随着时间的推移和领域内经验的增长,不断在个体中发展,因此不同个体在同一领域内的创造力水平可能会有所不同,而每个个体在不同领域内的创造力水平也会有所不同。

2. 从“为人设计”到“与人设计”

如今,设计不再是一个独立的学科,设计与管理学、心理学以及社会科学都产生了交叉,并且逐渐从以用户为中心的设计过程转变到了参与式体验过程。这是一种态度的转变,从为用户设计(design for users)到与用户协同设计(design with users)。如图4-7所示为Sanders等人在论文“Co-creation and the new landscapes of design”所提出的角色在设计过程中发生的变化:

① 左边为经典的以用户为中心的设计,他所强调的是为用户设计,用户(U,

users)在设计过程作为被动的学习对象而存在;研究人员(R,researchers)通过理论以及访谈、观察等研究方法得到更多的见解,研究人员是连接用户和设计人员的桥梁;设计人员(D,designers)以报告的形式被动地接收这些知识,并增加了对技术和概念等所需的创造性思维的理解。在这个过程中,研究人员和设计人员的工作是截然不同但相互依存的。

② 右边为参与式设计的新兴领域——co-design,它强调的是与用户以及其他利益相关者进行协同设计。在整个设计过程中,各个角色混合在一起,用户(U,users)通常会被赋予"经验专家(expert of his/her experience)"的职位,在知识开发、想法产生和概念设计中都起着重要的作用。在激发"经验专家"的想法时,设计人员和研究人员通常会共同开发具有创造性的工具——生成性工具(generative tools),这在整个设计过程中是至关重要的。

图 4-7　设计过程中角色的变化

北邮老龄 codesign
设计工作坊-2014

3. 生成性工具赋能用户设计

在与用户进行 co-design 具体操作的过程中,需要提供不同类型的生成性工具赋能用户创建理想的解决方案,如图 4-8 所示。生成性工具通过利用设计师的专业知识,使用户能够轻松顺利地设计自己理想的解决方案,并了解采用理想解决方案后用户可能发生的各种状况。在某些情况下,通过为用户提供生成性工具,设计师可以快速完成用户与生产商之间繁琐冗长的交接。

在与用户进行 co-design 具体操作的过程中,需要提供不同类型的生成性工具赋能用户创建理想的解决方案。生成性工具通过利用设计师的专业知识,使用户能够轻松顺利地设计自己理想的解决方案,并了解采用理想解决方案后用户可能发生的各种状况。在某些情况下,通过为用户提供生成性工具,设计师可以快速完成用户与生产商之间繁琐冗长的交接。

例如,其中一个为用户设计赋能的生成性工具为用户情景映射。用户情景映射旨在识别用户的理想情况,并帮助企业直接与用户互动。用户情景映射方法将使用户能够以最有效的方式实现他们的目标,并为企业带来资金和商业模式的优化。当企业愿意围绕用户的理想情景,即用户关心的结果进行设计或再设计时会发现大量的创新机会。用户情景映射的核心设计元素包括：从最终目标用户的角度进行设计；招募目标用户，与用户共同设计；设计师组织多个利益相关者参与到设计的过程中，并提供领域专业知识，建立共享的思维方式；描述并绘制理想状态；在访谈中捕获用户的需求；确定对用户至关重要的某些指标，如用户满意的条件、真实感受以及衡量方式等；确定企业的业务指标，比如增加利润、降低成本、优化流程、缩短时间、提高效率、建立用户留存和增长机制等；通过讲故事的方式来表达用户和产品愿景，传达结果。

图 4-8　生成性工具

（三）进行 co-design 的方法——生成性工具、文化探针

Pieter Jan Stappers 和 Elizabeth B.-N. Sanders 提出，与传统的以功能为中心的设计有所不同的是，设计越来越要求设计人员去了解用户的体验、情感、产品的使用情况以及社会和文化的影响。为此，需要更多的技术来帮助设计师去更广泛地探索用户的生活，生成性工具和文化探针就是其中两个典型的方法。二人在论文"Probes, toolkits and prototypes: three approaches to making incodesigning"(2014)中对文化探针和生成性工具二者在协同设计过程中所属的阶段以及他们所覆盖的范围进行了描述，如图 4-9 所示。接下来会对这两种方法进行具体的探讨。

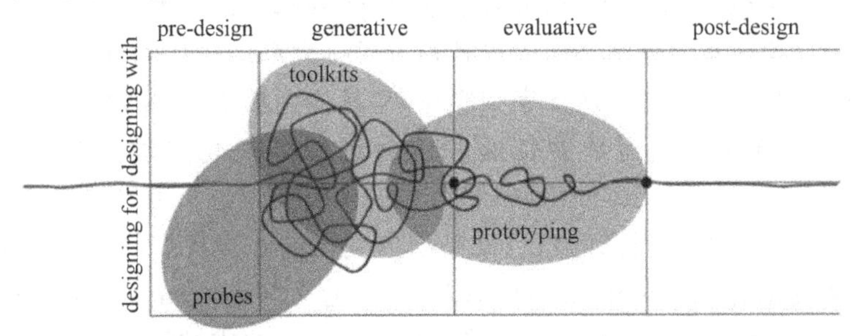

图 4-9　设计探针和生成性工具在协同设计过程中的阶段和位置[17]

1. 生成性工具

(1) 生成性工具的介绍

在传统的设计实践活动中,设计师作为专家"为人设计",而在 co-design 实践活动中,设计师将产品未来的用户视为专家,邀请用户作为设计参与者,加入产品服务的设计中,因此 co-design 更强调"与人设计"。由于在设计流程中加入了不同的群体,设计团队间的沟通便成为了 co-design 设计实践中非常重要的活动,如果参与 co-design 的人员有沟通交流方面的不足,尤其是对于本课题的研究对象中一些具有认知障碍的老人,或者是表达能力尚未成熟的儿童,可能会对 co-design 的过程与结果产生负面影响,因此在 co-design 过程中,设计师应当充分利用各种工具,提供多种多样的沟通表达途径,比如使用词语、图片与三维物体,甚至是进行情景模拟等方式,去帮助每个参与者表达自我,消除部分特殊人群的沟通障碍。因此,在 co-design 设计实践的过程中,需要生成性工具(generative tool)的介入,以使设计过程更加顺利。

生成性工具的目标是辅助用户表达记忆和感受,帮助用户分享自己对某种经历、产品、体验或者环境的理解,挖掘用户理想和期待的状态,并帮助设计师建立对用户的同理心等。同时,生成性工具也能够辅助用户进行最终产品概念的输出与原型的设计制作。由于每个新的设计研究主题都显示出其独特性和局限性,需要适配适用于该研究主题的生成性工具,因此生成性工具的数量将不断增加。生成性工具含有大量的物件,形式主要包括三类:第一类是二维物件,比如不同形状和颜色的纸张和彩色照片等;第二类是三维物件,比如尼龙搭扣以及旋钮和面板组成的物件;第三类是旨在引导故事和叙述表达的物件。生成性工具包由不同种类的工具物件组合而成,能够应用于实际的 co-design 设计活动中,不同的物件能够组合为适用于不同 co-design 设计研究的生成性工具包, co-design 实践的参与者从生成性工具包中选择表达他们思想、情绪或想法的工具物件,由此输出的结果可能以拼贴画、地图、故事、计划或记忆等形式出现。

生成性工具包通常包含一个工作背景,背景可以由一个边界定义,如一张白纸、一个圆、一条线、一个正方形,或者能够被 co-design 参与者自定义和描述的边界。背景中放置大量简易的并能够以各种方式排列和组合的物件,物件如前文所述,包含一系列代表性类型:从文字到实体,从具体到抽象。物件的含义范围可以进行扩展,比如单词和短语物件通常也会进行可视化处理。Sander 在论文"Postdesign and Participatory Culture"(1999)中明确讨论了用户在设计中的角色是什么?在设计变更中用户的角色又是如何变化的?当我们给用户提供一定的"工具"时会发生什么?Stappers 和 Sanders 在论文"Generative tools for context mapping: tuning the tools"(2003)中指出生成性工具要求被调查者通过动手制作来表达他们的观点。例如,向受访者提供单词和图像的"工具包",并要求他们制作拼贴画来表达他们的家庭或工作状况的好坏。

生成性工具最初来源于SonicRim公司与Sanders的研究和实践,他们发现传统的设计研究方法主要集中在观察性研究上,去观察人们做什么和使用什么。而新的工具是去关注人们制作了什么——他们从我们所提供的工具包中创造了什么,用来表达他们的想法、感受和梦想。在设计生成性工具之前我们首先要了解用户的经验:有关用户此前的记忆、当前的感受和理想的未来,这对于与用户产生共鸣是至关重要的。Sanders曾在论文"From User-Centered to Participatory Design Approaches"(2002)中提出如图4-10所示呈倒三角的访问用户经验的方法,由上到下分别是:

- 说(say):我们可以听别人说。
- 想(think):我们可以解释人们表达的内容,并推断他们的想法。
- 做(do):我们可以看到人们在做什么。
- 用(use):我们可以观察人们使用什么。
- 了解(know):我们可以发现人们所了解的东西。
- 感受(feel):我们可以了解人们的感受。
- 梦想(dream):我们可以体会到人们的梦想。

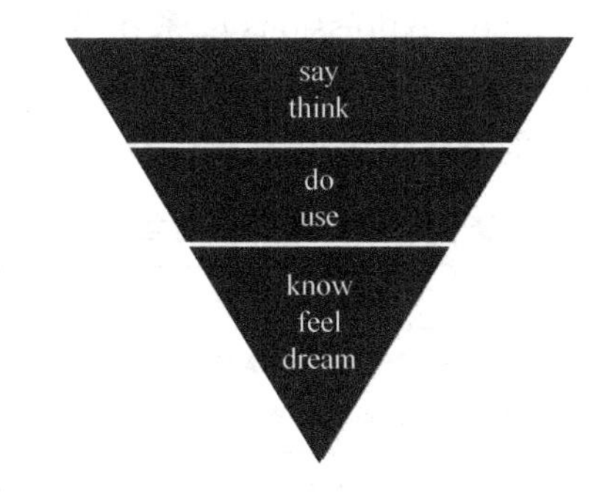

图4-10　了解用户的方法

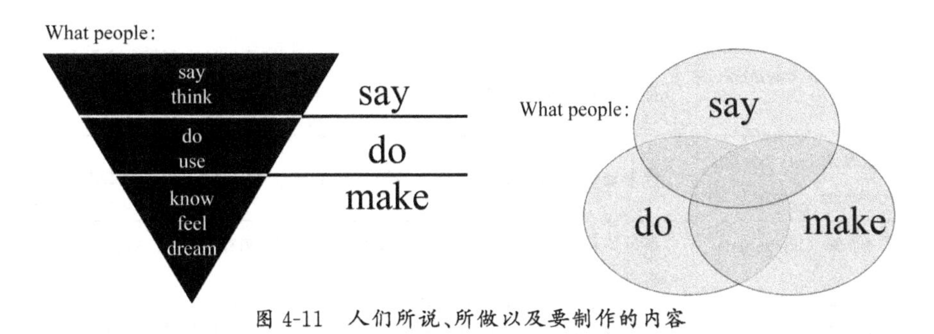

图4-11　人们所说、所做以及要制作的内容

其中说(say)和想(think)属于显性的方法,可以通过语言直接获得用户相关的经验,但是这种方法只能获得用户想要让我们听到的东西。做(do)和用(use)强调观察人们的行为并查看他们的使用信息为我们提供了可观察的信息,但是仅仅了解人们的话语/思想、行为和使用方式。了解(know)和感受(feel)分别表示发现人们的想法和知识为我们提供了他们对经验的看法,了解人们的感受使我们能够同情他们。这种了解方式提供了隐性知识,即无法轻易用语言表达的知识。看到并欣赏人们的梦想(dream),向我们展示了他们的未来如何变得更好。这是另一种形式的隐性知识,可以揭示潜在的需求,即直到将来才需要识别。例如,因特网已经揭示了许多以前潜在的通信需求。

如图 4-11 所示,这七种了解用户的方法可以总结为用户所说的(say)、所做的(do)以及将要制作的内容(make)。当做、说和制作这三方面同时发挥作用时,设计师更容易与真实的用户产生共鸣。

(2) 生成性工具的类型

Sanders 等人长期从事生成性相关研究,曾在 *Convivial Toolbox:Generative Research for the Front End of Design*(2013)一书中对生成性工具进行了系统的总结,常见的生成性工具有照片(photos)、词汇(words)、符号形状(symbolic shapes)、卡通表情(cartoonlike expressions)、系统集(systematic sets)、玩偶(puppets)、3D 形状(3D shapes)、乐高以及其他建筑套件(Lego and other construction kits),它们各自的具体内容如表 4-2 所示。

表 4-2 生成性工具类型

工具类型	介绍
照片(photos)	照片通常用来记录生活和事件,所以照片往往会引起情感和记忆,暗示完整的情况和故事,并带有许多不同的意义和联想层。
词汇(words)	词汇在表达诸如象征意义或情感内容等抽象概念方面具有强大的作用。对于那些更习惯于使用词汇而不是用图片思考的人来说,词汇也是很好的启动因素。
符号形状(symbolic shapes)	符号形状支持制作抽象信息以及表达一般关系、模式和规则。
卡通表情(cartoonlike expressions)	像卡通一样的表情通常会为各种解释留有余地,除此之外也可以增加乐趣。
系统集(systematic sets)	系统集可用于在整个维度上建议和表达价值,例如情感表达的系统集合或一组身体姿势。
玩偶(puppets)	木偶可以用来激发讲故事的能力,也可以为同理心的练习搭建舞台。

续 表

工具类型	介绍
3D 形状(3D shapes)	3D 形状可以快速组装成粗略的产品“原型”，并且可以具有小部分的附加功能。
乐高以及其他建筑套件(Lego and other construction kits)	创建供群体使用的工具箱时，其元素必须更大，以便可以由多个人同时处理，并可以远距离读取。

(3) 生成性工具案例研究和应用

陈睿博在论文《基于 co-design 的老年智能药盒设计开发》(2019)中对生成性工具包的制作有以下的描述：

> 由生成性工具包物件的组合标准得知，对于不同的研究，使用工具包的目的不同，使用的工具包则可能不同，工具包内的工具物件形式也会不同，因此在制作生成性工具包之前，首先需要确定使用工具包的目的，是为了辅助用户表达记忆和感受，还是探索挖掘用户对某种产品、服务的使用体验、理解等。例如，如果生成性工具包的目的是在设计实践的前期帮助用户表达自己的情绪、记忆和感受等，用户需要回忆自己过去在某件事情中的体验并表达出来，这也是大部分设计项目在设计前期都会进行的工作，那么工具包则应该由图片和词语等物件组成，这类物件能够有效地触发用户过去在某件事情中的回忆和感受等。

下面对生成性工具的应用案例进行介绍。

① Cara Broadley 和 Paul Smith 在论文“Co-design at a Distance: Context, Participation, and Ownership in Geographically Distributed Design Processes”(2018)中对如何与偏远社区和农村社区开展有效的 co-design 活动进行了研究，并且设计了一系列生成性工具，以支持社区从业者与本地组织和团体中的更多人建立联系并进行互动。其中，“个人映射工具”作为图形模板，通过鼓励社区成员之间的反思性讨论来探索社区成员之间的联系；“网络映射工具”通过附加标签和建立关系线程，使他们了解不同的群体如何围绕共同的目的、动机、资源和结果聚集在一起，如图 4-12 所示。

② Busayawan Lam 等人在论文“Design and Creative Methods as a Practice of Liminality in Community-Academic Research Projects”(2018)中对“设计和创意实践如何在参与这些实践的人的思维、知识、情感和社会关系方面产生转变”进行了研究，并设计开发了一款名为“Glossopoly”的游戏(基于棋盘游戏“Monopoly”的结构)，如图 4-13 所示，用于促进一些社区研究。

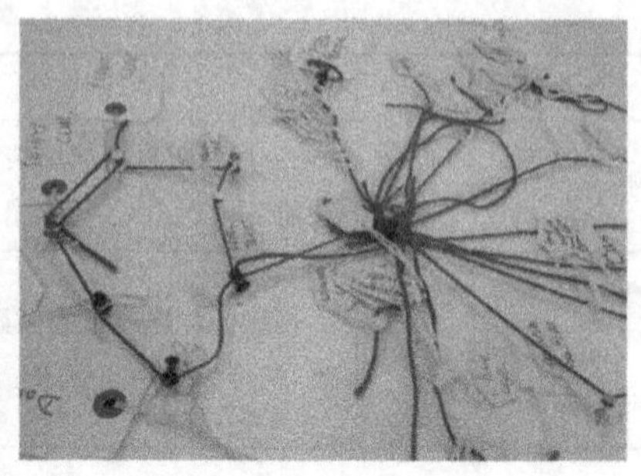

图 4-12　个人映射工具(the individual mapping tool,左)
网络映射工具(the network mapping tool,右)

Glossopoly 旨在促进人们就英国德比郡的一个小镇 Glossop 与其所处位置的关系进行讨论和思考。这项研究由社会和文化地理领域的首席研究人员进行,涉及当地社区的各种人群,例如 Glossop 及周边地区的中学生。在这个游戏的化身中,描绘了大富翁棋盘中著名区域的图片被替换为 Glossop 当地的图片。当人们掷骰子时,他们从一个地方旅行到另一个地方,并被要求回答问题或执行简单的任务,例如绘制他们喜欢的特定地点的事物,或简要描述该地点对他们的意义。

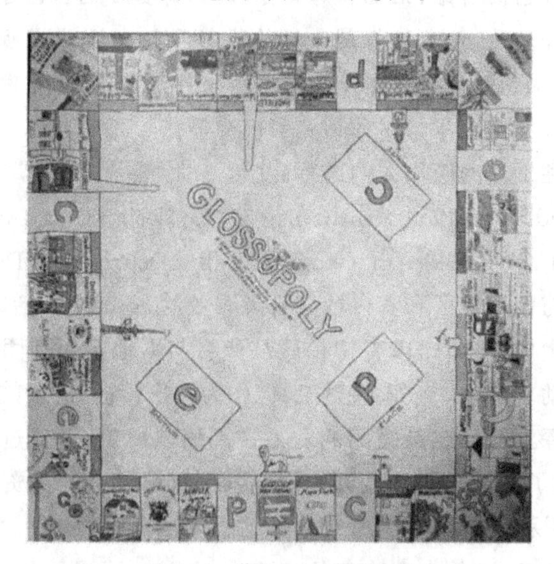

图 4-13　"Glossopoly"游戏

正如 Busayawan Lam 等人所做的那样,生成性工具并没有固定的规格和要求,设计师可以根据自己和用户的需要对其进行灵活的调整。

2. 文化探针

（1）文化探针的介绍

文化探针（cultural probes）一词最初是由 Bill Gaver、Tony Dunne 和 Elena Pacenti 于 1999 年在论文“Design：Cultural Probes（设计：文化探针）”中提出，当时 Gaver 等人在欧盟资助下于欧洲三个社区中致力于研究新颖的交互技术来使当地老年人生活更加的便利。为此，Gaver 等人率先提出并且设计出如图 4-14 所示的第一个文化探针包，里面含有各种各样的地图、明信片、照相机和小册子，用于更好地了解当地老年人的经验。Gaver 等人将文化探针看作是一种以设计为主导的方法，认为其致力于更好地理解重视同理心和参与度的用户，并对其有如下描述：

> 文化探针（这些地图包，明信片和其他材料包）的设计旨在激发来自不同社区的老年人的鼓舞性响应。就像天文或外科探针一样，我们在离开后将它们抛在后面，等待它们随时间返回碎片数据。

Gaver 在他与 Andrew Boucher、Sarah Pennington 和 Brendan Walker 的另一篇论文“Cultural Probes and the Value of Uncertainty（文化探针以及不确定性的价值）”（2004）中继续阐述了他对文化探针的研究：

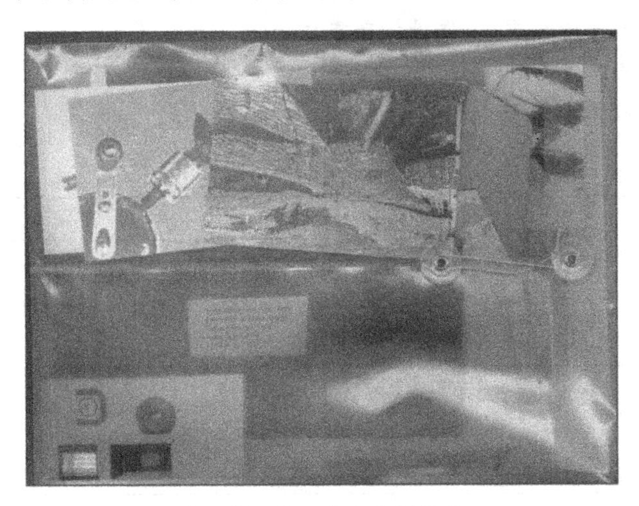

图 4-14　第一个文化探针包

> 探针是唤起人们灵感的任务的集合，目的是引出人们的灵感回应——不是关于他们的全面信息，而是关于他们生活和想法的零碎线索。我们认为，这种方法在激发技术设计理念方面很有价值，可以以新的、愉快的方式丰富人们的生活。

自此之后，文化探针被广泛应用于各种设计项目中，有些案例非常依赖于原始的文化探索工作，而在其他案例中，“探针”已成为涵盖从日记研究到纵向用户研究到实地考察的所有内容的总称。目前对于文化探针并没有一个统一的定义，网络上普遍被接受的一个定义为：

> 文化探针是一种用于在设计过程中激发创意的技术。它是收集关于人们生活、价值和想法的灵感数据的手段。这些探测器是小型软件包，可以包含任何种类的物件和装置（如地图、明信片、照相机或日记）以及令人进行回忆的任务，这些任务会被提供给参与者，让他们记录特定事件，感受或交互。其目的是引发人们的激励，以更好地理解他们的文化、思想和价值观，从而激发设计师的想象力。

Bella Martin 和 Bruce Hanington 的著作《通用设计方法》中记录了 100 种人性化的设计研究方法，文化探针也被包含在内。在书中，Martin 和 Hanington 将"Cultural Probes"翻译为"文化探寻"，并对其进行了详细的解释：

> 文化探寻是一种引导参与者运用新的形式了解自己，更好地表达对生活、环境、理念和互动行为理解的启发性工具。只要可以启发人们认真考虑个人背景和情况，并以独特创新的方式回答设计小组的问题，任何材料都可以作为文化探寻方法的组成部分……文化探寻的发明者们把这种方法定义在"艺术家—设计师"的范畴，并强调公开表达自己的主观感受，从而收集启发性数据，激发设计想象力。

(2) 文化探针的类型

文化探针的类型如表 4-3 所示。

表 4-3 文化探针的类型

来源	类型
"Design：Cultural Probes" Bill Gaver，Tony Dunne 和 Elena Pacenti	明信片（postcards）、地图（maps）、相机（camera）、相册和媒体日记（photo album and media diary）
《文化探针（culture probes）方法在移动产品开发过程中的应用》 郭正豪，刘正捷，徐荣龙，陈军亮	卡片
"Designing with Care：Adapting Cultural Probes to Inform Design in Sensitive Settings" Andy Crabtree 等	便利贴和笔（"post-it" notes and pencils）、录音机（dictaphone）

① 明信片：如图 4-15 所示，明信片由两面组成，一面通常由设计师提前记录跟用户有关的问题，例如"请告诉我你最喜欢的设备是什么"，这些问题通常会与文化、技术以及生活环境等相关；另一面是与问题相关的图像。将一组记录了问题的明信片提供给用户，并统一进行回收，利用具有联想性的图像和比较隐晦的措辞来

给予用户更大的发挥空间。

图 4-15 明信片

② 地图：地图的范围与所要研究的用户密切相关。例如，如果对老人的旅行进行研究，那么设计人员通常会提供一幅世界地图，上面设有问题“你都去过世界上的哪些地方”，然后提供给用户贴纸用作标记。

③ 相机：将相机提供给用户，并且规定相片的内容为两部分：一部分是由“今天你的早饭吃的什么”“今天你穿的什么”之类的特定要求的照片；另一部分是由用户自由支配进行拍摄的照片。

④ 相册：相册的内容通常是与用户过往有关，用来唤起用户的记忆。在这个过程中，同样也可以为用户设置特定的任务。例如，Gaver 等人提出让老年人用 6 到 10 张照片讲出他们的故事。

⑤ 媒体日记：媒体日记用来记录用户与所需解决问题相关的生活。例如，解决社交问题时，要对他们的电话、微信等各种信息来往进行记录。

⑥ 卡片：卡片的形式比较灵活，可以根据设计人员的需要进行相关的设定。例如，郭正豪等人针对产品应用场景的问题为学生用户设计了六张卡片，分别代表不同的场景，并于一周后对卡片进行统一回收。

⑦ 便利贴和笔：便利贴和笔的优点在于它的便携性，通常也是用来记录用户的想法。

⑧ 录音机：录音机与媒体日记的作用相似，让用户来记录特定的生活片段。对于行动不便、视力障碍等特殊用户群体通常会选择录音机。

(3) 文化探针案例研究和应用

图 4-16 所示的是孙碧霞在论文《基于情感设计建立用户与虚拟宠物友伴关系之研究》(2016)中对文化探针流程的总结：设计师设计文化探针的任务和目标，之后发布给用户；用户及时将信息反馈给设计师，设计师以此来加深对用户的了解，如图 4-16 所示。

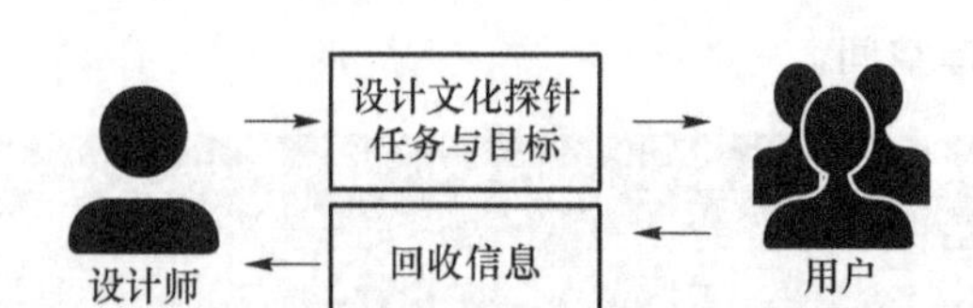

图 4-16 文化探针的流程[14]

以下是此流程下的相关案例介绍。

① 孙碧霞对三位饲养不同宠物的饲主的行为进行了研究，在为期两周的时间内，从介绍宠物、宠物的兴趣、描述宠物在家的情景和描述宠物外出时的情景四个方向出发设定了 20 个任务。设计了如图 4-17 所示包含日记本、相机、便利贴、彩色笔和贴纸在内的文化探针工具包，图 4-18 及图 4-19 所示的是回收到的饲主在 20 天内的相关记录，可以看到饲主非常合理地使用了文化探针工具包，对自己的经验进行了详细的记录，这大大地促进了设计师对于饲主饲养宠物行为的了解。

图 4-17 文化探针工具包

图 4-18 饲主经验记录(一)

图 4-19 饲主经验记录(二)

② Andy Crabtree 等人在论文“Designing with Care: Adapting Cultural Probes to Inform Design in Sensitive Settings”(2003)中对精神病患者、社区中的老年人以及居住在家中的残疾人进行研究，通过文化探针的方法对他们的护理环境进行探索来收集有关他们特殊需求的经历、可供他们“使用”或者“提供帮助”的技术。Andy Crabtree 等人设计了一套信息探针包，如图 4-20 所示，其中包括：明信片、地图、宝丽来相机、一次相机、声控录音机、剪贴簿、便签纸、钢笔、铅笔和蜡笔等设备。Andy Crabtree 等人在论文中记录到：

> 这些物品被分发出去，就像生日或圣诞节礼物一样，并向参与者解释了它们的用途：“这些物品是‘文化探针’，但不用担心，它们只是让我们更多地了解你、你的日常生活、你的想法和感受的一种方式。我们希望你能用它们来告诉我们关于你自己的一些想法，下面是一些你可能需要考虑的想法。如果你喜欢，就忽略这些。没有什么是强制性的，你喜欢做多少就做多少。我们希望它是有趣的。我大约一周后回来取。”探针包还包含一组指令和一些关于如何使用探针包中的各种设备的建议。例如，在地图上画上记号，标出你觉得安全的或受到威胁的地方、你最喜欢的或想避开的地方。

图 4-20 信息探针包

案例：基于协同设计的适老化生成性工具包设计开发案例研究和应用

1. 设计背景

设计师虽然有着非常丰富的设计经验，但是他们在大部分情况下并不是设计研究的目标用户，更谈不上核心用户。有很多在设计师的角度看来理所当然的事，在用户的角度来看却是非常不可思议的。因此，设计师的观点以及设想并不能完全代表用户所需。用户研究一直以来都是设计行业非常重要的内容，目的就是挖掘出用户真正的需求，尽量减少设计师与用户之间的认知差异。

而在人口老龄化的社会背景下，庞大的老年群体仍面临着许多方面的问题亟需解决，老龄产业仍有很大缺口。老年人群的特殊性更是增大了设计师与用户间的认知差异。

首先是老年人的认知行为能力缺失。随着年龄的增长，老年人的身体出现很多变化，各方面生理机能下降明显，行动能力明显受限。另外受制于信息获取及对新事物的接受度等影响，还应着重关注老年人与青壮年的认知水平差异。这使得老龄产品有着区别于一般产品的功能及形式需求。

那么，在这种种限制之下，如何弥合设计师和老年用户之间的认知差异，做到有效沟通、有的放矢，做真正符合老年人需求、受老年人喜爱的产品？

基于协同设计的适老化生成性工具包，或许就是一个为我们找到缺口的好方法。

协同设计是从参与式设计思维发展而来的一个设计方法概念，相关生成性研究是以将用户视为合作伙伴的参与式思维方式为基础，以设计为导向的设计实践活动。研究发现，协同设计能够帮助研究者有效地挖掘特殊人群的需求，并提出用户体验设计解决方案，这就与我们通过协同设计挖掘老年人需求的目标十分契合。但同时，协同设计中使用的工具需要根据参与者的特点进行适配与改良，鉴于老年人群认知行为能力上的特殊限制，这也是我们制作适老化生成性工具包过程中的主要工作之一。

2. 设计目的

在研发该适老化生成性工具包的过程中，我们致力于拓展协同设计工具包的形式及应用可能性，突破现阶段大多数工具包都是随专门设计研讨会准备及使用的局限性，在现有设计方法和工具的基础上，制作一套具有广泛适应性的适老化生成性工具包，用于各种服务场景下的适老化设计研究。

希望通过通用性协同设计工具包的使用，提高设计问题的研究效率，减少设计研究过程中的一次性投入。并经由不断的迭代优化后，加以推广，逐步形成老龄协同设计的范式，减小在具体问题中适老化设计研究的摩擦阻力。

在协同设计工作坊中使用检验也是十分重要的一环。通过在协同设计工作坊中使用该工具包，设计师就可以洞察具体服务流程中的痛点和老年群体的真实需求，应用于对原先服务系统的优化改造，实现我们研发该生成性工具包的初衷。另一方面，一套具有广泛适用性的适老化工具包范式的确立必定也不是一蹴而就的，还需在具体使用中发现产出工具包的问题与不足，不断优化迭代，并结合时下的新技术，探索生成性工具包在面向老年群体的协同设计中的应用方法和可能。

3. 要解决的问题

老年群体受到其特殊生理和心理特征的制约，对理解设计活动、参与到设计活动当中需要跨越的障碍更大。本研究则需努力消除这种障碍，跨越老年人的行为能力及认知差距，提升老年人参与协同设计的可行性。

相比于普通用户，老年人由于其特殊的社会边缘化处境，他们与设计师存在更大的认知差异，设计师真正理解老年群体的心理及需求是十分困难的。在本研究中需要跨越设计师与老年用户的认知及思维差异，让设计真正切合老年人的需求和利益。

基于老年人特殊的视觉能力及认知能力等特征，若要使老年人可以容易地理解工具和使用方法，必须强调所有部件和要素的高度可视化，将老人的心智和设计工具连接起来。本研究需要着重解决工具包中所有视觉元素的可视化问题，提出老年人实体交互产品的可视化优化策略。

4. 设计思路

① 针对该工具包用于服务设计的特殊性，以服务中的接触点为重点设计对象。服务接触点可触发服务瞬间进而形成服务带，建构服务程序与系统。接触点是服务流程的主要关键点，亦是设计专业切入服务的起始点。透过服务流程的观察与体验，进而分析现有接触点，规划潜在接触点与创建新的接触点，可为服务设计寻求设计方向与范畴。唯有理解服务接触点，才能真正进入服务设计的领域，发挥设计之功用。因此我们首先对服务场景中的常见接触点进行了种类划分，如场地、物品、人员等，以便在后续设计中对工具进行模块化设计。

② 工具包设计将遵循布坎南的四阶论。第一，在符号和视觉传达方面，所有工具将采用易于识别、理解的视觉符号，达到高度可视化的效果。第二，在物质对象方面，将以诸如磁铁、搭扣、魔术贴等老年人熟悉、易操作的方式开发实体生成性工具。第三，在行动和事件方面，工具包将提供详尽的服务触点及流程展现空间。第四，在系统与环境方面，将从老年人所处社会位置出发，以老年人的生理和心理

特征为指导，充分挖掘老年人的深层需求。

③ 工具包使用流程及方法（即老年人的参与实践过程）遵循双钻模型四阶段的指导。第一阶段，发现问题，使用用户旅程图等方法，梳理分析老年人在日常所接触服务中的体验流程，发现需要改进的问题。第二阶段，定义问题，通过建立用户画像、进行优先级评分等方法，对上一阶段发现的问题进行聚焦。第三阶段，发展方案，借助服务蓝图、纸上原型等工具，发展可能的问题解决方案。第四阶段，交付方案，利用原型及情景演绎的方法，对所提出的解决方案进行测试及反馈。

④ 工具包使用测试。在测试阶段，将招募一定数量的老年用户使用工具包参加协同设计工作坊，工作坊开展的全过程将被记录。在老人完成工作坊设计活动，输出相应的设计方案之后，将被邀请为工具包使用过程进行细则评分。依据工作坊搜集到的使用反馈及详细使用评分进行方案评估，并进行总结和优化。

5. 设计过程

鉴于老年人在使用电子设备上存在一定困难的现实，而对实物产品具有更高的情感信任度和使用熟练度，初代工具包将采用传统实体物件的形式。

另外，为使工具包更具有更好的整体性和使用体验感，我们采用了磁铁作为工具连接组合的主要方式——相比于搭扣或魔术贴，磁铁的拿取更加省力、方便，且单手就能完成操作，从适老化角度来说也是一个高度适宜的形式。

（1）一次调研

为了使工具包的形制具备更高程度的适老化，我们在设计之初对老人进行了一次预调研。考虑到老年人使用网络问卷的可行性较低，且与工具包使用相关的问题需要以实体的方式进行测验，调研的形式为一对一访谈，内容可分为两个部分——一是关于日常生活中所接触服务的半结构化访谈；二是与工具包易用性高度相关的视觉、活动能力等的测验，具体测验内容包括：易于识别、阅读舒适的颜色和字体、字号；不同形状的区分度及对应语义；易于抓握的体块大小及形状等，如图 4-21、图 4-22 所示。

图 4-21 字体、字号、色彩测试

图 4-22 形状的区分度及对应语义测试；体块抓握测试

据访谈我们了解到，老年人的生活轨迹较为单调，日常出入较多的就是超市、菜市场等场所，需要照看孩子的老人也不例外，除了需要去学校接送小孩，买菜做饭是他们日常最多的活动。因而我们选择了一家社区居民最常去的大型超市作为后续协同设计工作坊的研究对象。

除此以外，在访谈中我们还发现，相比于学习新的规则进行复杂操作，老年人更擅长直接讲述他们的经历和体验。若需要他们将大多数注意力转移到学习和理解经验以外的事物上，反而会剥夺老人们的创造能力。因此，后续的工具包制作将以辅助老年人讲述的象形化模型为主，尽量避免复杂的规则制定，确保协同设计过程的开放性，通过参与者之间的互相激发，让老人的思维保持活跃，而讨论结果的梳理工作则由研究人员辅助完成。

视觉测验则显示，大多数老年人认为黄色、橙色色板上的用黑色、蓝色记号笔书写的字符最易于识别且阅读舒适，另外红色作为一种醒目色彩也被一部分老人青睐。因此，在后续实验中，我们将使用黄橙色色板作为主要的书写模块，另以红色作为特殊标记色。

三号至小二号字体是老年人阅读较为省力舒适的字体大小，另外普通无衬线字体更加适用于长篇幅的文字阅读，过多的粗体也会使阅读体验下降。以上是我们后续制作工具包说明书及工作坊体验量表的字体使用依据。

在形状语义联想方面，方形、圆形等常见图形都是老年人接受度较高的形状，另外十分显著的一点是，被试老人们绝大多数都把爆炸形视作“困难”“障碍”等语义。因而在后面我们将此形状用作痛点标记。

和预想中有所不同的是，对老年人来说抓握更舒适的并非更大尺寸的体块，刚好握于掌心会有更强的掌控感。另外，体块表面的凹凸处理也能有效提升抓握的容易度和手感。

(2) 生成性工具包

根据第一次调研的结果，工具包形式定位为以实体模型辅助的故事讲述，最大程度地发挥老年人作为深度用户所具有的丰富经验的作用，挖掘出藏在他们体验深处的痛点，帮助他们一同寻求解决办法。

具体流程为：首先配合工具讲述自己的实际经历，包含但不限于个人动线、行为和心理活动，梳理出用户旅程，找出过程中的困难或障碍，加以标记。在所有人讲述完毕之后，进行痛点汇总，由研究人员帮助整理归纳之后，进行集体头脑风暴，提出可能的解决方案。再由研究人员协助总结方案，参与者对最终方案的满意程度进行评估。

包含的主要工具有：

① 场景地图：场景地图以空白软磁板作为底板，利用磁片和地标，根据实地情况还原协同设计研究对象的场地整体区域划分，以便参与者借助地图及其他工具讲述自己通常的经历和旅程。

② 人偶模型：工具包内预先提供了不同的人偶模型，包括男性老年用户、女性老年用户、男性工作人员、女性工作人员。参与者可以根据需求选择相应的人偶(对应自己的人偶，及旅程中碰到的工作人员或其他用户人偶)，放在场景地图中并自由移动，模拟现场情况并进行讲述。

③ 箭头磁贴( )：箭头磁贴用于标记讲述者的行动路线，可由讲述者自主张贴，也可由研究人员根据参与者的讲述进行张贴标记，便于更加清楚主观地展示用户的行为轨迹及路线效率。

④ 痛点标贴( )：在讲述经历的过程中，如果遇到任何困难/问题/体验不好的地方，就可以在此处贴上这个标签，并在标签上贴上个人序号作为标记。

(3) 二次调研

本次调研即为使用初步工具包开展的协同设计工作坊。主要目的为使用适老化生成性工具包开展协同设计活动，并在工作坊的最后对工具包的使用满意度进行评价，检验工具包的实际使用情况，探究改进空间。工作坊邀请到了八名同一社区的老人参与，男女比例 1∶1。工作坊研究对象为社区居民常去的一家综合型超市。

会议开始首先给每一位参与者分发一张工具包说明书，如图 4-23 所示，并由研究人员对本次工作坊主要内容及工具使用方法进行讲解，确保老年参与者理解活动内容，为后续协同创造清扫障碍。

在介绍完工具包使用方法之后，我们首先开始共同搭建超市场景。根据预先调研，我们对场地已有了全貌认知，但在实践过程中发现，让老年人运用自己的经验集体参与场景搭建，十分有利于协同设计活动开展初期调动参与者的积极性和活跃度。

完成场景搭建之后，依次邀请老人使用工具讲述个人经历，并由研究人员提供做相应记录，如图 4-24 所示。

图 4-23　工具包说明书

图 4-24　老人们积极参与场景搭建及旅程讲述

结束个人购物旅程讲述之后，将收集到的痛点进行了汇总，分类汇总的过程再次激发了老人对痛点的二次讨论，如图 4-25 所示，讨论中相似的经历引起的共鸣，对调动参与者的情绪具有十分重要的作用，这使得我们在横向、纵向上都收集到了一些新的观点。

相较而言，提出解决方案的环节用时较短，讨论氛围不如前面的阶段热烈。但老人们还是提出了一些他们的建议，展现了他们的需求和洞见。

在工作坊之后的工具包使用满意度调研中，参与的老人们表示能够很轻松地完成整个流程，并没有什么困难。结合场景地图的讲述方式具有一定趣味性，且工具也起到了帮助他们回忆场景及讲述的作用。另外，老年群体日常社交较少，此次活动为参与者提供了一个畅所欲言的机会和场合，活动的开展十分顺利，气氛十分活跃。可见，让老年人以适宜他们的方式参与协同设计，是具有相当可行性和意义的。

图 4-25　老人们热烈讨论个人经历中的痛点

6. 产出效果

第一，作为适老化设计产出，该工具包对老年人应具备高度的可用性乃至易用性。在视觉上，该工具包必须易于识别、理解，不应让老年人在使用过程中无法识别对象或产生混淆；在操作上，应为低行动能力老人考虑，使用过程尽可能简便、省力；在使用流程上，避免设置较多限制规则，交互方式以老人熟悉的实体交互为主，以保证即使是接受能力较差的老年人，在简单的学习后也能够快速掌握使用方法。

第二，工具包采用模块化的形式，具有使用灵活、功能适应性强的特点。基于的相应设计方法应具有广泛认同，确保其在不同具体问题下仍能适用。与此同时，使用方式及流程具有一定范式的同时，也留有灵活取舍的余地，在不同的具体设计问题中，可对其功能和部件进行选择性使用。

第三，为应用于不同的场景，工具包遵循便携、可移动的原则。所有工具均以高效有序的方式收纳于包裹中，以便将其携带至任意协同设计工作坊甚至老年人的家中。

第四，工具包在测验中能够根据实际情况应用于老年人协同设计实践过程，并能产生实际使用效果——帮助老年人表达想法，找到当前设计语境下的障碍和痛点，挖掘自身潜在隐性需求，激发老年人作为丰富生活经历拥有者的持久创造力。

重点摘要

① 柳冠中老师的设计思维六个阶段、双钻模型、D-School 的设计思维框架，这三种典型设计思维框架的异同比较。

② co-deisgn 的核心理念：每个人都有创造力、从为人设计到与人设计、生成性

工具赋能用户设计。

③ 生成性工具的类型有哪些?

对话

学生:设计思维的框架现在很多,在做具体设计的时候,需要怎么选择合适的设计思维框架?

老师:设计思维的框架确实很多,但是基本的逻辑还是发现问题、解决问题的逻辑,做设计的出发点或者视角不一样,框架会不一样。柳冠中老师的设计思维六个步骤,出发点是观察,更多是基于事理学,观察事,不仅仅局限于观察人;双钻模型出发点是问题,是基于一个问题;D-School 的设计思维框架的出发点是理解用户,所以从移情开始。

学生:co-deisgn 这种方法适合什么样的用户人群?

老师:co-deisgn 这种方法适合和设计师背景差异大的用户人群,比如儿童以及老年人。做老年人相关的设计研究时,co-design 的设计方法非常有效,老人是生活经验非常丰富的人群,对生活需求有自己的洞察,co-deisgn 可以很好地利用老年人在经验和创新性上的既有优势,实现需求到最终产出的有效转化,如果 co-design 运用得好,设计会有非常不错的产出。

学生:您认为在设计过程中使用协同设计的方法应当注意些什么?

老师:最重要的应当是我们作为设计师的角色转换这一点。在协同设计中,我们的角色转换成了协调者、观察者,我们需要为参与者提供帮助,但也要把更多的创造空间留给他们,避免我们主观意识的干扰,最大化发挥协同设计的作用。

学生:在 co-design 的过程中,设计师应该如何避免自身主观想法对他人的影响?

老师:在 co-design 的过程中,设计的主体已经不再是设计师,而是以用户为主、设计师参与的设计。设计师的主要任务应该是在设计过程中引导以及鼓励用户提出自己的想法,要避免在设计过程中自身主观想法对用户的影响。

学生:怎么看待在协同设计案例中,提出解决方案环节开展得不够热烈的情况?

老师:一方面,解决问题本就是一个困难的过程,可以在挖掘到真正的需求后交由设计师来进一步进行思考,但参与者们的洞见仍是十分可贵的。另一方面,系统服务设计涉及的利益相关方面多而杂，用户的需求要想真正被满足，需要大量的工作，在工作坊有限的时间里还不足以解决。如何带着协同设计工作坊中的所得，根据消费者关切的痛点和需求深入改进，是我们设计师的职责所在。

学生：从"为人设计"到"与人设计"的转变中，设计师看待问题的角度和态度也要随之改变，在面对一个协同设计课题时，我们应该更加注重哪些方面的设计探索？

老师：在 co-design 的过程中，首先需要相信用户的创造力，设计师是受过设计专业训练的人，用户是没有受过设计专业训练的人，所以用户在表达自己的创造力以及想法的时候比较受局限，这个时候设计师应该多关注生成性工具、文化探针等，使用这些工具激发用户的创造力，帮助他们表达想法。

学生：以用户为中心的设计和 co-design 有什么区别，co-deisgn 适合针对什么样的人群的相关研究？

老师：如果按照本章介绍的 Sanders 的研究（co-creation and the new landscapes of design)，以用户为中心的设计和参与式设计是两个完全不同的设计方法。当然 co-design 和参与式设计概念上也不完全一样，大家可以查阅相关文献。以用户为中心的设计是现在的主流设计思想，现在大家所说的设计思维大部分就是指以用户为中心的设计，用户研究在整个设计过程中尤其是设计前期是很重要的部分。co-deisgn 中设计师的重点应该不是对用户的研究，而是在生产性工具的设计上，赋能用户做设计，这个在老龄相关的设计研究上会很有价值，因为老龄这个用户群体本身就有比较强的认知能力，但是由于没有受过专业的设计训练，在设计表达上较受限，设计师用 co-design 的方法会比较有效。

思考题

① 以用户为中心的设计（UCD）这种思想是当下主流的设计思想，基于这种设计思想的设计思维框架有哪些？

② co-design 的核心理念有哪些？

本章参考文献

[1] TIM BROWN. IDEO，设计改变一切[M]. 侯婷，译. 沈阳：万卷出版公司，2011.

[2] 柳冠中. 综合造型设计基础[M]. 北京：高等教育出版社，2000.

[3] 柳冠中. 事理学方法论[M]. 上海:上海人民美术出版社,2019.
[4] 原研哉. 设计中的设计[M]. 朱锷,译. 济南:山东美术出版社,2006.
[5] 西蒙. 人工科学[M]. 武夷山,译. 北京:商务印书馆,1987.
[6] PETER ROWE. 设计思维[M]. 王昭仁,译. 台北:建筑情报季刊杂志社,1987.
[7] BELLA MARTIN,BRUCE HANINGTON. 通用设计方法[M]. 初晓华,译. 北京:中央编译出版社,2013.
[8] DON NORMAN. The Design of Everyday Things[M]. 小柯,译. 北京:中信出版社,2015.
[9] LIZ SANDERS, PIETER JAN STAPPERS. Convivial Toolbox[M]. Amsterdam:BIS Publishers,2013.
[10] 常方圆. 基于协同设计工作坊方式的 App 用户体验研究与实践[J]. 包装工程,2018, 39(22):6.
[11] 邓成连. 触动服务接触点[J]. 装饰,2010(6):5.
[12] 时迪. 协同设计中的沟通方法研究[D]. 南京:南京艺术学院,2017.
[13] 陈睿博. 基于 Co-design 的老年智能药盒设计开发[D]. 北京:北京邮电大学,2019.
[14] 孙碧霞. 基于情感设计建立用户与虚拟宠物友伴关系之研究[D]. 杭州:浙江大学,2016.
[15] SANDERS B N,STAPPERS P J. Co-creation and the new landscapes of design[J]. Co-design,2008,4(1):5-18.
[16] BUCHANAN R. Wicked Problems in Design Thinking[J]. Design Issues,1992,8(2):5-21.
[17] SANDERS B N,STAPPERS P J. Probes,toolkits and prototypes:Three approaches to making in codesigning[J]. Co-design,2014,10(1):5-14.
[18] SANDERS E B N,STAPPERS P J. Convivial toolbox:Generative Research for the Front End of Design[J]. Auk,2013,31(10):14-21.
[19] BROADLEY C,SMITH P. Co-design at a Distance:Context,Participation, and Ownership in Geographically Distributed Design Processes[J]. The Design Journal,2018,21(3):1-21.
[20] LAM B,PHILLIPS M,KELEMEN M,et al. Design and Creative Methods as a Practice of Liminality in Community-Academic Research Projects[J]. The design journal,2018,21(4):605-624.
[21] GAVER B,DUNNE T,PACENTI E. Design:Cultural probes[J]. Interactions,1999,6(1):21-29.

[22] GAVER W W, BOUCHER A, PENNINGTON S, et al. Cultural Probes and the Value of Uncertainty[J]. Interactions, 2004, 11(5): 53-56.

[23] MENCARINI E, LEONARDI C, CAPPELLETTI A, et al. Co-Designing Wearable Devices for Sports: The Case Study of Sport Climbing [J]. International Journal of Human Computer Studies, 2018.

[24] FE NN T. Applying Generative Tools in the co-design of digital interactive products in development contexts [C]//Cumulus Johannesburg: Design with the other 90%: Changing the World by Design, 2014.

[25] SANDERS E B. From User-Centered to Participatory Design Approaches [EB/OL]. (2013-06-27) [2022-06-09]. https://www.docin.com/p-671117695.html.

[26] CRABTREE A, HEMMINGS T, RODDEN T, et al. Designing with care: adapting cultutal probes to inform design in sensitive settings(2015-06-24) [2022-06-09]. https://www.docin.com/p-1195036926.html.

第五章　系统设计前期

我发现了镭，但不是创造了它，因此它不属于我个人，它是全人类的财产。物理学家总是把研究全部发表的。我们的发现不过偶然有商业上的前途，我们不能从中取利。

——*居里夫人*(Marie Curie)

消费者并不知道自己需要什么，直到我们拿出自己的产品，他们才发现，这是我要的东西 。

——*史蒂夫·乔布斯*(Steve jobs)

一、关于研究和设计的三个关系

研究和设计的关系一直以来都存在着很大的争议，学者们对此进行了广泛的讨论和争辩。Lois Frankel 和 Martin Racine 在文章"The Complex Field of Research: for Design, through Design, and about Design"中基于设计与研究相关背景和文献进行总结并提出了一系列关于设计研究的观点。其中提到了 Nigel Cross 在他的著作 *Designerly ways of knowing* 中对 20 世纪的设计方法进行了系统的总结，1966 年英国设计研究学会的成立，以及后来《设计研究杂志》的创办等事件都极大地促进了设计研究的产生和发展。如今 *Design Issues* (1984)、*Research in Engineering Design*(1989)和 *Desig Journal*(1997)等杂志都越来越重视设计研究在整个设计过程的作用。Bruce Archer 在 *Systematic Methods for Designers* 一书中将设计研究的科学描述为以下内容：

- 系统化的(systematic)，因为它是按照某个计划进行的；
- 一种询问(an enquiry)，因为它寻求问题的答案；
- 以目标为导向(goal-directed)，因为调查的对象是由任务描述提出的；

- 以知识为导向(knowledge-directed),因为调查的结果必须超越提供的信息;
- 可交流的(communicable),因为这些发现必须是可理解的,并且在适当的受众的理解框架内。

英国皇家艺术学院的 Christopher Fraylin 在文章"Research in Art and Design"(1993)中首次提出了设计研究的三个类别:

- research into art and design——最直接的、理论相关的设计研究;
- research through art and design——材料研究、开发工作、行为研究;
- research for art and design——最终产品是人工制品的研究,是参考资料的收集,而不是研究本身。

Nigel Cross 讲述到与设计相关的研究活动是探索性的,既是一种探究的方式,也是一种产生新知识的方式。Cross 在文章"Design research: A Disciplined Conversation"(1999)中基于人、过程和产品将设计研究分为三个类别:

- design epsitemology(设计认识论)——研究设计的认识方式;
- design praxiology(设计行为学)——研究设计的实践和过程;
- design phenomenology(设计现象学)——研究人工制品的形式和配置。

Buchanan 在文章"Design Research and the New Learning" (2001)中提出了新设计知识的获取途径可以分为大学、公司和政府资助机构认可的三类,并且提出了设计研究的三个类别:临床的(clinical)、应用的(applied)和基础的(basic):

- 临床研究侧重于特定的设计问题和需要针对特定情况的信息的个案,它们在设计实践和设计教育中发挥着重要作用。例如,当一个设计师必须为一个机构构思一个新的标识时,对该机构信息的搜索就是客观研究。客观研究的重点是设计师面临的行动问题。为了解决一个特定的、单独的设计问题,收集任何可能与其解决方案相关的信息或理解是至关重要的。
- 应用研究是针对在一般类别的产品或情况中发现的问题。目标不一定是发现解释的基本原则,而是发现解释一类现象的一些原则甚至经验法则……设计应用研究的共同特点是:试图从许多个案中收集一个或几个假设,这些假设可以解释一类产品的设计是如何发生的,这种推理在该类产品的设计中是有效的,等等。
- 第三种研究是基础研究。它是针对理解支配和解释现象的原则——有时是第一原则——的基本问题的研究……一般来说,这种类型的研究与设计理论相关联,这为设计中的所有其他活动提供了基础。此外,随着问题的展开和变得更加集中,基础研究的发展经常暗示着通向其他学科的桥梁。

Peter Downton 在他的著作 *Design Research* (2003)中表示,设计是一种探究的方式,一种产生知识的方式,这意味着它是一种研究方法。他还提出了设计研究的两个范畴：

- research for design；
- research about design。

Lois Frankel 和 Martin Racine 对 Buchanan 提出的设计研究的三个类别、Christopher Fraylin 提出的设计研究的三个类别以及 Peter Downton 提出的设计研究的两个范畴进行总结，进而提出了设计与研究之间的三种关系：

- research for design——clinical；
- research through design——applied；
- research about design——basic.

Frankel 等人将 research for design、research through design 和 research about design 之间看作是一个循环的流程，不同研究领域的成果相互影响，这正式展示了知识的双向性，就像 Ken Friedman 在他的文章"Creating Design Knowledge: from Research into Practice"(2000)中所说的实践往往会体现知识，而研究倾向于表达知识。

Liz Sanders 和 Pieter Jan Stappers 也曾对设计和研究的关系有所探究，在文章"From Designing to Co-Designing to Collective Dreaming: Three Slices in Time"(2014)中提出设计和研究可以通过预期的结果来进行区分：对于设计来说，预期的结果为一种新的、特定的产品或服务；而对于研究而言，预期的结果是新的、通用的知识。

在设计领域中，学术和实践两部分内容既相互区别又相辅相成，共同促使设计的进步和发展。众所周知，设计领域发展至今已经不是一个仅关注外观和功能的学科，科学知识在其中所发挥的作用逐渐增大，而研究就是设计中科学的部分表现。基于此，唐林涛在文章《设计研究：研究什么与怎么研究》中总结了设计研究的三个类型：关于设计的研究(research about design)、为了设计的研究(research for design)和通过设计做研究(research through design)，并且他称这三种设计研究分别为"理论研究""应用研究"和"基础研究"。这与 Frankel 等人所总结的设计和研究的三种关系不谋而合，下面将对关于设计的研究、为了设计的研究和通过设计做研究进行详细的介绍。

(一) 关于设计的研究

"关于设计的研究"(research about design)通常被认为是来源于理论的知识，但又不能只局限于理论，需要付诸于实践才能证明它的意义。在此，Ranulph Glanville 在文章"Researching Design and Designing Research"(1999)中将"研究"看作是我们努力增加(对世界)知识的一项事业，并进一步阐述了纯理论和实验的相关研究都属于设计活动的一部分，且设计同样可以创造很多新的理论。

Nigel Cross 在 *Designerly ways of knowing* 中对设计研究做了总结，Buchanan 更是称这一领域的内容为“设计探究(design inquiry)”。关于设计的研究又被称为理论研究，国内有关设计研究的论文大部分属于关于设计的研究，这部分研究主要目的是对于设计进行剖析，去探索设计的本质。唐林涛在文章中提到王受之在清华美院进行的“设计研究”为题的讲座，实际上所讲的内容是对设计史的研究，这部分内容可以归属于关于设计的研究的一部分。唐林涛还在文章中解释道：

> 关于设计的研究主要是史论方面的内容，再加上设计的本体论、认识论、方法论等“设计哲学”，或者设计教育等，都属于“关于”设计的研究……还有一些流行的学问，比如20世纪90年代流行的“设计语意学”、2000年前后流行的“非物质设计”、当前流行的“体验设计”等，其实都谈不上研究，只不过是外部知识催生的设计思潮而已。

感性工学(kansei engineering)正是关于设计的研究的表现内容，感性工学是通过分析人的感性和喜好来设计和制造产品的方法或者技术。广岛大学的长町三生教授在他所撰写的文章《感性工学：一种新的人机学顾客定位的产品开发技术》(1995)中提出对于感性工学的理解：感性工学主要是一种以顾客定位为导向的产品开发技术，一种将顾客的感受和意向转化为设计要素的翻译技术。

感性工学是基于设计学、工程学、心理学、脑科学等综合且交叉的学科发展而来的，有大量的理论基础作支撑。清华大学美术学院的李砚祖在文章《设计新理念：感性工学》(2003)中提出感性工学包括了三方面的内容：

- 一是根据新产品的感性层面进行分类，以建立产品的感性结构来获取设计细节；
- 二是由计算机支持的感性工程系统(kansei engineering system，KES)；
- 三是感性工程模型。

可以看到感性工学实际上也是关于设计的研究，通过对顾客进行研究，了解他们的感受和意向，建立模型，了解用户的同时又会创造出与用户相关的新知识。

(二) 为了设计的研究

Downton 在 *Design Research* (2003)一书中提出“为了设计的研究”(research to/for design)提供了信息、含义和数据，设计者可以将其应用来实现设计项目的最终结果，并将“为了设计的研究”描述为“针对具体可行的设计解决方案而开发的说明性研究方法”。

“为了设计的研究”又被称为应用性研究，要有具体的研究目标，近年来一直受到大家关注的“用户研究”就是典型的“为了设计的研究”。用户研究作为以用户为中心的设计(UCD)流程的第一步被大家熟知，它是一种理解用户，将他们的目标、需求与企业的商业宗旨相匹配的理想方法，能够帮助企业定义产品的目标用户群，并为之后的具体设计提供很大的帮助。用户研究如今作为一个独立的研究领域也衍生出了很多研究方法，大体上可以分为定性研究和定量研究两种，每种类别下又有很多具体的研究方法，例如用户访谈、焦点小组、观察法等属于定性研究的方法；问卷调查、可用性测试、经验性评估等属于定量研究的方法。唐林涛在文章中对为了设计的研究有如下描述：

> “为了设计的研究”其实代表了一种国际趋势。现在国际会议上大家所谈论的，无论是用户研究(user research)、易用性(usability)、通用设计(universal design or inclusive design)，或者我们所承担的诸多商业性研究项目，大多是“为了”设计而从事的研究。也就是前面说的研究与设计的分离，一群人搞研究，然后输出结论、设计方向或概念方案，另外的一些人从事后续的设计……现在的设计需要越来越综合的知识，而这样的知识并不是现成的，而是需要从设计的角度去生产。

设计思维(design thinking)也是典型的“为了设计的研究”，如图 5-1 所示是设计思维的五个步骤：移情、需求定义、创意构思、原型实现和实际测试。从这五个步骤就可以很明显地看出，在设计思维的驱使下，前面所做的研究一步步地导出了最后的设计结果。在这个过程中，设计研究人员不断地获取和处理信息，并通过实际的行动来进行设计和研究。

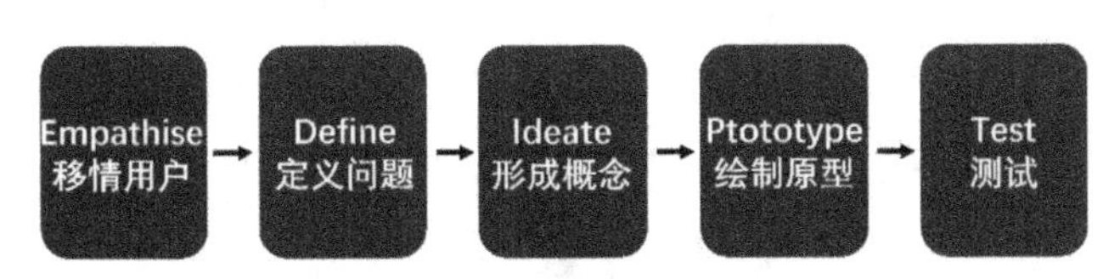

图 5-1　设计思维的五个步骤

(三) 通过设计做研究

Jonas 在文章“Design Research and its Meaning to the Methodological Development of the Discipline”(2007)中提出“通过设计做研究”(research through design)是唯一真正的研究范式，因为在这个领域里，会进行行动和反思，从而产生新的知识。“通过设计做研究”又被称为基础性研究，顾名思义，通过设计做研究表示设计包含在研究之内。唐林涛在文章中对通过设计做研究有如下论述：

> 通过设计做研究的方式其实也不新鲜，Alva alto 对于曲木的成型工艺研究了许久之后才设计出来了那把椅子……一些国际领先的设计事务所，他们的工作也正从具体的设计而转向“以研究带动的设计”。美国 IDEO 的工作方式带有强烈的实验性质，而其设计创新性极强……这样

的研究无疑为创新打下了雄厚的基础,这些更加"物质性"的知识对于设计师的帮助也更加直接,是创新的源头活水。

在国际设计研究委员会(Board of International Research in Design, BIRD)的支持下由 Ralf Michel 等人所编著的 *design research now* 一书收录了对设计研究进行描述的论文,其中代尔夫特大学的 Pieter Jan Stappers 在"Doing Design as a Part of Doing Research"中对设计和研究进行辨析,不把研究看作是某个专业领域,而把它看成是"增长知识的努力"(endeavours that grow knowledge)并对研究中的设计技能有如下描述:

> 通过实现"产品",设计师从不同的方向吸收知识,并去面对、整合和将这些知识情境化。在这个过程中,发生了很多对这一学科知识的基础有价值的事情,因为它的理论和假设都经过了某种程度的检验,从而产生了深刻的见解。

Stappers 强调让设计师参与到研究的过程中来,以减少"设计"和"科学"之间的分离,并且提出了设计研究中的"迭代螺旋"过程:如图 5-2 所示,垂直的箭头表示一个中心的"产品",它可以是一个原型或者一个理论。最底部的一些表单代表的是由来自不同学科的知识输入构成的设计项目基础,在设计研究不断进行的过程中,会形成一个螺旋上升的形式,螺旋表示设计研究会在邻近学科中吸取新的知识,并且可能会反馈一些对该学科的见解来促进其进一步的发展。

图 5-2 设计研究中的"迭代螺旋"

通过设计做研究强调的是以设计来带动研究,荷兰动能艺术瑟·严森(Theo Jansen)设计研究的"海滩怪兽"正是该领域内的典型案例。严森出生于 1948 年,求学于代尔夫特理工大学物理系,后转为学习绘画。20 世纪 80 年代因"飞行 UFO 项目"成名。严森最初构思了一个能够在海滩上独立生存的简单"生物",这个"生物"由一些简单的黄色塑料管或者塑料瓶组成,利用风能作为驱动力,运用一系列的机械原理，使其能在海滩上独立行走，还能躲避海水，这个“生物”后被称为“海滩怪兽”，如图 5-3 所示。这种研究的价值在于它可以成为获取和塑造知识的工具。

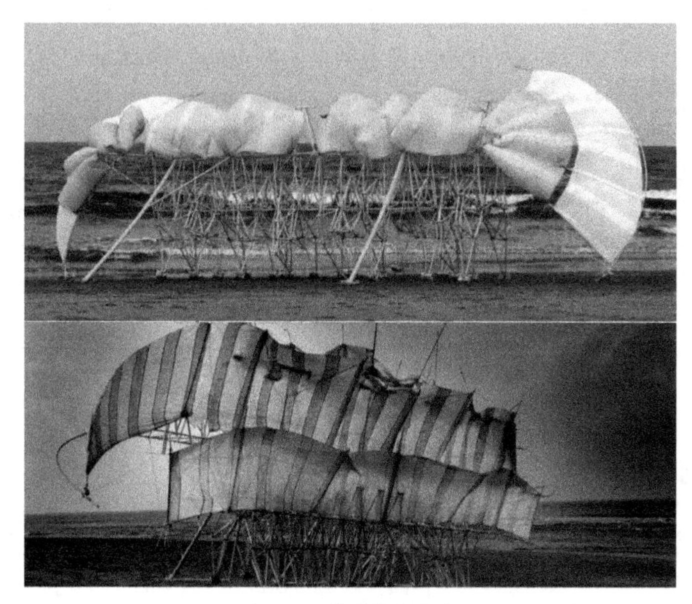

图 5-3 “海滩怪兽”

对本节中的相关文献做了一个表格梳理，如表 5-1 所示。

表 5-1 相关文献梳理

作者	文章	观点
Christopher Fraylin	“Research in Art and Design”(1993)	research into art and design; research through art and design; research for art and design
Nigel cross	“Design research: A Disciplined Conversation”(1999)	design epsitemology(设计认识论)——研究设计的认识方式; design praxiology(设计行为学)——研究设计的实践和过程; design phenomenology(设计现象学)——研究人工制品的形式和配置
Buchanan	“Design Research and the New Learning”(2001)	临床的(clinical); 应用的(applied); 基础的(basic)
Peter Downton	“Design Research”(2003)	research for design; research about design

续表

作者	文章	观点
Lois Frankel、Martin Racine	" The Complex Field of Research: for Design, through Design, and about Design"	research for design——clinical; research through design——applied; research about design——basic
唐林涛	《设计研究:研究什么与怎么研究》	关于设计的研究(research about design)—理论研究; 为了设计的研究(research to design)——应用研究; 通过设计做研究(research through design)——基础研究

二、设计前期的研究

本节中讲的设计前期的研究主要是指上节中讲的"为了设计的研究"(research to/for design),并且还是以用户为中心的设计前期的研究。设计前期的研究的目的是研究发现或者获得洞察,为更好地明确设计目标奠定基础。

设计前期的研究大概分为三个阶段:第一个阶段是二手资料的研究,第二个阶段是一手资料的研究,第三个阶段是设计师的"眼见不为实"。

二手资料:是指特定的调查者按照原来的目的收集、整理的各种现成的资料,又称次级资料,如年鉴、报告、文件、期刊、文集、数据库、报表等。二手资料比较容易得到,并能很快地获取。有些二手数据,如由国家统计局普查结果所提供的数据,相对来说就比较权威。尽管二手数据不可能提供特定调研问题所需的全部答案,但二手数据在许多方面都是很有用的。例如,二手数据可以帮助我们:明确问题、更好地定义问题、检验某些假设、更深刻地解释原始数据。

最重要的是设计师通过针对具体问题二手资料的收集整理,可以变成这个问题的专家,对于后面一手资料的研究作了比较好的准备。

一手资料:是指从亲身实践或调查中直接获得的材料。一手资料是直接的证据,是未经任何修饰的信息,经由本人调查验证的,不是道听途说得到的信息,是最原始的、未经改动的、最真实的信息。一手资料可以通过实地调查法、观察法等收集原始资料的方法来获取。

一手资料和二手资料的区别:一手资料比二手资料可信,一手资料是对二手资料很好的补充。

眼见不为实:设计师是受过设计专业训练的群体,洞察力水平高低往往决定了设计师的设计水平。人的眼睛能摄取的信息大约占了总摄取信息的80%(并不是全部),剩下的部分需要大脑的思考。设计师往往需要透过事物思考事物后面最本质的问题。下面一个案例就能很好地说明洞察力在商业社会的重要性。

中国最著名"照片泄密案",是由1964年《中国画报》封面刊出的一张照片引起的。如图5-4所示,在这张照片中,大庆油田的"铁人"王进喜头戴大狗皮帽,身穿厚棉袄,顶着鹅毛大雪,握着钻机手柄眺望远方,在他身后散布着星星点点的高大井架。

图5-4　"铁人"王进喜

日本情报专家据此解开了中国当时最大的石油基地——大庆油田的秘密:

① 他们根据照片上王进喜的衣着判断,只有在北纬46°至48°的区域内,冬季才有可能穿这样的衣服,因此推断大庆油田位于齐齐哈尔与哈尔滨之间;

② 通过照片中王进喜所握手柄的架式,推断出油井的直径;

③ 通过王进喜所站的钻井与背后油田间的距离和井架密度推断出油田的大致储量和产量。

有了如此多的情报,日本人迅速设计出适合大庆油田开采用的石油设备。当中国政府向世界各国征求开采大庆油田的设备方案时,日本人一举中标。

这个案例非常好地说明了"眼见不为实",设计师更需要分析表象背后的原理和本质。

设计师在做前期设计研究的时候,需要对一些抽象的概念有认知,这样在设计研究的前期就不会由于概念过于抽象而无从下手。

① 需求：指人们对某种目标的渴求和欲望，包含基本需求到各种高层次需求，如果个人需求得不到满足，心里会出现不安、紧张的情绪，这种不安紧张成为一种内在的驱动力，促使个体采取某种行动寻求满足需要的方法。

② 动机：驱使人产生某种行为的内在力量，动机是由需求引起的，人之所以愿意做某件事，是因为这件事情能满足某个人的某种需求。

③ 人的行为：建立在需求动机的基础上，需求能使人产生行为的动机，动机诱发人们行动去满足需求，一旦需求得到满足，紧张感消除，又会有新的需求产生，新的激励又会开始。需求是人类行为背后的真正动机。

设计研究前期特别是用户研究环节，我们可以参考如图 5-5 所示冰山理论的理论框架，通过前期研究发现用户隐藏在冰山下面的需求。

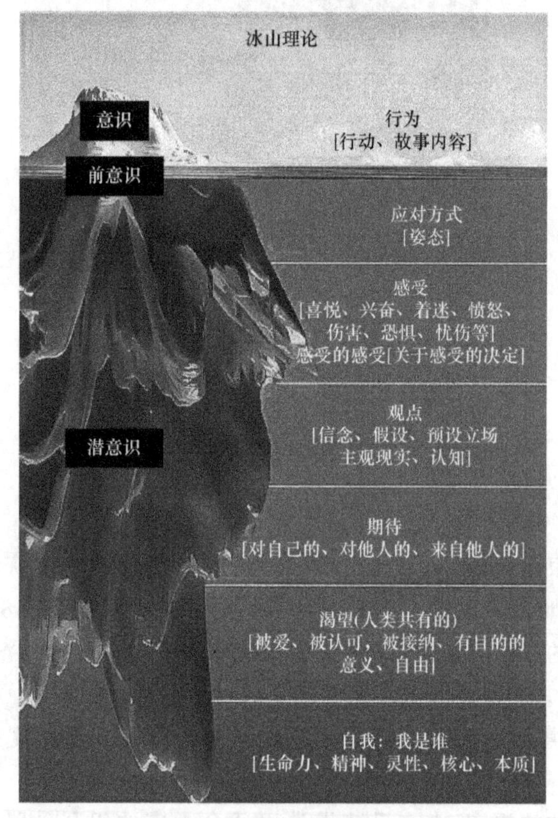

图 5-5　冰山理论

冰山理论是美国最具影响力的首席心理治疗大师萨提亚(Virginia Satir)家庭治疗中的重要理论，实际上是一个隐喻，它指一个人的“自我”就像一座冰山一样，我们能看到的只是表面很少的一部分——行为，而更大一部分的内在世界却藏在更深层次，不为人所见，恰如冰山。冰山理论包括行为、应对方式、感受、观点、期待、渴望、自我七个层次。

以用户为中心的设计前期大部分是聚焦在用户研究上。IDEO 作为设计与创新为主的国际顶尖公司，其成功的关键在于对用户的理解，在产品设计之前，IDEO 会对用户进行深入的洞察，强调从真正的用户身上获得启发和想象。IDEO Method Card 是 IDEO 公司 2003 年推出的一套卡片，共 51 张，如图 5-6 所示，背面写的是 51 种不同的研究方法，正面是代表各项研究方法的意象图片，是将实际项目中运用的方法和经验进行总结、分类、概括，形成一套用于用户行为、产品策略、市场分析等方面研究的方法论。内容分为四类：learn（分析）、look（观察）、ask（询问）、try（尝试），如图 5-7 所示，这四个分类也是做好设计必不可缺的环节。

图 5-6　IDEO 方法卡片

- learn——就是分析，从搜集的资源来分析。获得资讯、数据……来寻找关键点。从哪些方面来分析呢？可以做如下分析：消费者活动、兴趣爱好的分析；人体数据的分析；性格图谱的分析；认知任务的分析；竞争产品生存的分析；多文化的比较；错误的分析；流程分析；历史分析；长期的预测分析；次级资料的分析……
- look——就是观察，观察消费者，去寻求找到他们在做什么，而不是他们说他们做什么。
- ask——就是询问，召集人来参与到与你的案子有关的活动来攫取信息。
- try——就是尝试，就是创建模拟和原型来体验用户的使用，来评估提出的设计。

这些方法并不是 IDEO 的独创，许多方法在心理学实验和人类学研究中也比较常见，其目的是给有创新理想的设计师提供灵感，同时为用户研究人员提供新的思路。

分析： 解释/分析收集的信息， 并获得洞察。	观察： 观察人们怎么做的， 而不是听他们说 他们怎么做。	询问： 争取人们的参与， 并引导他们表露出 与项目相关的信息。	尝试： 制作一个仿真品/模拟品， 以更好的与用户沟通和 评估设计方案。
人体测量分析	个人物品清单	文化探寻	场景测试
故障分析	快速民族志研究	极端用户访谈	角色扮演
典型用户	典型的一天	画出体验过程	体验草模
流程分析	行为地图	非焦点小组	快速随意的原型
认知任务分析	行为考古	五个为什么	移情工具
二手资料分析	时间轴录像	问卷调查	等比模型
前景预测	非参与式观察	叙述/出声思维	情景故事
竞品研究	向导式游览	词汇联想	未来商业重心预测
相似性图表/亲和图	如影随形/陪伴/跟随	影相日记	身体风暴
历史研究	定格照片研究	拼图游戏	非正式表演
活动研究/行为分析	社交网络图	卡片归类	行为取样
跨文化比较研究		概念景观	亲自试用
		驻外人员/地域专家	纸模
		认知地图	成为你的顾客

图 5-7　IDEO方法卡片方法列表

对于用户研究的各种工具和方法，本章不再赘述，在平时的教学实践中，在设计研究一手资料收集阶段，一般简化为采用观察、访谈、个人物品清单的调研等方法来收集数据。

观察法-报刊栏快拍

观察法：观察法是指研究者根据一定的研究目的、研究提纲或观察表，用自己的感官和辅助工具去直接观察被研究对象，从而获得资料的一种方法。科学的观察具有目的性和计划性、系统性和可重复性。由于人的感觉器官具有一定的局限性，观察者往往要借助各种现代化的仪器和手段，如照相机、录音机、显微录像机等来辅助观察。

报刊栏服务系统设计

访谈法：访谈法是指通过访员和受访人面对面地交谈来了解受访人的心理和行为的心理学基本研究方法，是广泛用于设计学的研究方法。因研究问题的性质、目的或对象的不同，访谈法具有不同的形式。根据访谈进程的标准化程度，可将它分为结构型访谈和非结构型访谈。访谈法运用范围广，能够简单而迅速地收集多方面的工作分析资料。

个人物品清单(人工物)的调研：请用户列出拥有的、对自己重要的物品，作为用户生活方式的一个重要证据，这些物品可以很好地作为观察的素材以及访谈的话题，不断追问，可以帮助我们更好地了解用户的行为、认知和价值观。

三、聚合的方法

（一）什么是聚合

聚合，是指将分散的物质或信息汇聚到一起，从而得到新的物质或信息。如何对设计前期研究收集到的大量数据进行有效的聚合非常重要，聚合可以形成设计的目标。

在设计过程中，聚合是指专注于设计定义的提出、设计方向的确定，将具体世界中观察到的结果，整理总结为一个简洁的陈述性观点，这也是设计过程中最具挑战性与创造性的工作之一。这就要求设计团队能够从用户研究的结果（数据或是故事）中，凝聚出新的概念与框架，提炼出关键的洞察，以规划一个新的设计方向。

提及设计，就一定会提到“设计思维”（design thinking），如图 5-8 所示，其中的“define”环节至关重要。define（需求定义）是基于对用户行为与其背后原因的理解，一般通过观察、共情等方式获取，也可称为 point of view（POV）。define 在设计流程中多用来阐述用户的需求，界定需要解决的问题。界定正确的问题是创造正确解决方案的唯一途径。

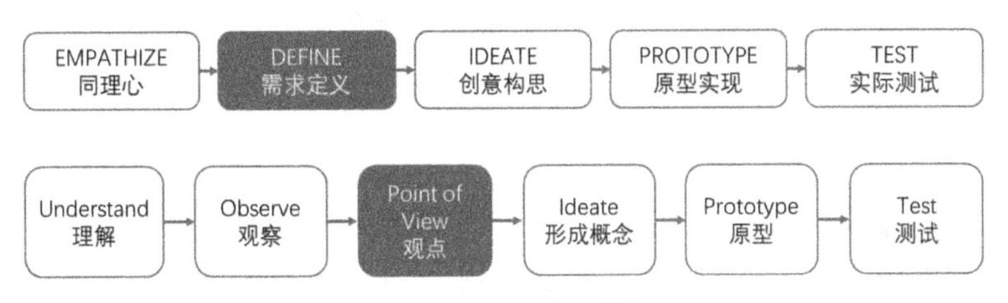

图 5-8 设计过程中的“聚合”

无独有偶，在经典的双钻模型中，同样将聚合过程视作重要的必经流程，且聚合结果更是起到承前启后的关键作用。如图 5-9 所示，在发现问题之后的第二个阶段，即为定义问题，也就是确定关键问题，这一阶段，设计师需要对用户当前最关注的、最亟待解决的问题进行聚合，同时根据设计团队的定位与资源环境进行取舍，最终将团队的注意力与精力聚焦到核心问题之上。

同样地，在本书第二章曾论述的“事理学设计思想”中，也将“聚合”描述为“精于归纳”，并置于设计完整流程的关键位置，如图 5-10 所示。归纳，是我们将分析的结果“合并同类项”的过程，将复杂的问题分析归类，能够帮助我们进一步加深对问题的认识。

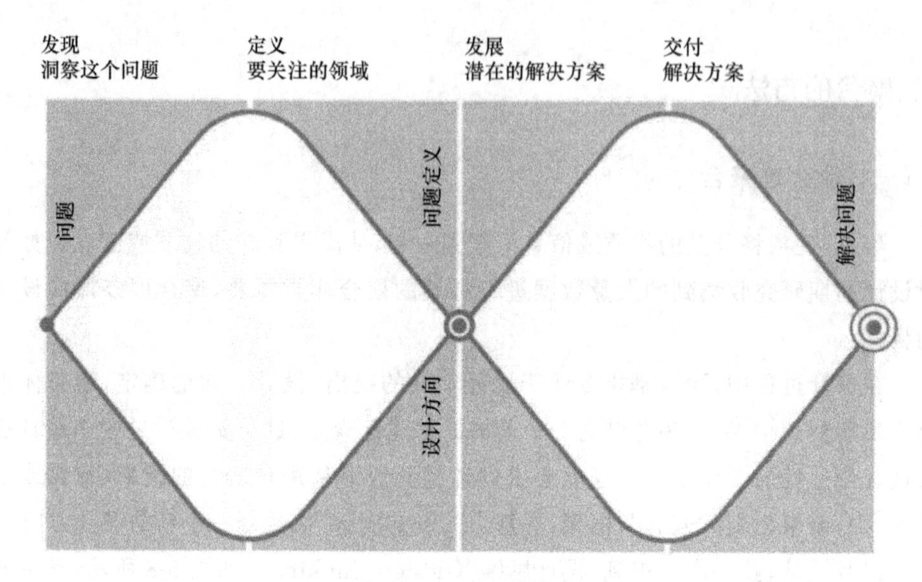

图 5-9 经典双钻模型

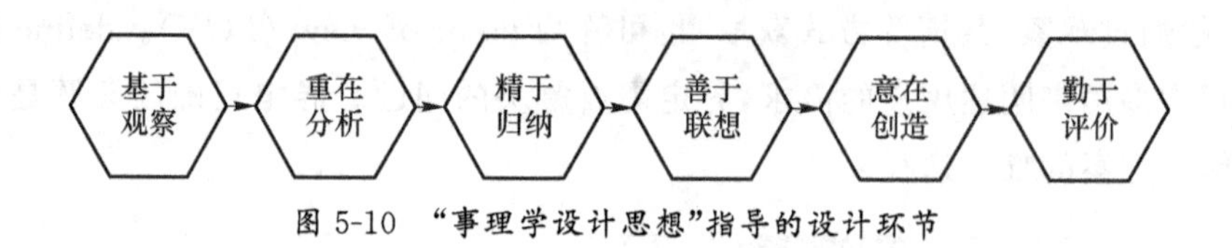

图 5-10 “事理学设计思想”指导的设计环节

(二) 聚合的方法

常见的聚合模型(synthesis models)包括:用户画像(persona)、案例分析(szenario)、概念图(concept map)、地理地图(geographic map)、楼层平面图(floor plan)、二二矩阵(two-by-two)、维恩图(Venn diagram)、利益相关者地图(stakeholder map)、时间线(timeline)、用户旅程图(journey)等,如图 5-11 所示。

接下来,本节将介绍两个较为常见的聚合方法:用户画像(persona)、二二矩阵(two-by-two)。

1. 用户画像

我们常见的用户画像(persona),属于聚合的方法之一。基于广泛、深入的用户研究,对一个虚拟的人物形象进行设计——包括但不限于这个虚拟人物的名字、年龄、爱好、所在地、口头禅等。在这一过程中,将观察和理解结合起来,最大限度地描绘出设计团队所理解并构造的角色,随后在设计过程中将继续运用这些角色。

用户画像是由 Alan Cooper(交互设计之父)最早提出的,我们可以将用户画像

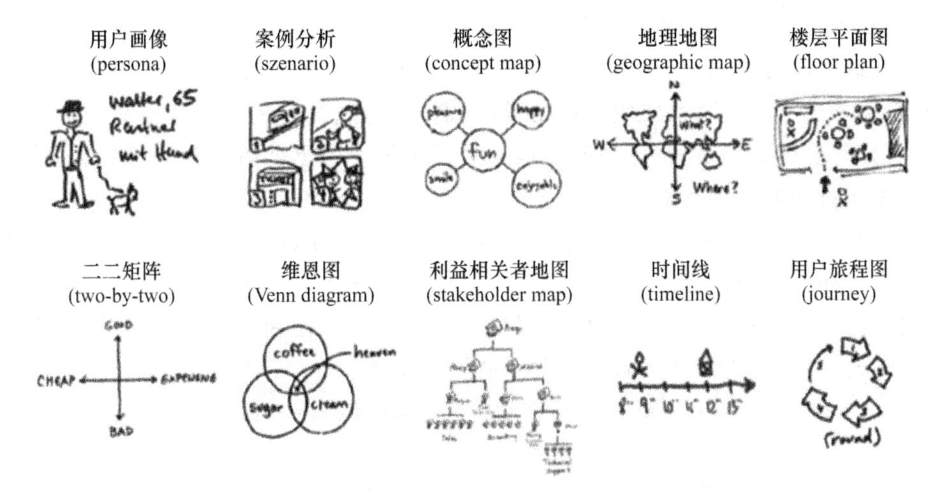

图 5-11　常见聚合模型

理解为，建立在一系列真实数据之上的、对于目标用户的虚拟代表模型。在设计组织或团队中，设计人员通过广泛而深入的用户调研获得对用户的初步了解，分析总结调研结果，根据用户行为、动机等特征的差异与共性，将它们进行区分，并总结为不同类型，最后在每一种类型中筛选出较为典型的特征，与照片、使用场景等信息相结合，最终得到一套完整的用户画像。

用户画像是用户特征属性的集合，并不具体指代某一个体，放置照片的目的也仅仅是为了让设计团队的不同成员能够更好地理解目标用户的属性，尽可能达到共情的效果。通常来说，用户画像一般包含 2～4 个不同的用户角色，也就是我们常说的目标用户群体，用户画像应当能够准确地描述出产品或服务的目标用户。

用户画像的制作过程包括以下六步：

(1) 调研你的目标用户(research your Ideal customer)

在明确目标用户的基础上，确定自己的研究范围，有针对性地挖掘真实用户身上的相关信息。开始调研有两种途径：一是通过用户数据调研，了解目标用户的常见类型、他们的特定需求，以及相关痛点问题通常是怎么解决的；二是与销售团队讨论目标用户的特点，例如他们有哪些共同点、他们面临的最大挑战有哪些、他们的价值观都是怎样的、他们是怎么成为目标用户或潜在目标用户的。

(2) 用户群体细分(identify customer segments)

通过此前的研究，设计师可以开始细分用户群体。根据用户的需求、特点、获取的产品或服务，将用户群体进行更为细致的区分。

(3) 与真实的用户交谈(talk to real people)

利用焦点小组或非正式半结构化访谈，了解真实用户的需求与痛点、喜欢与厌恶，并对细分的用户群体进行有针对性地提问与解读。

(4) 完成一份用户画像的基本介绍(complete a persona profile)

在这一过程中,设计师需要思考用户画像中的基本信息,例如他们的生活环境、教育背景、工作经验,他们的性格爱好、需求痛点、目标挑战以及人口统计学的基本信息,最重要的是,设计师要在这一过程中思考自己能够为用户做什么,能够给予用户哪些方面的帮助。

(5) 为你的用户画像赋予一个名字和故事(give your persona a name & a story)

将上述过程中产出的关于目标用户的信息转化成一个虚构的人,设计师需要创建一份个人资料,并精心构思一个故事,让用户画像栩栩如生,甚至最后作为一个真实的用户,成为设计团队讨论过程中的一部分。

(6) 使你的策略与你的用户画像相适配(match your strategy to your personas)

获得的用户画像将在多个方面指导后续的营销。设计团队根据用户画像决定他们最有可能接触到的营销渠道(如广告媒体、社交媒体、数字广告、传统广告等),以及最有可能与他们产生共鸣的信息,以此增加目标用户进行回应的几率。此外,营销的过程与评判标准也与用户画像息息相关。

2. 二二矩阵(two-by-two)

除上述方法外,可以普遍使用的聚合方法还有“二二矩阵”。“二二矩阵”即为具有横、纵两个维度的元素阵列的集合,也可理解为,元素组成的平面直角坐标系,如图 5-12 所示。

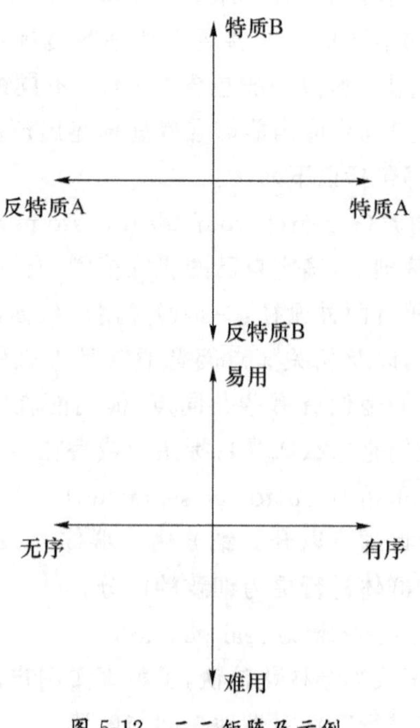

图 5-12　二二矩阵及示例

在数学中,矩阵是一个按照长方阵列排列的复数或实数集合。而在设计过程中,二二矩阵中的元素是前期调研获得的数据等。

构建二二矩阵的过程,类似于合并同类项的过程。首先,将搜集到的信息全面地罗列出来,可以利用白板或者便签纸等材料将全部调研获得的数据呈现出来,然后找到它们的共同特质,并将总结的共同特质作为"二二矩阵"的两个衡量维度,建立一个或多个矩阵。

如图 5-13 所示,当数据集中在二二矩阵中的某一个或某几个象限时,可以发现绝大多数的数据所具有的共同特质,或者根据空白象限的所在发现新的设计机会方向;而当数据分散在矩阵中不同象限,难以呈现明显规律时,可以考虑重新选择"二二矩阵"的横、纵两个维度,重复上述操作,直到从图上可以较为清晰地呈现研究发现。二二矩阵这种聚合工具可以帮助设计师与设计团队找到创新的目标。

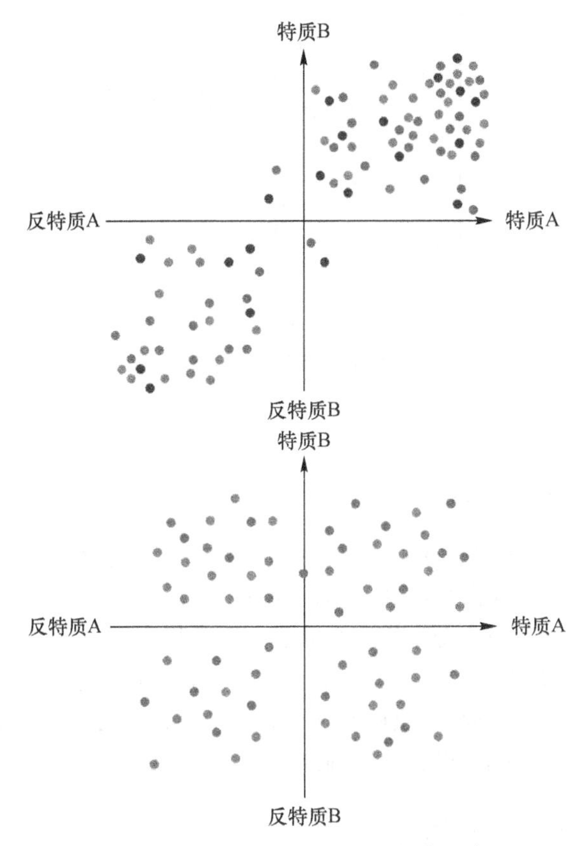

图 5-13　二二矩阵数据不同分布情况举例

此外,在《创造突破性产品》一书中,对二二矩阵也有所提及。书中介绍了一种产品定位图,分别以造型和技术为横、纵坐标:

如图 5-14 所示，造型和技术完整结合的右上角体现了产品主要价值的唯一位置，同时也是公司在竞争中为了抢得先机并脱颖而出所必须占领的位置。前面提到的所有突破性产品都位于定位图这一象限。然而，因为有了一个类似悬崖需要攀登的第三度空间，到达这一有利的位置并不容易。正如前面所说的，产品开发就像攀岩运动一样，这个陡峭的价值悬崖就是产品开发团队必须成功攀登的高峰。每一个发展中的公司都把到达这一最佳位置作为自己的策略，但往往因为找不到理想的方法和手段而失败。我们希望这本书能帮助您成功到达那里，也是我们所说的“移向右上角”。

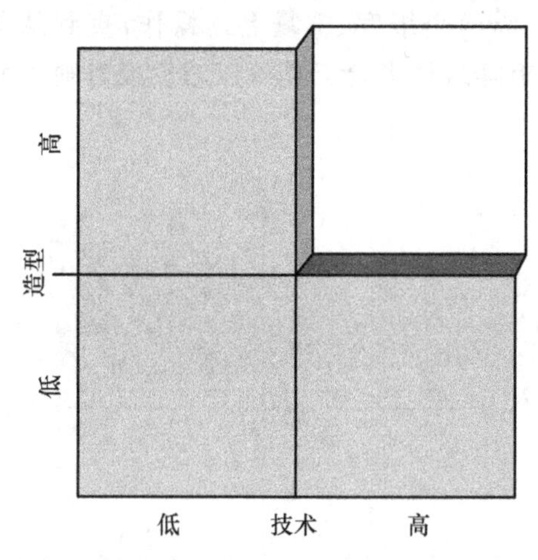

图 5-14　造型与技术定位图（卓越的产品是价值驱动型产品，并且位于右上角）

四、设计前期的认知偏差

认知偏差（cognitive bias）是一种常见的现象，它是指当我们思考问题或做决策时，大脑会产生一些偏离标准和合理性的思维倾向。这个过程多是无意识的，有时也会带来正面作用，如帮助我们在纷繁复杂的环境中节省思考时间，更高效地做出决定。但是在研究中，认知偏差容易导致研究发现的结论不准确。设计师都希望设计前期研究是客观、理性、反映真实情况的，了解常见的认知偏误可以帮助我们在工作中尽量规避它们，得出更准确的结论。

1. 常见导致认知偏差的因素

如图 5-15 所示，常见的导致认知偏差的因素有：

① 思维捷径，探索性步骤（mental shortcuts，known as heuristics）；

② 情绪（emotions）；

③ 个人动机(individual motivations);

④ 大脑处理信息能力的局限性(limits on the mind's ability to process information);

⑤ 社会压力(social pressures)。

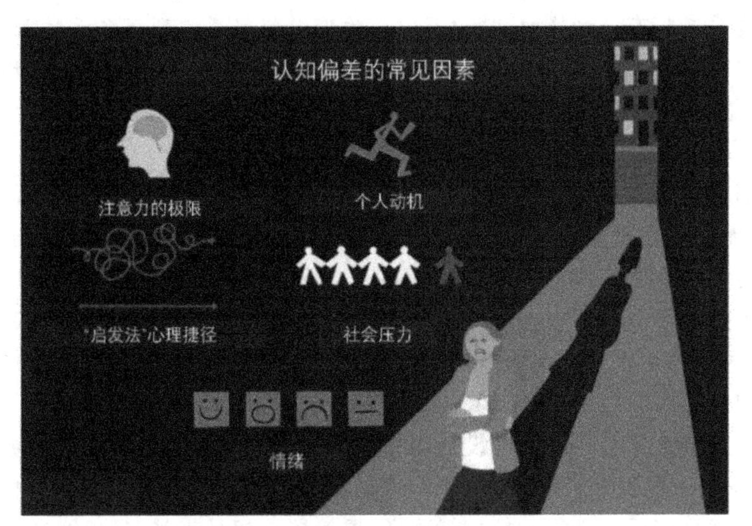

图 5-15 常见导致认知偏差的因素

2. 设计思维中的认知偏差

如图 5-16 所示,有三类九种设计师认知偏差类型。

认知偏差类型	描述	对结果的影响
预测偏差	站在过去预测未来	难以产生创新性的创意
以自我为中心的移情	以自己的想法推断他人,认为其他人跟自己有相同的想法	难以产生创造价值的创意
聚焦错觉	过于强调某一特定要素	难以从全局角度产生创意
热-冷差异	以当前的标准评价未来的状态	低估或高估创意
说/做差异	不能准确描述个人偏好	不能准确描述并评估未来的需求
规划谬误	过于乐观	对劣质创意的过度投入
假设确认偏见	"先入为主",寻找基于自己已有认知的假设的证明	证伪数据缺失,无法看到不一致的数据
禀赋效应	对早期解决方案的执着	深思熟虑的选择减少
可得性偏差	偏爱可以轻松想到的方案	低估了更多新颖的创意

图 5-16 认知加工缺陷及其对创新问题解决的影响

(1) 第一类:与决策相关

① 预测偏差(projection bias)

【描述】:站在过去预测未来。

【对结果的影响】:难以产生创新性的创意。

② 以自我为中心的移情(egocentric empathy gap)

【描述】:以自己的想法推断他人,认为其他人跟自己有相同的想法,从而高估这些观点的普遍适用性。

【举例】:有一种冷叫作"你妈觉得你冷",妈妈感觉到了冬天的寒冷,担心我们也会冷,于是催促我们穿秋裤,但可能年轻人并没觉得冷。此时妈妈的想法就带有虚假一致性偏差。

【对结果的影响】:难以产生创造价值的创意。

大部分技术和产品设计都免不了要对抗"功能蔓延"——即让产品越来越复杂,乃至无法正常操作基本功能。为什么遥控器上的按键数量总是超出我们实际使用的需要?要回答这个问题,首先得从工程师们体贴关切的出发点说起。

工程师看着一只遥控器模型,心里可能会想:"咦,这控制面板上还有这么多额外空间,内部芯片也还有些处理功能没用上。与其白白浪费,不如让用户通过按这个按键切换阳历和阴历。"

工程师出于好心——再增设一项很特殊的功能,让遥控器看起来更全能。团队里的其他工程师或许对这个功能不感兴趣,但并没有产生强烈的反对——"日历切换功能键没有用!必须去掉!"就这样,遥控器按钮越来越多,功能也越来越多。

在设计研究前期,虚假一致性偏差也属于以自我为中心的移情,如图 5-17 所示。

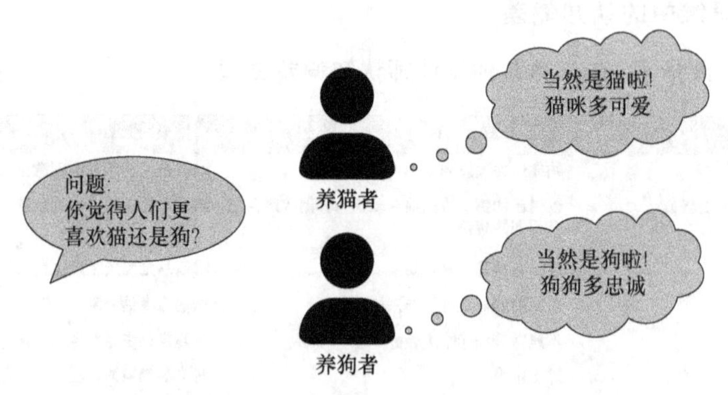

图 5-17 虚假一致性偏差

③ 聚焦错觉(focusing illusion)

【描述】:过于强调某一特定要素。

【举例】:一些顾客购买产品的时候,价格是决策时最重要的考虑因素。

【对结果的影响】:难以从全局角度产生创意。

20 世纪 60 年代,当时刚起步的电视公司美国广播公司签约转播全美大学体育协会的橄榄球赛。此前,电视的功能只是把比赛带到观众面前,体育现场广播员通常只是架起摄像机，调焦对准球场，静静等待赛事在眼前发生。由于画面单纯地聚焦于赛事，当时的球赛转播过于强调赛事本身，而陷入了聚焦错觉之中，导致只有橄榄球迷和比赛双方球队所在学校才会关注转播。

29 岁的鲁恩·阿利奇(Roone Arledge)作为前去报道的分派记者发现球赛转播尚有很大的改进空间。当前的画面只聚焦于球场、球员，而忽视了其他一切——热情的球迷、缤纷的色彩和热闹的现场……于是他给老板写了一份 3 页长的提案，公司给了他一个制作一集大学橄榄球赛的机会，试验他的新方法，试图让对球赛不感兴趣的观众也变得投入。阿利奇选定了场景，拍摄了本地球迷，扫视了大学校园，并热情地介绍了观众情绪、比赛双方和交战历史。他开创了具有跨时代意义的电视哲学：首先铺陈背景环境，告诉人们足够多的历史资料，让用户沉浸其中，代入自己的立场。

跳脱出某一特定要素、从全局视角产生创意也帮助阿利奇获得 36 个艾美奖，成为一代传奇体育运动报道的先驱。

④ 热-冷差异(hot/cold gap)

【描述】：以当前的标准评价未来的状态，决策时处在一个过于兴奋、情绪高涨的状态，而真实的消费体验发生在一个更加趋于理性、沉着的状态。

【对结果的影响】：低估或高估创意。

【应对措施】：

a. 收集深度数据。

b. 提高决策者在需求发现阶段更好地想象其他人的经验的能力。

c. 由多元化，多功能的团队来完成。

设计思想着重于将需求发现作为决策的基础；民族志、可视化和隐喻使用的一系列工具以及用于跨不同团队进行协作的工具包，可降低以自我为中心的同理心和聚焦错觉的影响，从而带来更多新颖、有价值的解决方案。

(2) 第二类：与用户或客户无法表达未来需求并无法提供有关新想法的准确反馈有关说/做差异 say/do gap

【描述】：不能准确描述个人偏好。

【对结果的影响】：不能准确描述并评估未来的需求。

【应对措施】：

a. 使用定性方法和原型设计工具，提高客户识别和评估自己需求的能力，如用户旅程图的设计工具。

b. 使用不依赖于用户诊断自己偏好的能力的方法，例如观察法。

设计过程着重于用户旅程等研究方法和原型设计等工具，可以帮助客户/用户更准确地描述他们的体验，从而有助于明确需求；参与者观察之类的其他工具减少了对自我报告的依赖。这些都减轻了说/做之间的差距，从而产生了更多有价值的想法和更准确的反馈。

(3) 第三类:与决策者检验他们提出假设的能力缺陷有关

① 规划谬误(planning fallacy)

【描述】:过于乐观。

【对结果的影响】:对劣质创意的过度投入。

② 假设确认偏见(hypothesis confirmation bias)

【描述】:"先入为主",寻找基于自己已有认知的假设的证明。

【对结果的影响】:证伪数据缺失,无法看到不一致的数据。

【举个例子】:如果一个人认为男女之间的思维方式没有差别,即便你向他展示非常强有力的证据证明男女有别,他不会重新考虑你的观点,而是很有可能忽视这些证据的存在,如图5-18所示。

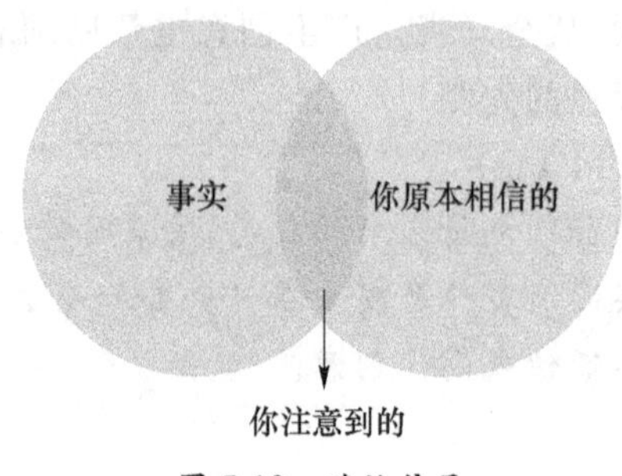

图5-18 确认偏见

③ 禀赋效应(endowment effect)

【描述】:对早期解决方案的依附。

【对结果的影响】:深思熟虑的选择减少。

Nigel Cross所著《设计师认知》中也明确指出:新手设计与设计专家的一个重要区别就在于,设计新手经常利用深度优先(depth-first)的方法解决问题,会陷入某个看似可行的解决方案无法自拔;而设计专家通常采用宽度优先(breadth-first)的策略,会果断放弃一个初期存在缺陷的解决方案。

④ 可(易)得性偏差(availability bias)

【描述】:偏爱可以轻松想到的方案,是一种心理捷径,依赖于在评估特定主题、概念、方法或决策时出现在某个人心中的直接示例。

【对结果的影响】:低估了更多新颖的创意。

【应对措施】:

a. 向决策者传授如何成为更好的假设测试者,如建立原型。

b. 坚持决策者必须有多种选择。

c. 决策者进行并反思市场实验的结果,如模拟一种"事后评估"(AER)。

设计思维以原型设计为重点,创建更生动的"预体验",并结合民族志等方法进一步确定详细的假设。

重点摘要

① 设计和研究的关系。
② 设计前期常用的研究方法。
③ 设计前期的认知偏差。

对话

学生：设计和研究之间的关系，这个话题很有意义，是不是可以说，我们大学低年级课程侧重于通过设计做研究，高年级课程侧重于为了设计的研究，研究生课程侧重于关于设计的研究。

老师：设计和研究的关系是一个很有意思的话题，有很多相关的文献，不只是局限于本节中所介绍的三种关系。大学低年级的课程侧重于培养学生的设计认知，且以感性认知为主，感性认知的培养主要是通过动手实践的方式，增加学生对材料、工艺、形式的感知能力。高年级的课程侧重于方法逻辑的训练，这种训练可以帮助学生解决相对复杂的问题，并且有低年级课程的实践铺垫，学生也会对一些方法、理论感兴趣。研究生课程更多的是就设计学某一具体问题展开深入研究，可能范围不广但是需要很深入。其实关于设计和研究的关系，我个人认为是一种共生的关系，要做好设计就需要用研究的心态去做，才有可能做好做深入。

学生：设计前期的研究发现是不是很关键？研究发现的结论可以帮助后面设计方案的顺利展开。

老师：作为一个完整的系统设计，我一直主张前期研究阶段要占整个系统设计工作量的大部分。前期研究需要认真深入，才会有很好的研究发现。前期研究就像在草丛中找钻石一样，设计师如果下了功夫，得到好的创意想法的感觉就像在草丛中找到钻石一样。

学生：怎么理解设计前期研究产生的数据？

老师：设计前期的研究有定性研究和定量研究，定量研究也是为了更好地定性研究。我们在课程上所讲的设计前期研究所产生的数据更多的是一些洞察，比如通过观察和访谈得到的一些词条。

学生：用户画像是虚构的，如何更好地理解用户画像？

老师:用户画像(Persona)的本来含义是“面具”,引申义为“面具”所表演出来的“角色”。角色具有典型性,代表了一类人,因此,用户画像也被翻译为“人物角色”“用户类型”,此概念为人们描述用户特征(用户是谁、用户有何需求、用户的行为偏好等)提供了一个工具。用户画像这个概念也非常符合现在的主流设计思想UCD(以用户为中心的设计)。对用户画像进行描述时需要注意用户的社会性特征,真实生活中人是社会的人。美国社会学家戈夫曼(Erving Goffman)认为人生就是一出戏,他因此提出了“拟剧论”,即社会和人生是一个大舞台,人们在社会生活中以不同的角色在进行表演。体验设计中也讲过类似的剧场理论,在做体验设计的时候,用户画像工具的使用非常重要。

学生:我们在做设计调研的时候随着信息的不断增加和综合,我们对问题的思考也逐渐全面,所以用户画像的得出不应该是一蹴而就的,而是经过反复迭代的,对吗?

老师:用户画像这个工具应该放在设计定义阶段,用户画像应该是前期设计研究的数据综合而成。用户画像可以说是设计目标的一部分,为哪个用户群体做设计,在设计目标阶段就应该明确。

学生:设计前期调研的部分相当重要,在设计前期阶段,设计师应该把自己置入被调研的人群和环境中吗?我们应该站在第三人称角度观察,还是设身处地体会?

老师:所谓第三人称视角就是系统视角或者是“上帝视角”。设计前期调研的时候,确实应该系统地看前期研究获得的数据,从整体角度去看前期研究获得的数据,这样更容易获得。

学生:在设计中我们应该如何避免认知偏差?是否存在需要利用认知偏差做设计的情况?

老师:认知偏差很容易不知不觉地影响设计策略,作为设计师,应该尽可能地避免这些偏差,所以经常提醒自己从系统视角去看设计,会更客观也会更深入。作为设计师还需要多看一些心理学和行为学的书,这些书可以为我们的设计实践提供理论来源和实践依据。利用认知偏差做设计主要是在设计前期研究阶段,需要了解一些常用的认知偏差,这样在做用户研究的时候,可以避免错误的引导。

思考题

① 设计研究前期聚合的常用方法有哪些?

② 设计前期的认知偏差有哪些？在设计实践中有哪些常见的认知误区？

本章参考文献

[1] JONATHAN CAGAN,CRAIG M. VOGEL. 创造突破性产品[M]. 辛向阳，王晰，潘龙，译. 北京：机械工业出版社，2018.

[2] CHIP HEATH,DAN HEATH. 行为设计学[M]. 宝静雅，译. 北京：中信出版社，2018.

[3] 柳冠中. 事理学方法论[M]. 上海：上海人民美术出版社，2019.

[4] PAUL HEKKERT,MATTHIJS VAN DIJK. VIP 产品设计法则[M]. 李婕，朱昊正，成沛瑶，译. 武汉：华中科技大学出版社，2020.

[5] PETER DOWNTON. Design Research[M]. Melburne: RMIT University Press,2003.

[6] MICHEL. Ralf. design research now[M]. Berlin:Springer Verlag,2007.

[7] NIR EYAL. Indistractable[M]. Dallas:BenBella Book,2019.

[8] NIR EYAL,RYAN HOOVER. 上瘾-让用户养成使用习惯的四大产品逻辑[M]. 钟莉婷，杨晓红，译. 北京：中信出版社，2017.

[9] 长町三生. 感性工学：一种新的人机学顾客定位的产品开发技术[J]. 国际人机工程，1995(15).

[10] 赵伟. 广义设计学的研究范式危机与转向[D]. 天津：天津大学，2012.

[11] 唐林涛. 设计研究：研究什么与怎么研究[C]//创新＋设计＋管理：2009 清华国际设计管理大会论文集. 北京：北京理工大学出版社，2009.

[12] 李砚祖. 设计新理念：感性工学[J]. 新美术，2003(04):20-25.

[13] SNOW 的谷雨 2H. 用户说的都是真的吗？这些陷阱要避开[EB/OL]. (2019-06-21)[2022-06-10]. https://jelly.jd.com/article/5d0c6e0762ff410159e048df.

[14] GLANVILLE R. Researching design and designing research[J]. Design Issues,1999,15(2): 80-91.

[15] BUCHANAN R. Design Research and the New Learning[J]. Design Issues,2001,17(4):3-23.

[16] SANDERS L,STAPPERS P J. From designing to co-designing to collective dreaming:three slices in time[J]. Interactions,2014,21(6):24-33.

[17] FRAYLING C. Research in Art and Design-Royal College of art Research Papers[J]. Royal College of Art,1993,1(1):1-5.

[18] NIGEL CROSS. Design research:A Disciplined Conversation[J]. Design Issues,

1999,15(2):5-10.
[19] LOIS FRANKEL,MARTIN RACINE. The Complex Field of Research:for Design,through Design,and about Design[J]. International Conference of the Design Research Society,2010:1-12.
[20] FRIEDMAN K. Creating design knowledge: from research into practice [J]. loughborough university,2000,1,28.
[21] JONAS W. Design Research and its Meaning to the Methodological Development of the Discipline[J]. Design Research Now,2007:187-206.
[22] STAPPERS P J. Doing Design as a Part of Doing Research[J]. Design Research Now,2007:81-91.
[23] LIEDTKA J. Perspective: Linking Design Thinking with Innovation Outcomes through Cognitive Bias Reduction [J]. Journal of Product Innovation Management,2015,32(6).
[24] BUSTER BENSON. Cognitive bias cheat sheet[EB/OL]. (2016-09-02) [2022-06-10]. https://betterhumans. pub/cognitive-bias-cheat-sheet-55a472476b18.
[25] ANYI SUN. 6 common cognitive biases UXers should know[EB/OL]. (2017-11-30)[2022-06-10]. https://medium. muz. li/6-common-cognitive-biases-uxers-should-know-750b8c7af1a8.
[26] HUNTER JENSEN. Don't Let Your Brain Deceive You: Avoiding Bias In Your UX Feedback [EB/OL]. (2017-12-12)[2022-06-10]. https://www. smashingmagazine. com/2017/10/avoid-bias-ux-feedback/.
[27] MICHAEL ECKSTEIN. Overcoming bias in research and product design [EB/OL]. (2017-01-07)[2022-06-10]. https://medium. theuxblog. com/overcoming-bias-in-research-and-product-design-f35a0d92496d.
[28] ADAM KIRYK. Overcoming Cognitive Bias in User Research[EB/OL]. (2017-09-08)[2022-06-10]. https://npr. design/overcoming-cognitive-bias-in-user-research-e4082f4506a.

第六章　系统设计的目标

"Designing something requires focus. The first thing we ask is what do we want people to feel?"

设计东西需要专注。我们首先要问的是我们想要用户感受到什么？

——乔布斯(Steve Jobs)

经济学关注财富的生产、配置和消费。设计是人类规划并实现满足自身物质需要的能力，同时，设计也催生意义——这样，设计的运行过程中产生了财富的源泉。

——约翰·赫斯科特(John Heskett)

一、设计目标

设计的本质意义常常归结为"人类有目的的创造性活动"，也就是设计活动的本元。可以发现，在这一定义中，设计活动具有两个关键特征，即目的性与创造性，正如柳冠中教授所言，"目的"与"创造"的关系可以概括为"目的是人创造的最终指向"。

目的是人创造的最终指向，比如，为了砍削树枝，先民创造了石器。随着人类社会的进化，人的目的开始分化，不再是简单地吃饱穿暖，人为创造的物的体系也开始激增，不同形态、不同功能、适应于不同环境与人种的生产用的工具、战斗用的武器、生活用的器物、祭祀用的神器、仪式用的礼器等开始出现。

设计具有"目的"性，换句话说，在做设计的时候需要明确设计目标，设计的起点往往始于一个定义不明的设计问题，或者是用户的一个模糊的需求。设计者需要用设计目标来为自己的工作指明方向。我们在设计研究前期的洞察最后导向也是设计目标，设计目标可以理解为双钻模型中间的那个点，也是系统设计前期的研究结论。设计目标一般是抽象的。

对目标和目标系统这两个概念的深入理解，有助于我们更好地展开设计。柳冠中教授指出，设计需要建立“目标系统”，这是认识复杂事物的一种有效途径。建立“目标系统”的前提是系统各要素都必须明确。对于商品（人造物的阶段之一）的设计评价来说，其外部要素包括主体（人）、客体（对象）和环境（条件），内部要素包括标准、方法、组织、程序等具体特征，外部要素制约着内部要素，并对内部要素产生影响，如图 2-5 所示。

> 窗帘、太阳镜、电焊工的面罩，这些看似风马牛不相及的“人造物”，在“防避强烈光线”这一点上，却有着统一的目标。鸡毛掸子、拂尘、抹布、吸尘器，目标同样是“消除尘土”。在历史上，或在未来，为了同一目标出现的或可能出现的“人造物”会有多种形式，它们所表现出来的不同、差异，恰恰是因为具体“目标系统”的不同。
>
> 目标是抽象的，而“目标系统”是抽象目标的具体化，也就是在特定的时空背景下，特定的文化、社会、人群为了达到“目标”所做出的适应性选择。目标系统既包含了外部因素的限定，又包含了内部因素的选择，而这些因素又是相互联系的，是个关联性系统，我们称之为目标系统。
>
> 目标是抽象的，目标系统是具体的，是设计定位的具体化。目标系统包括对外部因素的“适应”与选择内部因素的“合理”。这样的目标系统才是具体的某一件“人造物”存在的根据，同样，设计师的创造也应该是先定位清楚具体的“目标系统”，才能做到有的放矢。
>
> 目标系统的建立过程是对实现目标的外部因素限制的研究过程，也是从外部因素角度观察、分析、归纳实现目标条件的认知、描述过程。这样，形而上的、抽象的目标被具体化了、鲜活了、人文化了，即有了“主语”“谓语”“定语”“状语”和“宾语”，成为设计师可理解、可领悟、可联想、可形象化的“设计定位”；“概念设计”也就有了明确的方向；并以此作为“评价体系”去选择、组织、整合内部因素（原理、材料、工艺技术、结构和形态乃至造型细部）；“创意”也就因势利导、油然而生了。

柳教授对于目标和目标系统的论述十分经典，在做具体设计实践的时候，我们可以采用目标树法（objectives tress method）这种工具来把抽象的目标具体化为目标系统。

目标树是按照树形结构对目标或者设计标准进行组织的方法，它把不同的目标归类到更高级的目标之下。通过可视化的方式和分支层次来表示项目目标之间的逻辑关联。

在目标树中，大目标与子目标的关系为：

① 子目标是实现大目标的策略。

② 大目标是子目标的结果。

③ 子目标实现之“和”一定是大目标的实现。大目标之“和”则是最终目标的实现。

问题树：又称逻辑树、演绎树，是一种以树状图形系统地分析存在的问题及其相互关系的方法，在系统设计前期研究阶段是非常好的工具，它的原理是将问题的所有子问题分层罗列，从最高层开始，并逐步向下扩展。

目标树：是直接来源于问题树且与问题树有对等的结构。一个项目也有可能选择只处理整个问题树和目标树里面的某一些部分。

案例：公交车事故问题分析

如图 6-1 所示，在这个案例中，首先我们用问题树分析问题，确定主要问题是"汽车事故频发"。从汽车公司和道路系统的角度出发，将问题拆解成"司机素质不够""设备存在问题"和"道路环境存在问题"三个主要方面，而后又可以得出"司机缺乏训练""设备过于老旧""道路缺乏维护"等次一级的问题。在探究后果时，乘客的反馈则是"乘客的安全受到威胁"和"汽车经常晚点"两个方面，而这两个后果则最终会导致"乘客对交通系统失去信心""乘客经济上受到损失"。

在得到问题树后，我们将问题转为目标。

针对"汽车事故频发"这一主要问题，主要目标可以定义为"汽车事故显著减少"。将每个"原因"转为"手段"，核心是将问题树中的每个原因改为正向的表述，一一对应，比如"司机素质不够"对应"司机仔细并责任心强"。在结果层面，将"消极后果"转为"积极后果"，比如"乘客对交通系统失去信心"对应"乘客对交通系统恢复信心"。

在充分检视相互的逻辑性后，便得到了从问题向目标转化的具象逻辑系统，如图 6-1 所示。

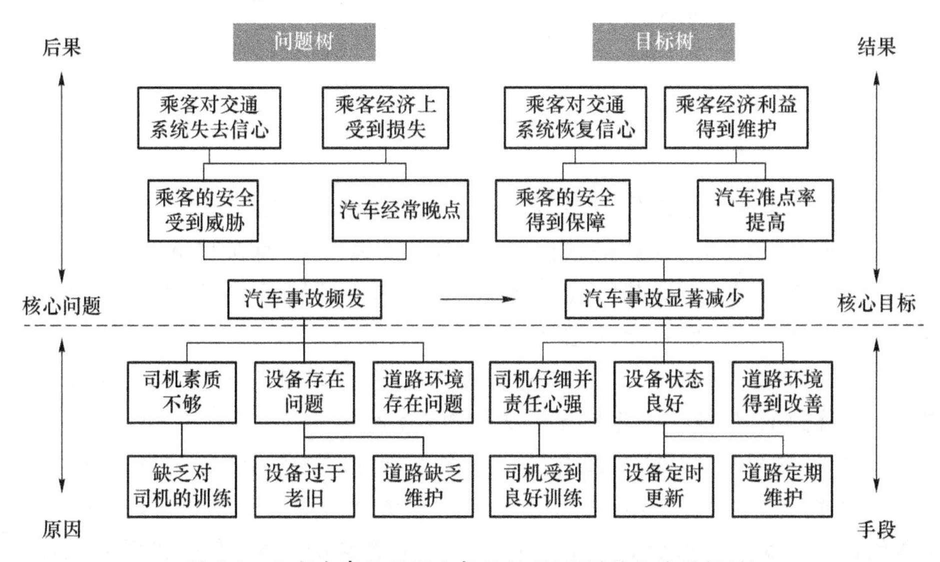

图 6-1 公交车事故问题分析示例(问题树转化为目标树)

案例：北邮 IP 形象——北邮 YoYo

北京邮电大学是教育部直属、工业和信息化部共建、首批进行“211 工程”建设的全国重点大学，是“985 优势学科创新平台”项目重点建设高校，是一所以信息科技为特色、以工学门类为主体、工管文理协调发展的多科性、研究型大学，是我国信息科技人才的重要培养基地，在业内被称为“信息黄埔”。但在校园品牌推广中一直欠缺一个完整、系统的切入点。“基于北邮校园 IP 形象的系列文创产品设计开发”这个项目致力于通过线上数字化模式打造一个特色鲜明的北邮品牌形象，在增强在校学生校园归属感的同时，对外输出一个具有影响力的校园 IP。

在做 IP 形象之前，设计团队面向北邮在校师生、校友、身边的家长朋友发放了 174 份关于对北邮文创制作的前期调查问卷，共回收 168 份有效问卷。问卷一共十道题，其中一题是“您觉得哪几个词与北邮具有最高的相关性？”有 68.45%的人选择了“信息黄埔”这个词，如图 6-2 所示。

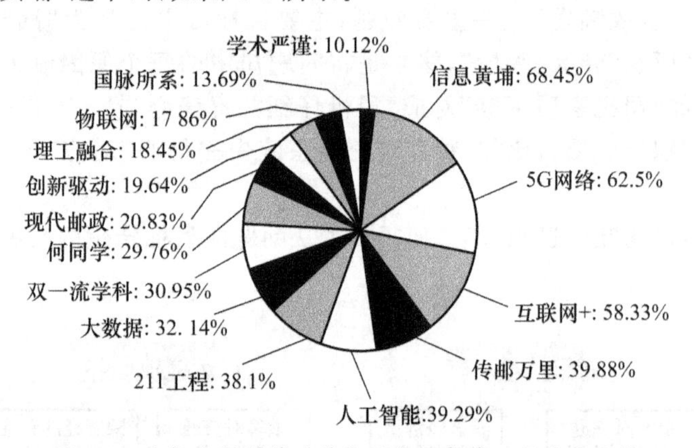

图 6-2　北邮文创制作的前期调查问卷第四题结果统计

设计团队得到的结论是，大家认为和北邮相关度最高的词语是“信息黄埔”，设计团队在做 IP 形象时就把“信息黄埔”当作大目标，把信息黄埔拆解成“信息”和“黄埔”这两个词，加上“北邮”，这三个核心词汇作为子目标，并把这三个子目标进行逐一拓展分解成次级目标，如图 6-3 所示。

设计团队通过对北邮文化元素进行资料整理、设计语言转化，经过多次迭代，得出了最终的 IP 形象——北邮 YoYo，如图 6-4 所示。

首先，设计团队从公众对北邮的普遍印象出发，将“信息”定义为“计算机”和“科技感”这两个方面。YoYo 腰带上的 0、1 元素代表着计算机语言，它的披风和头盔代表着速度，AR 眼镜代表着科技感。再来看它的军装、肩章和腰带，都代表着一个信息黄埔生雄赳赳、气昂昂的军人气质。此外，它的表情和神态都代表着北邮学生活泼可爱、勇于探索的性格色彩。头套和披风的北邮蓝以及身上的校徽，也都是明显的北邮元素。

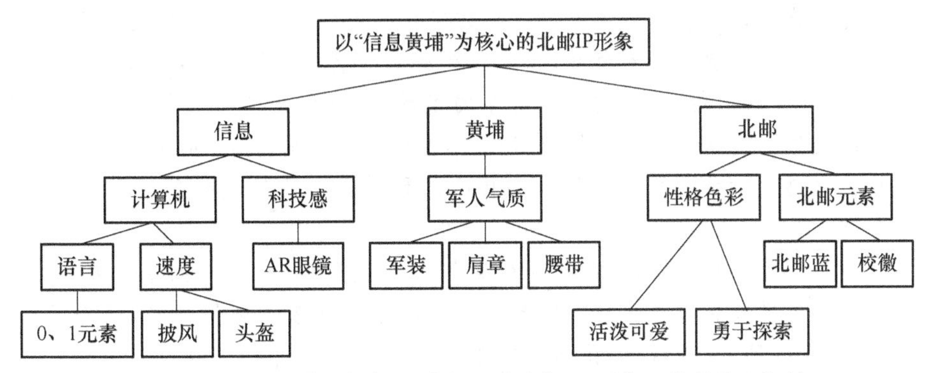

图 6-3　为设计以“信息黄埔”为核心的北邮 IP 形象而绘制的目标树

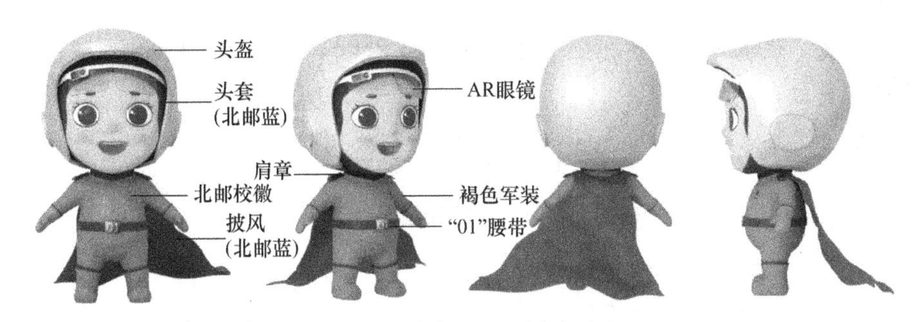

图 6-4　北邮 YoYo(北邮 IP)

二、设计价值

设计价值范畴是设计价值研究的基石，对设计价值的界定将决定整个设计价值体系的性质和方向。

价值，原是一个经济学术语，这一词汇在日常生活中也频繁地被使用。在经济学中，价值“就是指凝结在商品中的一般的、无差别的人类劳动。”后来，这一经济学术语运用到哲学研究中，发展出价值哲学。此后对价值问题的研究渗透到社会人文学科的各个领域，给研究者从新的角度观察思考社会生活的各个方面带来有益的启示。

在经济学中，价值的“着眼点是商品交换”，而在哲学中，价值的“着眼点是使主体人更趋完善”。两者强调的重点不同，所涉及的外延大小也不一样。从物与人的关系上看，商品能够交换，必定具有使用价值，使用价值强调的是物所具有的能供人使用的自然属性。正如马克思所说：“使用价值表示物和人之间的自然关系，实际上表示物为人而存在。”

使用价值之外，物对人还具有其他的潜在价值或内在价值，这是就哲学意义来说的。设计价值所要昭示的就是设计对人的某种意义或作用。

价值的边界是生活世界，我们所生存的世界，既是一个事实的、客观的世界，同时又是一个意义的、价值的世界，两者共同构成了人类生活世界的整体。价值与生活世界密切相关，生活世界的好与坏、苦与乐是都是价值问题，价值也总是作为一种生活世界现象才能够获得价值的现实形态。

设计的历史证明，任何社会在某个历史时期都流行一种主导性文化，这一主导性文化与这一时期的政治、经济、宗教有着密切的关联，社会风气、大众心理、生活时尚、民间信仰都以此为向导，设计价值的选择同样无法背离这一主导性文化。设计价值取向与当时的社会主导性文化密切相关。

设计价值取向是从如何生活得好的角度来决定如何设计，它有一个基本模式，如图 6-5 所示。

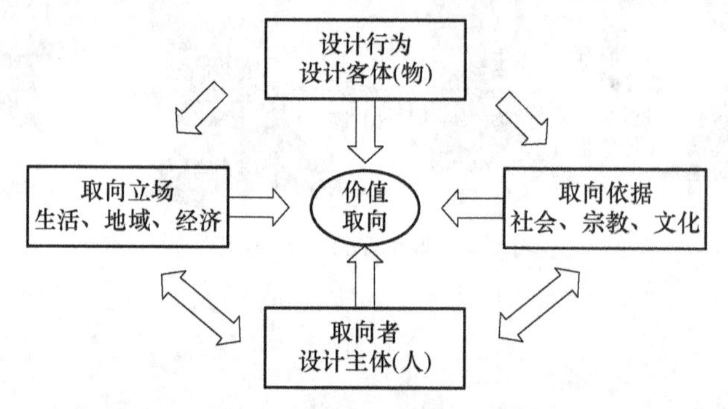

图 6-5　价值取向的基本模式

设计价值是在主体与客体间相互作用下所产生的一种关系。设计价值客体(物)，和设计价值主体(人)，都属于实体的概念。但价值是关系概念而不是实体概念，也就是说，价值不是客体物或主体人所固有的，而是在客体与主体的关系中产生的，是因物与人的关系而存在，由物与人相互作用的产物，这就是价值的关系概念。设计价值的存在是设计价值主客体认识和实践关系发展的最终结果，这也是设计主体需要和客体属性辩证地统一起来的必然结果。

Craig M. Vogel 教授在《创造突破性产品》一书中，对价值、价值机会、价值机会分析做了较为清晰的定义，如图 6-6 所示。

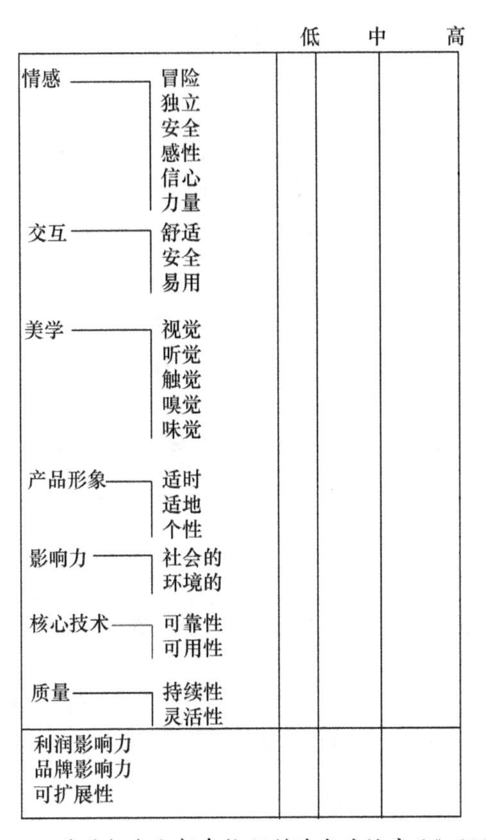

图 6-6 价值机会分析表格(《创造突破性产品》,2018)

① 价值(value):人们对产品和服务的期待,可以通过产品对生活方式的影响、功能特征和人机工程效应体现出来,最终发展成为一种有用的、好用的和吸引人的产品。

② 价值机会(value opportunity, VO):价值的属性(情感、交互、美学、产品形象、影响力、核心技术和质量),构成了人们评价产品的标准。

③ 价值机会分析(value opportunity analysis, VOA):对两种产品概念或产品机会所进行的价值机会各项属性的定性分析。

对于设计定义的价值结构,国外学者埃里克等在《哈佛商业评论》中发表过一篇文章——《价值金字塔》,文中分享了贝恩公司在过去 30 年的数十项定量和定性研究中总结得出的 40 种价值要素。金字塔从下到上分别为基本价值、功能价值、效用价值、情感价值、理想价值,如图 6-7 所示。

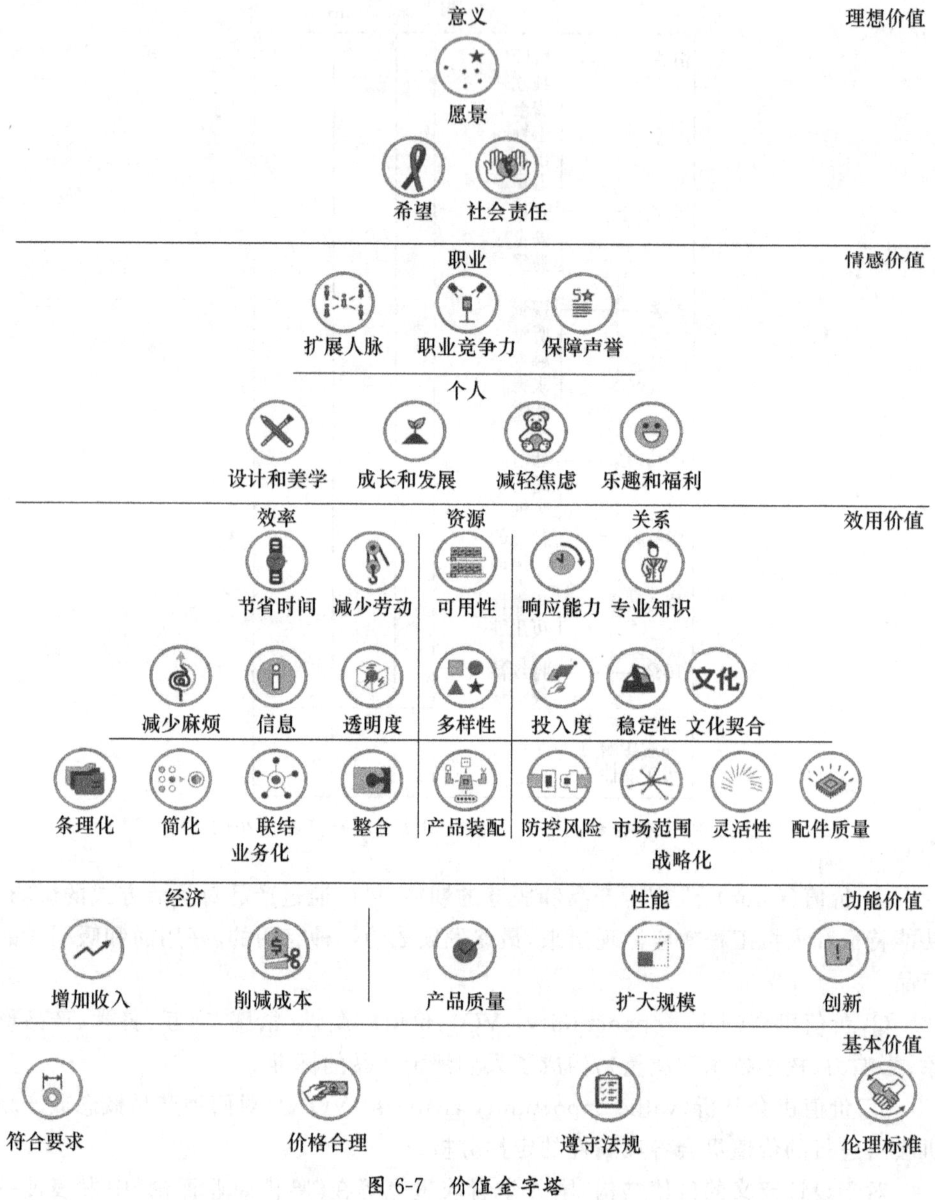

意义　理想价值
愿景
希望　社会责任
情感价值
职业
扩展人脉　职业竞争力　保障声誉
个人
设计和美学　成长和发展　减轻焦虑　乐趣和福利
效用价值
效率：节省时间　减少劳动　减少麻烦　信息　透明度
资源：可用性　多样性
关系：响应能力　专业知识　投入度　稳定性　文化契合
业务化：条理化　简化　联结　整合　产品装配
战略化：防控风险　市场范围　灵活性　配件质量
功能价值
经济：增加收入　削减成本
性能：产品质量　扩大规模　创新
基本价值
符合要求　价格合理　遵守法规　伦理标准

图 6-7　价值金字塔

基本价值，即必须满足设计的合理性与合法性，具体特征包括：符合设计要求、价格公道合理、遵守法律法规、符合伦理标准；**功能价值**，即设计物的经济与性能符合预期，具体特征包括：能够增加收入、能够降低成本、具有合格的产品质量、能够合理地扩大生产规模、具有一定的研发创新性；**效用价值**，即必须满足可用性标准，包含五个部分，分别是：能够提升效率、能够合理分配资源、能够优化人与人以及人与物间的交互关系、能够优化业务结构、能够符合总体战略目标；**情感价值**，即设计结果能够改善个人或组织的相关体验，例如，能够为个人提供更多机会、带来趣味、增益幸福，或者能够为组织扩展人脉、提高声誉；最高等级是**理想价值**，即设计追寻意义的能力，主要特征包括：设计结果能够带来希望、能够承担社会责任、且符合个人或组织愿景。

汪晓春、穆怡雯、王飞发表的论文《产品价值的平衡特性》着眼于辨证分析产品本身的内在价值模型，探讨设计中使用价值和情感价值的平衡性问题，讨论如何通过设计来平衡产品价值特性，以及价值的平衡特性在设计策略中的应用。

在以用户为中心的产品设计思想下，产品对于用户有着其特定的内在价值，设计的最终目的是尽可能地提升产品的价值。为了更形象地理解对于用户的产品价值，建立了这样一个模型：

$$V=\frac{F+U+A}{C}$$

其中，V(value，价值)，F(function，功能)，U(usability，可用性)，A(appearance，造型)，C(cost，成本)。

对于用户来说，产品的价值可以被认为是产品的功能、可用性和造型与生产成本的比值。通过以上价值模型可以看到，产品的价值(V)与产品的功能(F)、可用性(U)、外观造型(A)成正比，产品的价值(V)与产品的生产成本(C)成反比。

提升价值最直观的方法是降低成本，这也是大多数企业所想到的最直接途径。但是成本控制本身是有底线的，如果完全靠压低成本来提高产品的价值，那么会有一定的风险。这个模型也解释了为什么大多数企业在想到要去提高产品的价值的时候，总是最先想到尽可能地降低生产成本，但同时成本的底线也制约着产品在功能、造型上的提升。

相对于产品的价值模型而言，成本(C)在公式中起到了总体的调控作用，成本的细微变化可以影响到产品的整体价值。为了提升产品的价值，企业有必要综合考虑产品价值各要素之间的比例关系，去寻求这些要素之间的平衡性，从而获得产品的最大价值，而不是单一地去靠控制成本来提高产品价值。

假定在成本不变的基础上提高产品的功能(F)、可用性(U)、外观(A)，则可以在成本不变的前提下，大幅度提高产品的价值(V)。设计的最终目的是提高产品的价值，即 V 的提升。$V=\frac{F+U+A}{C}$，产品的功能(F)、可用性(U)和外观(A)三元素的单一提升或以不同的组合方式的提升都可以使产品的内在价值(V)得到提升。

三、设计定义

三种经典的设计思维流程模型——design thinking 设计五步法(如图 6-8 所

示)、设计思维六步骤(如图 6-9 所示)、双钻模型(如图 6-10 所示),都有设计定义环节,这个环节在设计思维中最为重要。在设计中,设计前期研究产生的数据聚合的结果往往以包括设计定义在内的总结形式存在,而一个简洁清晰、应用于复杂情况的设计定义,应当能够建立在两件事情的基础上:一是对用户群体的理解(独特的、移情的理解);二是对用户需求的洞察。

图 6-8　design thinking 设计环节——五步法

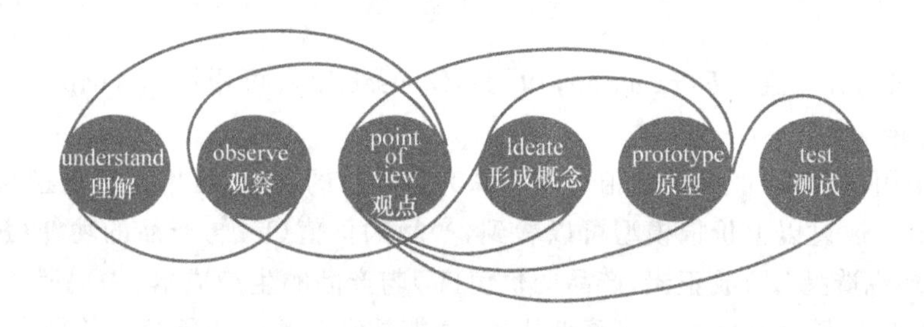

图 6-9　设计思维六步骤

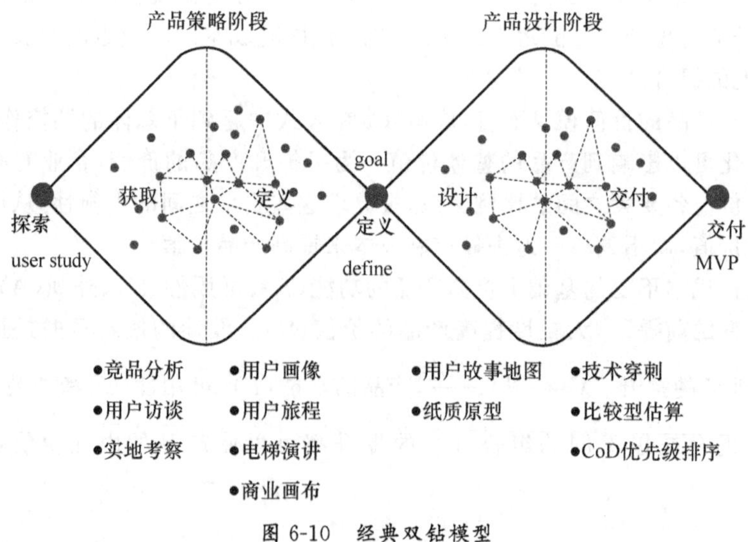

图 6-10　经典双钻模型

user＋need＋insight＝point of view

用户＋需求＋洞察＝设计定义

设计定义可以被看作是由功能定义、价值定义和目标定义所组成，具体在系统设计的过程中，针对不同的课题，侧重点可以不一样。如图 6-11 所示，功能处于顶层，通常指我们可以看得见、摸得着的具体表象，功能一词多指工业产品能够满足用户需求的具体特性，如消毒功能、保暖功能、储物功能等。接下来是价值层，可以对应于系统所要遵从的设计原则。而目标处于最底层，由系统中的核心关键词组成，在目标定义的过程中使用关键词来提炼主题、概念和策略有很大的好处，便于思维的聚焦和发散。就描述对象来说，功能更多是指物，而目标和价值更多是面向人。

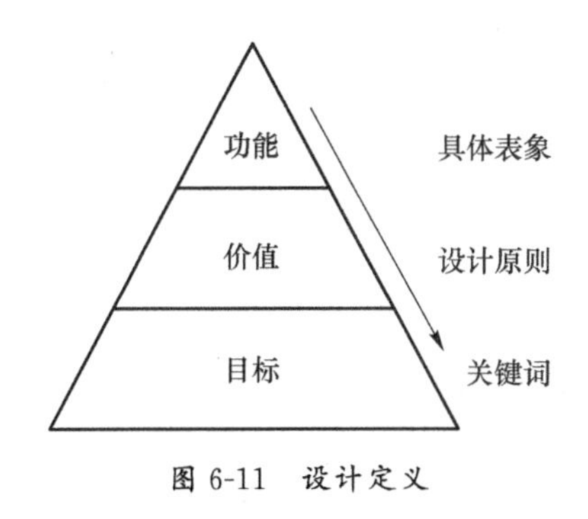

图 6-11　设计定义

目标定义通常情况下都是关键词组成的一句话，关键词的选择至关重要，不可太过具体，需要足够聚焦于本质，否则会限制设计者的思维。只有正确的目标定义才能使系统设计走向创新。

而在设计过程中，设计师应以设计目标为基础，进而确定设计的价值所在，并在目标与价值的指引下，明确具体功能。

如图 6-12 所示为学生的课堂作业的设计定义版面，可以清晰地看到从前期的设计研究导出问题和需求，然后提炼成关键词，形成设计定义的转化过程。

课堂练习：按照目标、功能、价值对如图 6-13 所示的词条进行分类，通过分类练习思辨这三个概念的差异。

目标（主体）：解渴、省时省力、舒适、温暖、饱腹、容身、联络他人、炫耀、虚荣、尊重、自我实现、他人认同

功能（客体）：盛水、快速移动、保暖、美观、遮蔽身体、遮风挡雨、通讯、拍照

价值（主客效应）：使用、审美、社会、经济、文化、生态

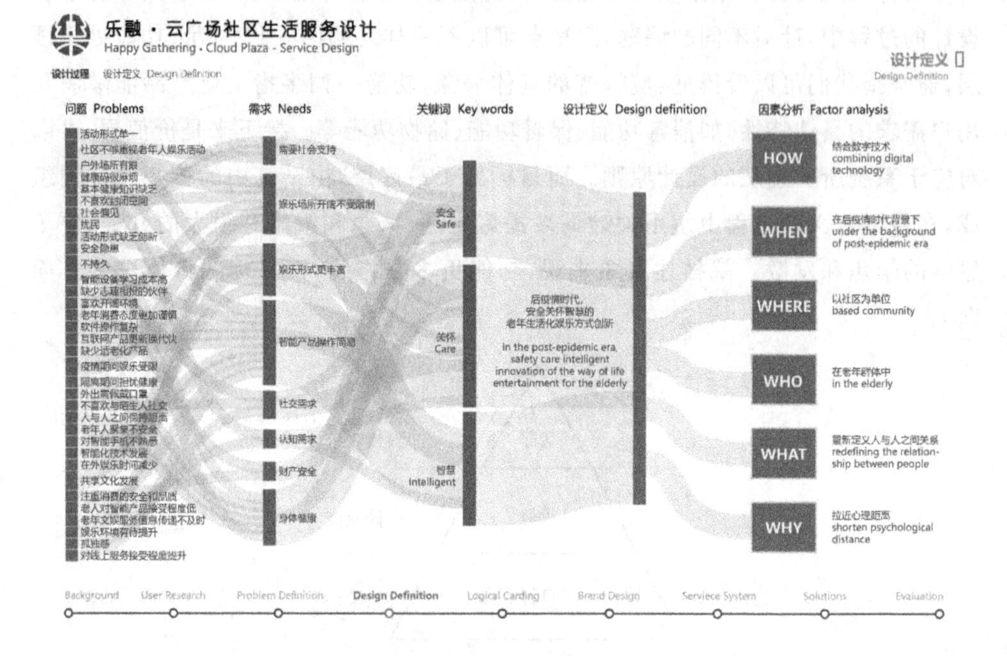

图 6-12　设计定义示例

文化	美观	容身
经济	保暖	社会
饱腹	舒适	审美
温暖	使用	解渴
通讯	盛水	生态
遮风挡雨	快速移动	遮蔽身体
省时省力	联络他人	通讯
拍照	炫耀	虚荣
尊重	自我实现	他人认同

图 6-13　词条

四、问题框架、解决方案框架、意义框架

框架作为帮助理解复杂情况的认知捷径，毋庸置疑，是一种较其他方法论而言可以更好解决抗解问题的方法。对于设计流程中的框架，常常可以看到三个不同的术语：问题框架（problem frame）、解决方案框架（solution frame）和意义框架（meaning frame）。

- 问题框架：在设计过程的某一特定时期可以指导团队行动、看待问题的共同视角。
- 解决方案框架：一种与设计相关、源于整个知识和理念体系的思想模型。
- 意义框架：理解设计师和设计团队创建项目愿景的方式并在早期创新阶段定义解决方案空间。

设计师在解决抗解或者模糊问题的时候，不会提前定义要设计什么或者解决方案怎么实施，而是建立一个框架——解决方案将如何在取得期望价值中发挥作用，创建一种新的理解问题的方式和新的解决问题的方向，且在将来可以被测试和扩展。

Louise Møller Haase 和 Linda Nhu Laursen 在研究问题框架和解决方案框架的过程中，从目的、组成部分、在设计团队中扮演的角色和时效四个方面对二者做了对比分析，如表 6-1 所示。

表 6-1　对比分析

对比项目	问题框架	解决方案框架
目的	一种新颖的问题可以被解决的出发点	为最终的解决方案创建一个合理的解释
组成部分	设计过程中以隐喻或语境为形式的一种创新的看待问题状况的视角	① 最终效果/终极目标 ② 特质的相关性和重要性（设计师关注点的优先级） ③ 设计的应用范围（问题范围、解决方案范围、资源限制） ④ 评价标准（新信息、特征和可能的解决方案概念）
在团队中扮演的角色	设计过程的某一特定时期可以指导团队行动、看待问题的共同视角	一种与设计相关、源于整个知识和理念体系的思想模型共识基础
时效	从被设计团队接受，就开始逐渐失去作用	为设计决策提供语境并指导设计过程

而意义框架的目的是，为给出的解决方案的设计推理和意义构建提供一种更好的理解方式，为设计决策提供语境并指导设计过程。构建意义框架的方法是在设计团队之中创造对于相关问题的共识（价值观、目标、评价标准）的方法，是一种具有可操作性的定义。

Dorst 指出，在设计过程中，面对一个抗解问题，我们并不知道应该通过一个什么样的媒介（what），也不知道通过怎样的方式（how）来达到一个什么样的结果（result）。但我们可以首先明确自己期望获得的价值。例如，若想要实现一个生态的产业链，应该去探索在当前的问题情境下（what）可以通过怎样的运行方式（how）实现这一价值，而构建期望价值和实现价值的方式手段之间的联系就是构建框架的过程，如图 6-14 所示。学生和新手设计师几乎随机地为“how”和“what”生成提案，然后找到确实会带来理想价值的匹配项；经验丰富的设计师往往会采用更加谨慎高效的策略来应对复杂的创意挑战，即提出与实现特定价值相关的“事物”及其“工作原理”。这些策略涉及开发或采用“框架”，即通过运用某种工作原理，我们将创造出特定的价值。

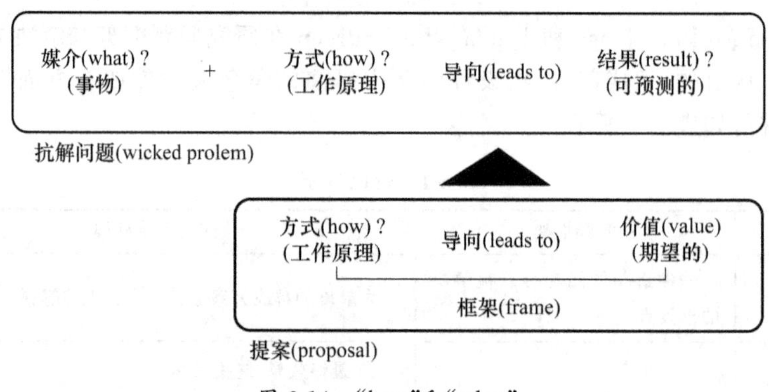

图 6-14 “how”和“what”

Louise Møller Haase 和 Linda Nhu Laursen 在 Dorst 对于问题框架定义的基础上，提出了一种更好地研究意义框架结构的定义，并提出意义框架是由几种不同的框架组成的，如图 6-15 所示。

① 问题框架提出一种构建问题的重要方向；

② 不同的解决方案框架整合起来去探索各种潜在的、可能的方向。

设计推理和设计原则包括期望价值、解决方案原则、描述性隐喻。接下来的案例可以很好地解释该意义框架在实际中的应用。

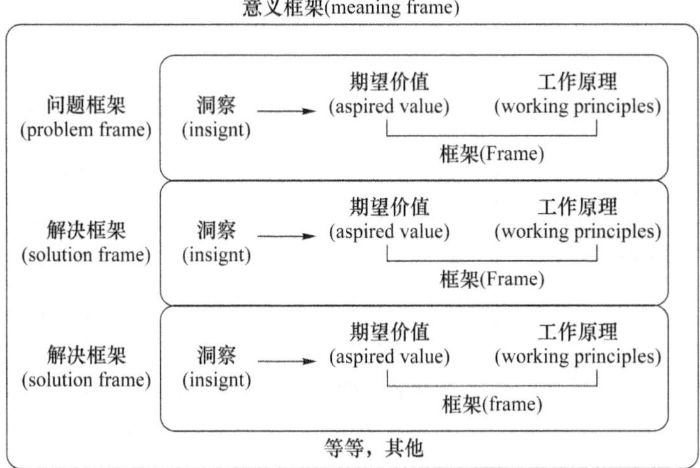

图 6-15　意义框架

案例：载重自行车设计

假设你现在要设计一款全新的载重自行车，它要与目前市场上的载重自行车有很显著的不同，你会怎么做呢？

Butchers & Bicycles 的设计团队交出了如表 6-2 所示的答卷。

表 6-2　Butchers & Bicycles 载重自行车设计

载重自行车设计	洞察	期望价值	隐喻/一句话论述	工作原理
问题框架	有孩子的城市骑行爱好者必须在改变他们生活方式的汽车和笨重的载重自行车之间做选择。	城市汽车的替代品；对儿童安全，对骑行者舒适；外观时尚。	电动自行车领域的特斯拉。	电动马达；儿童安全座椅可分隔式车厢；像山地车一样的倾斜座椅。
解决方案框架	由于载重自行车自重大，骑行者不得不在转弯处减速，以防止侧翻，损失骑行体验。	在保证可以运送儿童和货物的同时，追求骑行的平稳和速度。	像两轮车的三轮车。	为了在转弯时可以适度倾斜车身，将前轮作为转向轮。
	用户获得一种出行方式并可以保证每天使用。	方便购买、使用、管理和维护。	每天使用的工具。	• 有意义的选择：黑/白，有/无灯。 • 低维护成本：PU 皮革财材质，免费穿孔轮胎。 • 深思熟虑的互动：容易停车，停车时稳定。

续表

载重自行车设计	洞察	期望价值	隐喻/一句话论述	工作原理
解决方案框架	一个四口之家对这种自行车有大约5年的使用需求。	至少5年的生命周期。	质量可靠。	• 优质组件：彩色ABS材质。 • 经典的样式：没有季节倾向，只有黑、白两种颜色；独特的线条和简单的管结构，淡化复杂的前轮。

经过意义框架的分析，在关键见解、期望价值、隐喻和工作原则之间建立了联系，问题框架提出一种构建问题的重要方向，不同的解决方案框架整合起来去探索各种潜在的、可能的方向，最终诞生了这样一个创新性的产品——Butchers & Bicycles：MK1-E 载重自行车，如图 6-16、图 6-17 所示。

图 6-16　MK1-E 载重自行车

图 6-17　MK1-E 载重自行车

五、渐进式创新和颠覆式创新

系统设计走向系统创新的路径有两条，分别是渐进式创新（incremental innovation）和颠覆式创新（radical innovation）。本书前面所讲的知识都是渐进式创新。

- 渐进式创新："渐进式创新"背后便是 Don Norman 所推崇的"以用户/人为中心（user/human centric design）"的设计框架：迭代式用户研究阶段、一句话定义设计目标、快速原型验证结果、不断迭代反馈改进产品。

  ——坚持目标定义、在给定范围内的改进解决方案框架

- 颠覆式创新："颠覆式创新"通常情况下是难以预测的，它需要对目标进行重新定义，将"技术变革"和"意义变革"融入其中，从而达到新的高峰。

  ——改变目标定义、以前没有做过、直接改变框架

Don Norman 和 Roberto Verganti 在文章"Incremental and Radical Innovation: Design Research versus Technology and Meaning Change"（2012）中将这两种系统创新的路径比作是爬山，如图 6-18 所示，垂直维度代表产品质量，水平维度代表各种设计参数的选择。在系统设计中，从 A 点爬到第一个山顶 B 点的过程是渐进式创新，需要时刻坚持目标定义，进行迭代设计，将效益最大化；从 B 点过渡到 C 点的过程则属于颠覆式创新，抛弃原有的经验，重新定义设计目标，到达一个新的起点；而从 C 点爬到更高的山顶 D 点的过程再次属于渐进式创新。那如何才知道已经到达了山顶呢？Norman 等人在文章中对于这个问题有如下描述：

想象一下，一个被蒙住眼睛的人试图到达山顶，他在当前位置周围的各个方向去感受地面，然后逐步移动到更高的位置，重复直到各个方向的"地面"都低于当前位置：这个位置将是山顶。

Norman 等人以视频游戏为例向我们介绍了在颠覆式创新中技术变革和意义变革这两个维度是如何演进的。如图 6-19 所示，家用游戏机推出不久就被索尼的 PlayStation、微软的 Xbox 以及任天堂的 GameCube 三个主要玩家垄断了。当时主流设备为游戏控制器，只有熟练的玩家才能得到进入虚拟世界的特权，因此评论家和游戏玩家都表达了需要更好的图形和更快的反应的愿望，所以产品创新就朝着创造速度更快的处理器和质量更高的图形方向努力，微软和索尼也为此展开了一场技术大战。索尼推出的 PlayStation 和微软的 Xbox 都代表了技术的激进性创新，所以早期游戏从左下角沿着技术变革维度向上进行了移动。

还有一个变化就是引入了大型多人在线游戏和大型多人在线角色扮演游戏，这种转变构成了电子游戏玩法本质的重大变化，因此是沿意义变革维度的发展。在此期间，任天堂没有参与技术维度的角斗，而是集中在意义维度，为玩家开发具

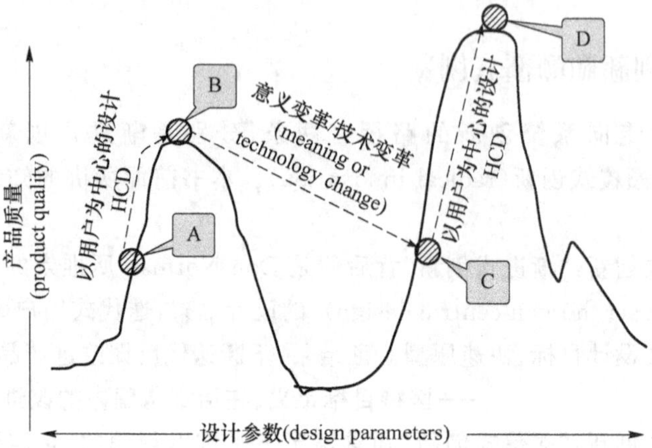

图 6-18　渐进式创新和颠覆式创新

有可玩性和过瘾性的游戏。他利用加速传感器和红外成像传感器发起了重大的意义变革，那就是开发大众化的游戏，并借此在熟练高手这一小众市场之外开辟了一块新的天地，让整个家庭玩体育、做运动、相互交流，而且这些过程不需要专业技能。通过简单的技术转变和巨大的意义转变的结合，任天堂重新定义了游市戏场。

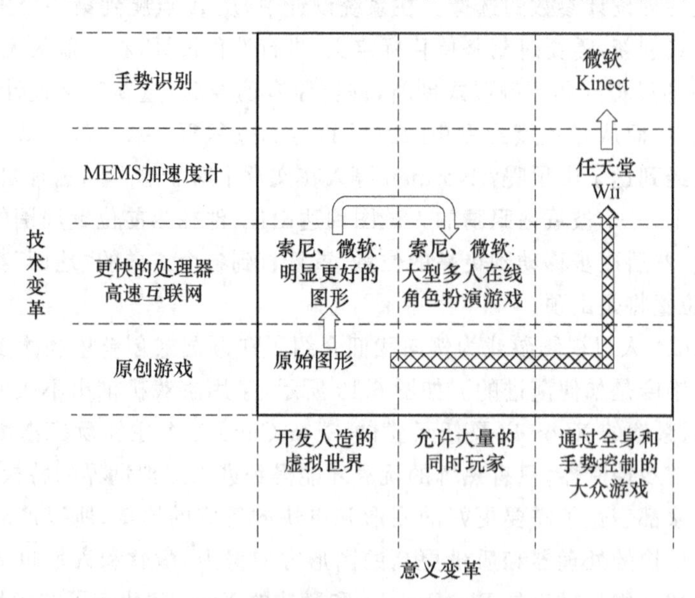

图 6-19　视频游戏中的技术变革和观念变革

在任天堂之前，几乎所有的游戏机厂商都已经了解到了 MEMS 加速度计这一技术，但是微软和索尼却选择了无视，因为他们的设计研究表明，小众的游戏高手需要更尖端的虚拟现实技术，而这些设备对他们瞄准的现有用户的需求并没有帮助。但任天堂却用它挑战了游戏机的意义,并为用户提供了突破性的体验,让他们从被动地沉浸在虚拟世界转变为主动地参与真实的世界。这个例子很好地说明了产品在技术和意义两个维度所界定的空间内是如何移动的。

以用户为中心的设计的开创者之一的 Norman 还指出,设计研究所带来的创新多为渐进式创新,创新应该从接近用户开始,对用户的活动进行观察。尽管如此,设计研究仍然可以带来颠覆式创新,但是需要将目标定义为重新深刻诠释产品意义,重新诠释那些对人可能有意义的对象。

除此之外,混沌大学(混沌研习社)的创办人李善友在其著作《第二曲线创新》中提出"用第一曲线原理跨越非连续性,实现第二曲线创新",这与前面提到的渐进式创新和颠覆式创新的思想不谋而合。如图 6-20 所示,李善友在书中对其有如下描述:

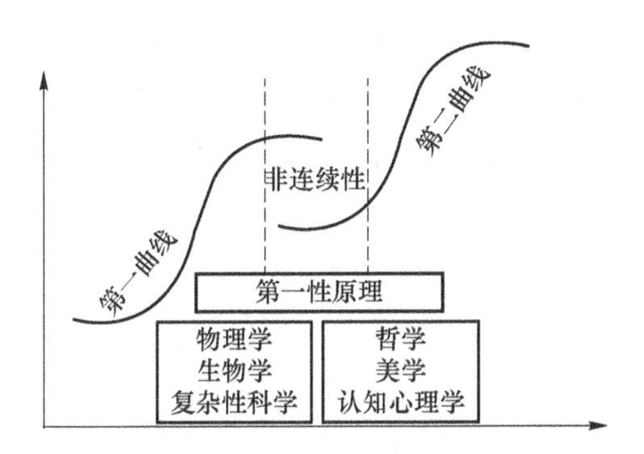

图 6-20 混沌大学创新模型图(《第二曲线创新》)

大家理解的创新是渐进式创新,我把它描述为第一曲线,沿着第一曲线的渐进式创新,可以带来10%甚至百分之几十的增长,而我们认为,只有第二曲线创新才能带来10倍速的增长。

第二曲线创新并不是对第一曲线的改良,而是重新开启新的曲线。这个理论虽然美好,但是两条曲线中间存在鸿沟,我称之为"非连续性鸿沟"。事实上,企业在第一曲线越成功,就越难转换到第二曲线,我将其称为人类思维的"阿喀琉斯之踵",创新最难解决的就是非连续性鸿沟的问题。

可以看出,李善友所提到的"非连续性鸿沟"就是我们所谓的"颠覆式创新",想要解决非连续性鸿沟的问题或者说实现颠覆式创新,最重要的就是改变目标定义,由此也可看出设计目标定义在系统设计走向系统创新中占有核心地位。

案例：对词语下定义

下定义是一种用简洁明确的语言对事物的本质特征作概括的说明方法。“下定义”必须抓住被定义事物的基本属性和本质特征。

试着从“健康”“幸福”“成功”和“财富”中，挑选一个词进行新的定义。

评价标准(要求)：

① 分析、发散要尽可能多。(头脑风暴)

② 综合、分类要完整\角度可以多维\新颖。(树形图、二二矩阵)

③ 定义成一句简单的话。(内容需要包括：基本属性、本质特征)(二手资料调研、一手资料调研、眼见不为实(现象到问题的转化))

④ 要求注意图面的简洁和设计感，需要将整个过程表达出来，表现技术可以是视频或者图片。(图片规格：A3 幅面一张，分辨率 300dpi)

在课堂上，学生根据上述要求对“幸福”和“财富”进行了定义，如图 6-21、图 6-22 所示。

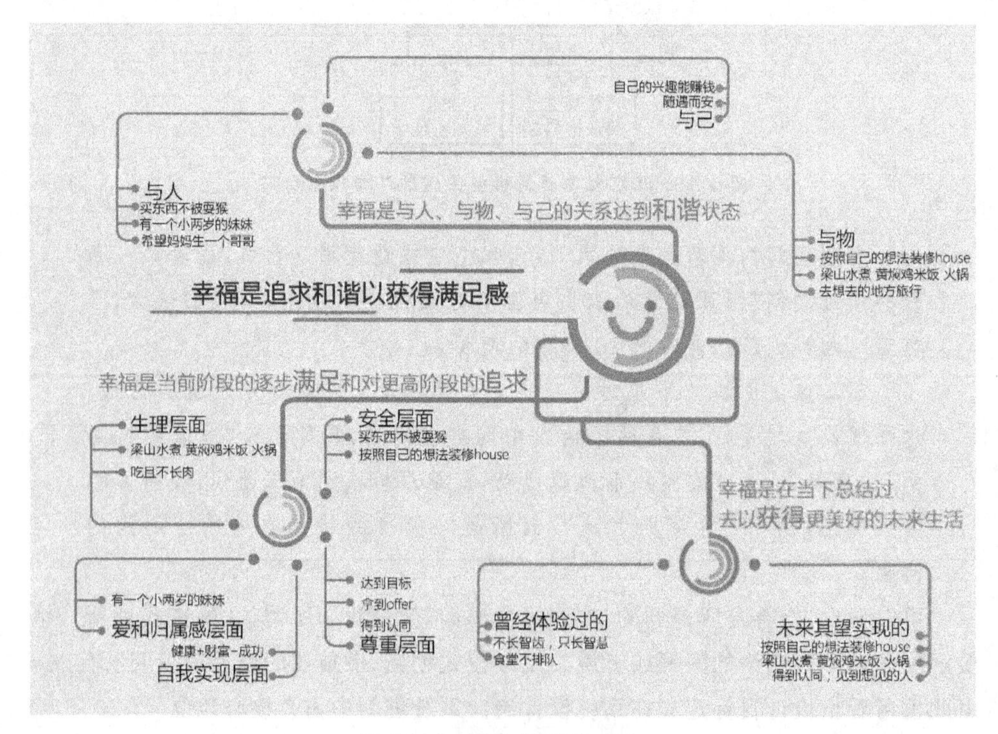

图 6-21　对“幸福”进行定义

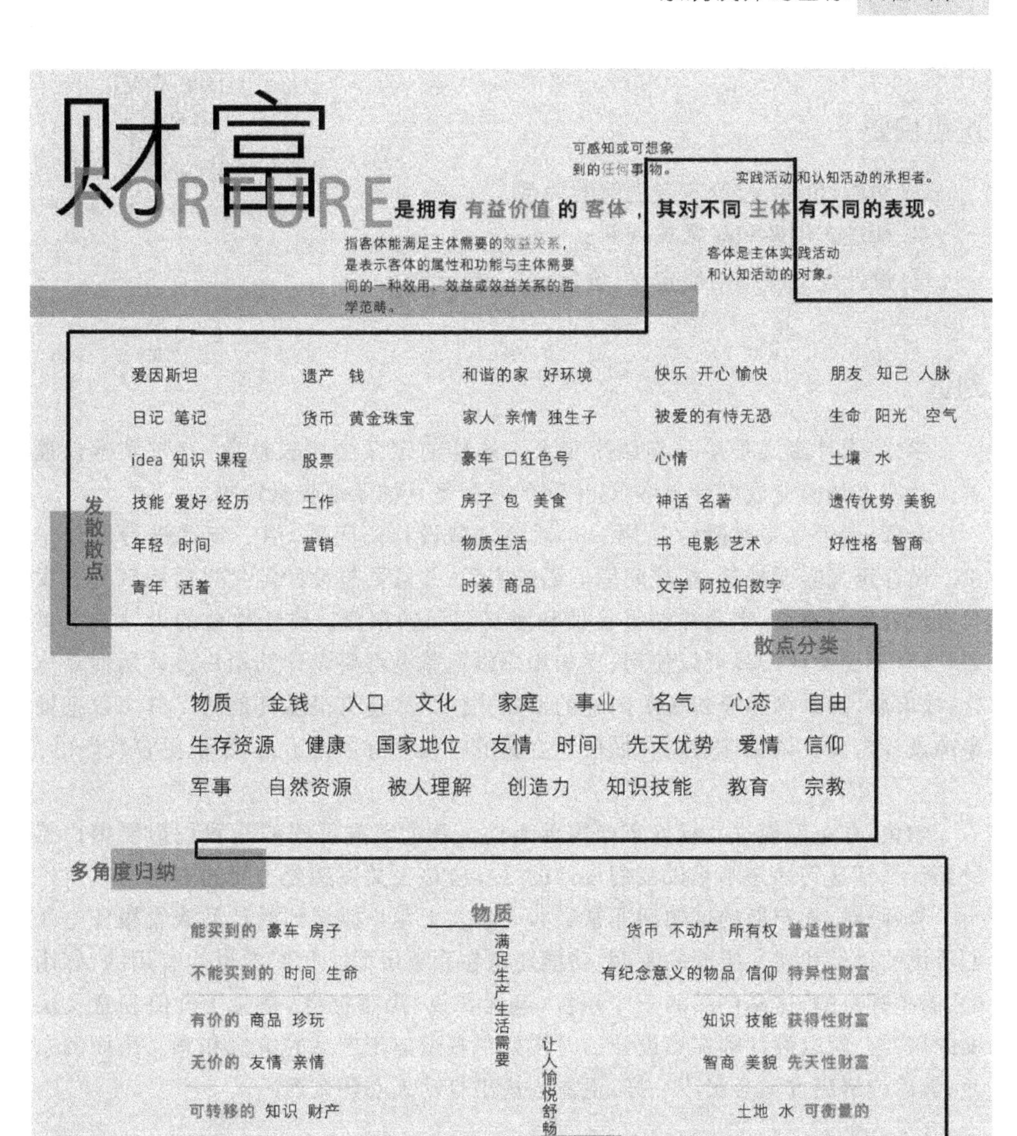

图 6-22　对"财富"进行定义

重点摘要

设计定义-什么是"健康"

① 功能、价值、目标三者之间的关系。
② 渐进式创新和颠覆式创新。
③ 设计定义包括功能定义、价值定义、目标定义。

对话

学生:设计定义是用一句话来定义。这样的定义会比较抽象,有时候难以理解。从定义如何变成设计方案,这中间的过程是从抽象逐步具象吗?

老师:老师经常鼓励学生用一句话说清楚设计的问题,用一句话进行设计定义。设计定义需要抽象,抓住问题后面的本质,并且要想设计定义之后的解决方案具有较好的创新性,定义往往是价值和意义层面的东西。要让抽象的设计定义具象化,有不少设计工具可以使用,比如用户画像就是将要设计的用户群体属性具体化,故事版、场景描述等就是对问题的形象化。当然还有很多其他的工具可以把抽象的设计定义具体化,这样,在做设计方案的时候就有依据了,方案也更容易产出。

学生:乔布斯说过,"设计东西需要专注。我们首先要问的是我们想要用户感受到什么?"这句话是不是说我们设计的目标应该更关注感受方面的东西?

老师:对,乔布斯的这句话非常经典。事实上用户感受到的产品或者服务是我们所说的价值和意义层面的东西,功能还是在表象层面。我们常说的有用的、好用的、渴望拥有的,这是产品的三个层次,毫无异议"渴望拥有"是关于价值和意义层面的东西。所以设计师在做设计的时候如果多聚焦于产品的价值和意义层面的东西,最后的解决方案会很不一样,更能创造出打动人心的东西。

学生:设计定义是对设计目标的精炼描述,我们后续进行设计的时候需要考虑该描述中的所有角度,还是选择其中一个进行改进或创新?

老师:设计是有限理性的,有限理性理论认为决策主体以满意性和适应性为原则,在认知能力有限的情况下寻找到有限的备选方案,而设计活动也具有这样的特点。所以设计定义只对一两个创新点做精准的定义就可以。

学生:创新是设计中的永恒命题,我们在审视设计定义时,该如何挖掘出可能存在的创新点?

老师:设计定义往往直接决定了解决方案的创新性,设计定义越本质、越接近价值和意义层面的东西，设计目标越精准。这样的设计案例很多，大家可以浏览一下国际顶尖设计公司 IDEO、Frog 公司的网站里面介绍的设计案例，网站上大部分创新的案例设计定义都很精准。

学生：设计定义是否存在定义不够全面的情况？

老师：设计定义在整个设计流程中是非常重要的一个环节，直接决定了设计方案的创新。设计定义不太可能非常全面或者非常完美。设计是有限理性的，是满意解而没有最优解。譬如，我们的课程大作业，不同小组针对同样一个课题，设计定义是不一样的，解决方案自然也不一样。

学生：做出颠覆式创新很难，日常学习和设计实践中如何培养创新的能力？

老师：建议多做本质思考，多做价值和意义层面的思考，这样的思考有时候过于抽象，听起来像“鸡汤”，但是对于提升设计师的认知能力很有帮助；还需要多从其他学科汲取营养，各学科之间是相通的，特别是在原理和本质上是相通的。

思考题

① 功能、价值、目标如何有效地统一在设计定义里？针对不同的设计问题三者是否有所侧重？

② 设计前期系统研究可以带来渐进式创新，如果要颠覆式创新，需要将目标定义为重新深刻诠释产品意义，重新诠释那些对人可能有意义的对象。价值和意义对于颠覆式创新中的设计定义来说非常关键。

本章参考文献

[1] JONATHAN CAGAN，CRAIG M VOGEL. 创造突破性产品[M]. 辛向阳，王晰，潘龙，译. 北京：机械工业出版社，2018.

[2] JOHN HESKETT. 设计与价值创造[M]. 尹航，张黎，译. 南京：江苏凤凰美术出版社，2018.

[3] NIGEL CROSS. 工程设计方法：产品设计策略[M]. 吕博，胡帆，译. 北京：中国社会科学出版社，2015.

[4] 柳冠中. 事理学方法论[M]. 上海：上海人民美术出版社，2019.

[5] 李立新. 设计价值论[M]. 北京：中国建筑工业出版社，2011.

[6] 李善友. 第二曲线创新[M]. 北京：人民邮电出版，2019.

[7] 汪晓春，穆怡雯，王飞. 产品价值的平衡特性[J]. 包装工程，2006，27(5)：4.

[8] NORMAN D A, VERGANTI R. Incremental and Radical Innovation: Design Research vs. Technology and Meaning Change[J]. Design Issues, 2014, 30(1): 78-96.

[9] STEWART C J. The reflective practitioner: How professionals think in action: Donald A. Schon, Basic Books, New York, 1983 [J]. Patient Education & Counseling, 1984, 5(3): 145.

[10] DORST K, CROSS N. Creativity in the design process: co-evolution of problem-solution[J]. Design studies, 2001, 22(5): 425-437.

[11] DORST K. The core of 'design thinking' and its application[J]. Design studies, 2011, 32(6): 521-532.

[12] HAASE L M, LAURSEM L N. Meaning Frames: The Structure of Problem Frames and Solution Frames[J]. Design Issues, 2019, 35(3): 20-34.

[13] CHRISTIAANS H. Creativity in design[D]. Delft: Delft University of Technology, 1992.

[14] 简十一. 什么是设计？设计的本质是什么？[EB/OL]. (2021-01-08)[2022-02-21]. https://www.zhihu.com/question/19581185/answer/670846753.

第七章　系统设计工具

机器是改造世界的工具，仪器是认识世界的工具。

——王大珩

子曰："工欲善其事，必先利其器。居是邦也，事其大夫之贤者，友其士之仁者。"

——《论语》

如图 7-1 所示，巴别塔(或意译为通天塔)本是《圣经》中的一个故事，说的是人类不同语言的起源。在这个故事中，一群只说一种语言的人在"大洪水"之后从东方来到了示拿地区，并决定在这修建一座城市和一座"能够通天的高塔"；上帝见此情形就把他们的语言打乱，让他们再也不能明白对方的意思，并把他们分散到了世界各地。

图 7-1　老彼得·勃鲁盖尔所画的《巴别塔(1563 年)

这个故事给我们的启示是修造工程因为语言沟通的问题发生纷争而停止，人类的力量就消失了，通天塔的修建半途而废，团队没有默契，不能发挥团队绩效，最后造成巴别塔的修造失败。同样地，设计离不开多学科的成员之间的合作，多学科成员之间合作的前提是沟通有效且高效，这个时候设计工具就变得尤为重要。对于设计师而言，设计工具的重要性不言而喻，它如同吃饭时的筷子、喝汤时的勺子、走路时的鞋子，合适的设计工具可以帮助设计师提高工作效率。

做系统设计的时候，搭建系统的理论框架固然重要，但想要确保有高质量的设计产出，设计工具对于设计师来说也尤为重要。本章选择了常用的几个工具加以介绍，分别是移情图、情绪板、用户体验地图、服务蓝图和商业模式画布。

一、移情图

移情是设计思维(design thinking)的第一步，现在大家所讲的设计思维主要是移情(emphasize)、定义问题(define)、探索想法(ideate)、设计原型(prototype)、测试验证(test)。移情也是设计思维中非常重要的概念，在第一阶段(empathy)：研究人员是通过二手资料、一手资料、眼见不为实来了解及寻找用户及其被隐匿的需求，对用户移情是前期设计研究的底层逻辑。

移情(emphasize)也称为共情、同理心、换位思考，美国心理学家、人本主义创始人卡尔·罗杰斯(Carl Ransom Rogers)在1975年发表的“Empathic—An Unappreciated Way of Being”论文中阐述了其概念：移情指的是一种能深入他人主观世界，了解其感受的能力，代表着一种换位思考的能力，重点在于“站在对方的角度”。

移情包含认知成分和情感成分，即移情是个体由于理解了真实的或想象的他人的情绪而引发的与之一致或相似的情绪体验。这是一种替代的或间接的情绪反应能力，是个体能够以他人为中心、识别和接纳他人的观点并能够亲身体验他人情绪的一种心理过程。

移情非常有效的一个方法，就是“装扮”成用户，穆尔(Patricia Moore)是一位国际知名设计师、老年学专家以及消费者行为专家。1979—1982年，为了能切身体会到衰老给人带来的影响，Moore装扮成老年人在北美洲旅行，如图7-2所示。Moore的客户包括NASA、强生、辉瑞以及宝洁等，她为北美、欧洲和日本的医疗机构进行了超过300个物理医学和康复环境设计，因此被*i-D*.杂志评选为全球最具社会关怀的设计师之一。Moore还出版了*Disguised: A True Story*、*Ageing, Ingenuity & Design*以及*The Business of Aging*等书籍。

在课堂上，老师带领学生做老龄课题，学生这个群体是年轻人群体，很难设身处地理解老人，学生在为老人做设计的时候，总是理所当然地从自己认为老人需要

图 7-2　Moore 装扮成老年人

什么的角度出发，即便努力尝试换位思考仍然会产出很多对老人不友好的设计。如图 7-3 所示，老师在课堂上，引入"第三年龄套装"(third age suits)，可以使年轻设计师能够模拟衰老、视力受损和关节炎等状况。"第三年龄套装"(third age suits)是一个特殊的工具包，包内是体验变老的装备，如特制眼镜、音阻耳塞、触觉约束手套、足托器、手膝盖约束带等。穿上这些装备，能让年轻体验者直接体验到 80 岁时的老年身心状况，真实体验老人吃饭缓慢、读书吃力、听力下降、适应性差等日常生活状态。

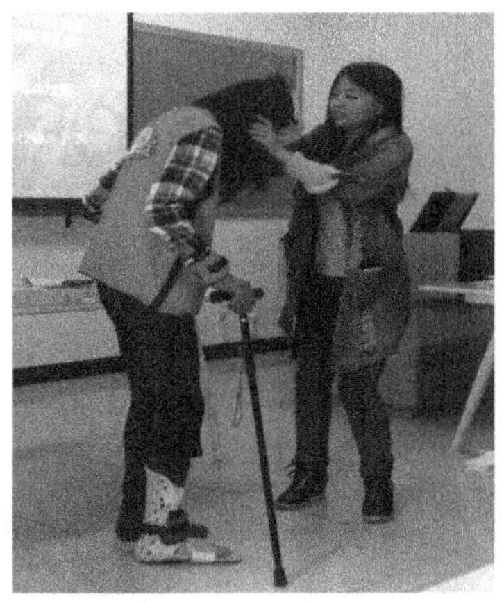

图 7-3　老龄工作坊学生穿戴道具体验老人生活照片

移情作为设计思维中的第一步，起到更好地理解用户的作用。而移情图作为移情步骤中的关键工具，被设计师广泛使用。移情图是一个协作工具，团队可以使用它来更深入地了解他们的客户。与用户角色非常相似，移情图可以表示一组用户，比如客户细分，将用户态度和行为可视化，帮助设计团队深入了解最终用户（end users）。

如图 7-4 所示，移情图从 6 个角度帮助设计师以用户需求为出发点，深入了解用户。

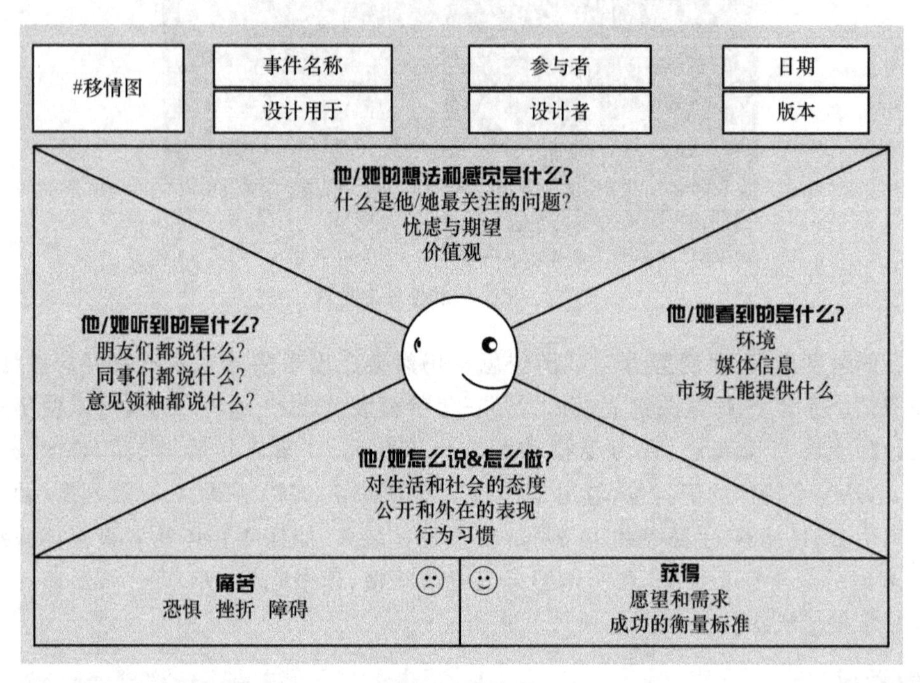

图 7-4 移情图

6 个问题主要的关注点如下。

（1）see

他看到了什么？描述用户在他的环境里看到了什么。

- 环境看起来像什么？
- 谁在他周围？
- 谁是他的朋友？
- 他每天接触什么类型的产品或服务？
- 他遇到的问题是什么。

（2）hear

他听到了什么？描述用户环境如何影响用户。

- 他的朋友在说什么，他的配偶呢？

- 谁能真正影响他,如何影响?
- 哪些媒体渠道能影响他?

(3) think & feel

他的真正感觉和想法是什么?设法描述用户所想的是什么。

- 对他来说什么是最重要的(他可能不会公开说)?
- 想象一下他的情感,什么能打动他?
- 什么能让他失眠?
- 尝试描述他的梦想和愿望。

(4) say & do

他说些什么又做些什么?想象用户可能会说些什么或者在公开场所的行为。

- 他的态度是什么?
- 他会给别人讲什么?
- 要特别留意用户所说和他真正的想法与感受之间潜在的冲突。

(5) pains

这个用户的痛点是什么?

- 他最大的挫折是什么?
- 他和目标之间有什么障碍?
- 他会害怕承担哪些风险?

(6) gains

这个用户想得到什么?

- 他真正希望的和想要达到的目标是什么?
- 他如何衡量成功?
- 猜想一下他可能用来实现目标的策略。

移情图这种工具可以帮助设计师建立和用户的共情。通过前期的用户调研获得调研数据,将这些数据映射到移情图上,可以很好地消除设计团队之间的偏见,达成共识,更好地理解用户。

二、情绪板

情绪板(mood board)是一系列图像、文字、样品的拼贴,是常用的表达设计定义的设计工具。其本质是将用户的情绪可视化,因此称为情绪板。该工具可以很好地把抽象的设计目标具象化,可以更好地明确设计方向,还可以方便团队之间的沟通和更好地互相理解设计思路。

制作情绪板的步骤如下。

(1) 明确原生关键词

原生关键词来自设计前期的设计目标、产品的功能特色、用户的需求特征,通过设计定义明确原生关键词。

(2) 挖掘衍生关键词

衍生关键词是原生关键词的发散和提炼,主要通过部门内部头脑风暴或用户访谈得出。例如,关键词:品质、简洁、友好。

(3) 搜索关键词图片

在确定好关键词后,利用网络渠道来收集与关键词相匹配的图片素材。

(4) 提取生成情绪板

将收集到的图片素材,按照衍生关键词进行分类并提取生成情绪板。

(5) 衍生关键词映射

为了让设计师团队更全面地理解用户的真实想法,设计师或用户研究员需要通过用户访谈,将衍生关键词按照以下三种映射关系收集整理,得到用户理解的"抽象关键词"所对应的"具象定义"。

① 视觉映射

视觉映射可以理解为联想到的视觉表现,比如:品质——金色、黑色、几何形;简洁——白色、明亮、硬的;友好——邻近色、圆角、圆形等。

② 心境映射

心境映射可以理解为联想到的心境感受,比如:品质——高端、贵重、稀有;简洁——空旷、干净、整齐;友好——温暖、亲切、舒服等。

③ 物化映射

物化映射可以理解为联想到的具体事物,比如:品质——iPhone、宝马、香奈儿;简洁——白盘子、玻璃、白纸;友好——枕头、毛绒玩具、海豚等。

(6) 提取视觉风格、明确设计语言

生成情绪板图片后,结合衍生关键词的分析结果进行视觉风格的提取,形成解决方案等的设计语言,主要包括:图形、色彩、构成、质感、材质等。

图 7-5、图 7-6 所示为课堂上的学生作业,学生通过情绪板工具来为另外一个同学做头饰设计。整体思路是用设计思维的思路展开的,情绪板工具放在设计目标定义之后。

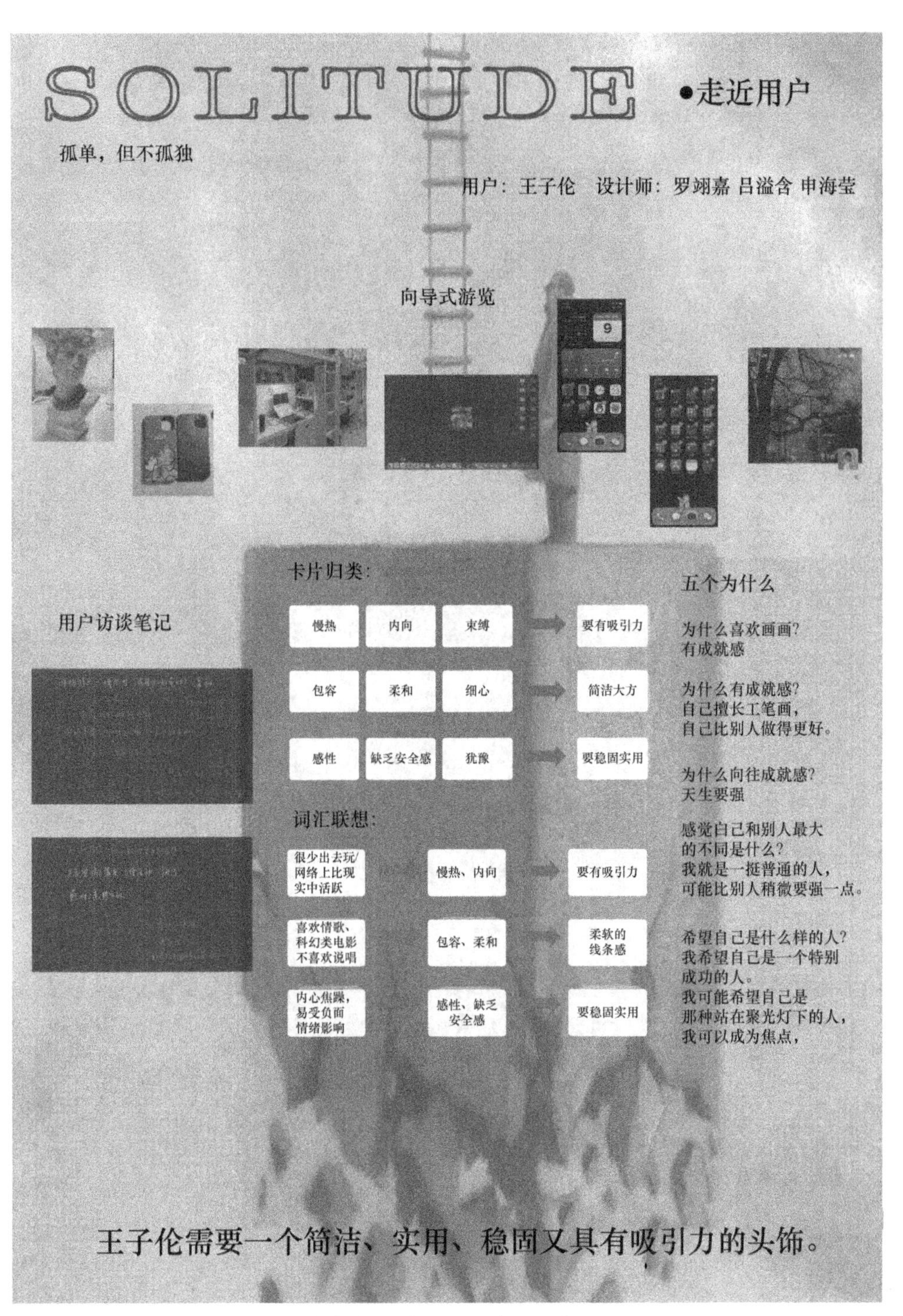

图 7-5　北京邮电大学课程作业

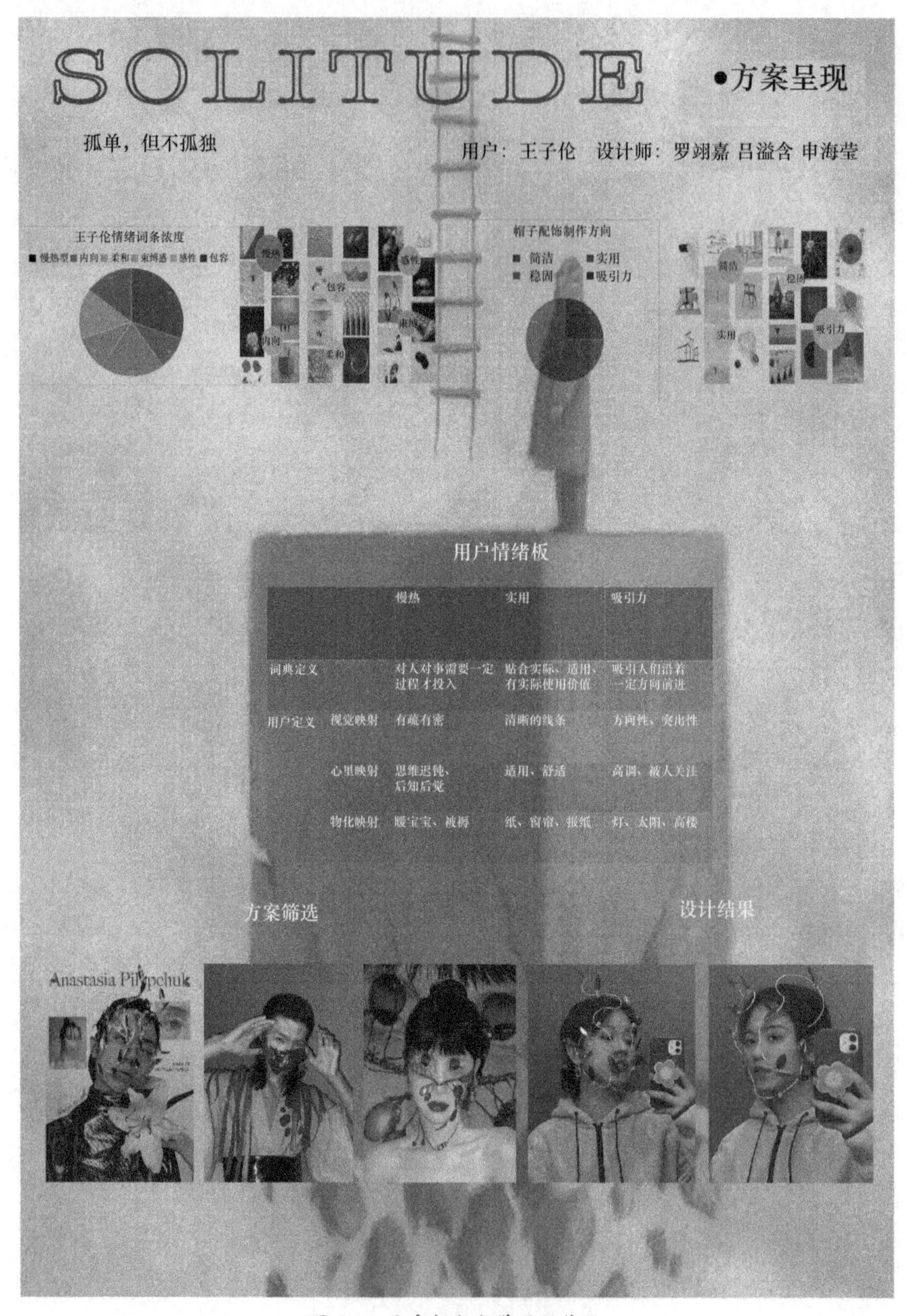

图 7-6　北京邮电大学课程作业

三、用户体验地图

用户体验地图(User Experience Map)经常以不同的名称反复出现在很多设计类文章、书籍中,如 User Experience Map、User Journey Map、Customer Journey Map 等,在此我们统一称之为用户体验地图。

用户体验地图是服务设计中典型的设计工具,IDEO 公司已经把用户体验地图看作是设计流程中的必要环节。它展示的是用户在使用一款产品和服务的过程中,每个阶段的体验,包括行为、感受(痛点和满意点)、思考想法。通过图形化的方式直观地记录和整理每个阶段的体验,让产品的设计参与者、决策者对用户的体验有更直观的印象。

詹姆斯·卡尔巴赫在《用户体验可视化指南》(2018)一书中对用户体验地图的概念做了如下描述:

> 客户旅程地图具有多用途,并且有广泛的应用。它们通常被用在更好地理解客户忠诚度以及如何改善现有客户的体验……创造极佳的体验并不是个体触点优化,而是如何将触点整合成统一整体。客户旅程地图是一个策略工具,使触点可视化以便于更有效率地管理它们。

东华大学吴春茂、陈磊等人在文章《共享产品服务设计中的用户体验地图模型研究》(2017)中对用户体验地图的构建和应用进行了详细的解释,他们认为用户体验地图是一种研究用户真实体验的方法,并解释道:

> 设计师将实际场景中的用户体验全过程绘制成图,通过这种方式来关注体验,揭示利益相关者之间的关系,并且梳理已有的知识,将复杂的信息以清晰的图示可视化地表现出来,是用户体验研究和服务设计的一种方法。

Bruce Temkin 在文章"It's All About Your Customer's Journey"(2010)中对用户体验地图的意义进行了描述:

> 公司需要使用工具和流程以加强对实际客户需求的理解。该领域的关键工具之一是客户旅程地图(用户体验地图)。使用得当的话,这些地图能将公司由内而外的观点转变成由外而内的。

Chris Risdon 在文章《剖析体验地图》("Anatomy of an Experience Map",2011)中讲述了用户在体验中每个阶段的思考、感受和体验的额外细节,并对用户体验地图的构成进行了解析。Risdon 提出用户体验地图是由透镜(lens)、旅程模型(journey map)、定性洞察(qualitative insight)、定量信息(quantitative information)和要点(takeaways)五部分组成。

自此之后用户体验地图得到了进一步的应用,被广泛应用于系统设计、服务设计领域。

如图 7-7 所示,一个标准的用户体验地图一般包含以下三大组成部分。

- 用户:用户画像(persona)、用户目标(user goals/needs)。
- 用户和产品:用户行为(doing)、触点(touch point)、想法(thinking)、情绪曲线(feeling/experience)。
- 产品机会:痛点(pain point)、机会点(opportunities)。

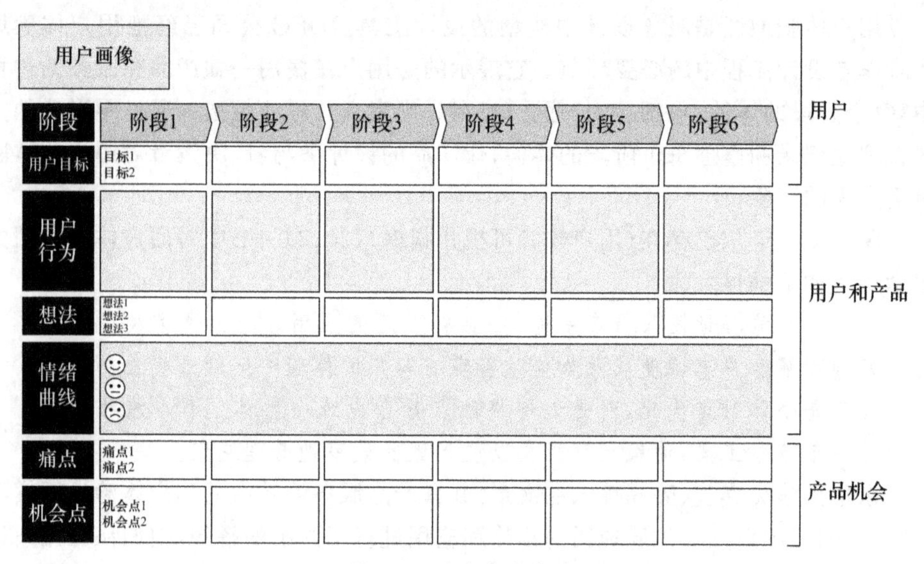

图 7-7 用户体验地图

1. 确定用户画像

最好的方式是实地调研,直接与用户交流,了解他们的想法,感受他们的体验,获得尽可能多的一手调研资料。用户调研后,我们可以通过总结大多数用户的典型行为特征,从而得到用户画像,并明确用户要完成的任务和目标。用户画像的定义决定了设计的视角。

2. 提炼用户行为、想法和情绪曲线

用户行为是用户在使用产品时采取的行为、操作,通常是根据用户调研的资料进行收集整理。用户行为讲述的是每一个阶段用户的执行细节。

定性信息:应用了“做、思考、感觉(doing,thinking,feeling)”的框架。“做(doing)”就是上面提到的旅程的路径。“思考(thinking)”通常会以问题的形式存在,例如:是由什么制作的?我能用这个吗?它有什么用?而“感觉(feeling)”指的是人们感官上的反馈,如开心、满意、悲伤、受挫等。

定量信息:对应着情感体验(experience)部分内容,强调在制作用户体验地图时一些定量的数据也需要包含在内，来平衡整个框架中的相关信息。其中情绪曲线是目前被广泛使用的形式。

根据对应阶段的用户行为，写下当时用户的思考和想法，可以将它们以便利贴的形式整理出来，然后提炼用户在每个节点的情绪，可以用曲线、箭头展示相关内容，其中情绪曲线是目前广泛使用的形式。一般可以用积极、平静、消极这三种情绪来表达用户的体验感受。

3. 归纳痛点和机会点

通过用户每个阶段的行为和情绪曲线，整理出每个阶段的痛点和问题，并思考痛点背后的原因、以及此处是否可以采取什么措施来满足用户的目标、提升用户的体验，这就是机会点。

用户体验地图中的三大部分内容并不都是必须的，可以根据实际需求对其地图内容进行调整。用户体验地图的最终想要达成的目的是：形象化地用文字和图形表达用户的所见所闻所想所做、一层一层地分解用户使用产品的流程、体验过程中的问题点、寻找机会点，在与团队交流和讨论中，成员能够更有代入感，从用户的角度考虑产品或服务。

四、服务蓝图

服务蓝图(service blueprint)是服务设计的重要工具之一，经常被用来开发新的服务、或对出现问题的流程进行分析，有助于对服务进行创新和改进。它能够将人、资产和流程之间的关系视觉化，并且将服务过程中涉及的用户及利益相关者都囊括在内，使其可以被广泛地理解和使用。

> 顾客常常会希望提供服务的企业全面地了解他们同企业之间的关系，但是，服务过程往往是高度分离的，由一系列分散的活动组成，这些活动又是由无数不同的员工完成的，因此顾客在接受服务过程中很容易“迷失”，感到没有人知道他们真正需要的是什么。为了使服务企业了解服务过程的性质，有必要把这个过程的每个部分按步骤画出流程图来，这就是服务蓝图。

服务蓝图与其他流程图最为显著的区别是包括了顾客及其看待服务过程的观点。黄蔚在《服务设计驱动的革命：引发用户追随的秘密》(2019)一书中将服务蓝图看作是由表及里的核心工具，它帮助服务设计师通过服务蓝图来梳理中后台对于组织的合作和融合。

楚东晓、彭玉洁在文章《服务蓝图的历史、现状与趋势研究》(2018)中把服务蓝图的发展大致可以分为三个历史阶段：面向服务的阶段、利益相关者的阶段以及系统中心的阶段。

1989 年，布伦达格(Brundage)在文章《服务系统蓝图的 ABC》中明确提出了服务蓝图的关键内容，包括有形呈现、顾客行为、交互界面、员工与顾客前台的接触行为、可视线、员工与顾客后台的接触行为、支持过程等。

服务服务蓝图有着注重流程和系统效率的特性，自此之后服务蓝图得到了进一步的应用。

1996 年，Zeithaml 和 Bitner(泽丝曼尔、比特纳)合作出版的著作《服务营销》明确指出服务蓝图由 3 条分界线的 4 个部分组成，4 个部分包括顾客行为、前台接触员工的行为、后台接触员工的行为以及支持过程，3 条分界线在 1993 年框架中的使用者和前台的分界线(互动分界线)、使用者看得见的和看不见的分界线(可视分界线)的基础上增加了一条看不见的后台工作和后台支持的分界线(内部互动线)。

2004 年，F. Ian Stuart 和 Stephen Tax 在文章《走向设计服务体验的综合方法：从戏剧学到的教训》("Toward an Integrative Approach to Designing Service Experiences: Lessons Learned from the Theatre")中主张借鉴戏剧的原理进行服务体验设计。

2008 年 Bitner 等人在文章《服务蓝图：服务创新的实用技术》("Service blueprinting: A practical technique for service innovation")中指出服务蓝图是一个多演员系统：

> 演员类型(actor categories)包括"客户、前台人员、后台人员、服务支持和管理系统，以及有形证据(physical evidence)"几个部分。有形证据指的是服务过程中能影响用户感知质量的有形事物。与此同时，Bitner 等人将执行线(line of implementation)概念添加到服务行动区域当中，如图 7-8 所示。

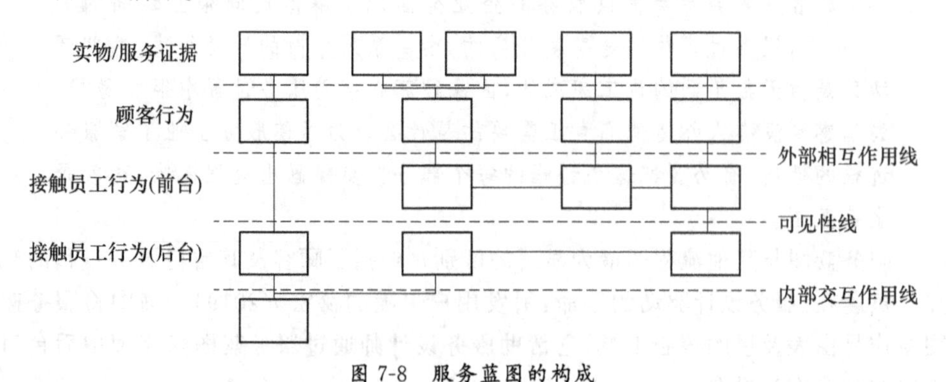

图 7-8 服务蓝图的构成

2012 年，Milton 和 Johnson 在文章《服务蓝图和 BPMN：对比》("Service

Blueprinting and BPMN：a Comparison”)中不再只关注用户，而是延伸到了所有的服务参与者，更加体现了系统性的思维方式。在此基础上提出了行动流程(action flow)和交互流程(communication flow)的概念，行动流程为服务参与者的行为序列，交互流程为各个服务参与者之间的交互行为。

服务蓝图作为一类工具，可以有效地减少供应商的服务成本、提升供应商的服务水平。

服务蓝图的每一列表示客户旅程中的一个步骤，每一行表示服务操作的不同方面。完整填充的服务蓝图包括面向客户的接触点和所有服务的“后台”元素。如图7-8所示，服务蓝图整体由四个主要行为部分和三条分界线构成，四个主要行为部分包括顾客行为、前台员工行为、后台员工行为和支持过程。

① 顾客行为：一般是顾客的行为序列，通常为服务前、服务中、服务后的过程。例如，在去医院看病的过程中，顾客行为包括：去医院、挂号、寻找诊室、看病、交钱、拿药等行为。

② 前台员工行为：属于服务人员行为的一部分，具体指的是顾客能够看到的服务人员所表现的行为。例如，看病时病人(顾客)可以看到的医生(服务人员)的行为。

③ 后台员工行为：同样属于服务人员行为的一部分，具体指的是顾客看不到的服务人员所表现的行为。这些行为通常发生在幕后，为前台行为做支撑。例如，医生在幕后所做的准备，以及文件交接等事务。

④ 支持过程：包括在服务传递的过程中支持接触员工的各种内部服务、步骤和各种相互作用。例如，医院相关人员所进行的患者信息调查和整备文档等支持性的服务。

三条分界线包括顾客和前台的分界线(互动分界线)、顾客看得见的和看不见的分界线(可视分界线)、看不见的后台工作和后台支持的分界线(内部互动线)。

① 互动分界线：顾客与整个组织系统之间直接进行互动。当有垂直的线穿过互动分界线时，则表示顾客与组织之间发生了接触，这可能就是服务产生的点。例如，病人看诊时会与医生进行面对面的直接互动，互动中就可能会产生服务。

② 可视分界线：将顾客看得到的行为与顾客看不到的行为区分开。对于顾客来说更重要的是他们看得见的服务，所以这条线能够帮助工作系统清楚地看到顾客是否被提供了足够的可视服务。这条线同时也把前台和后台的工作区分开，使工作系统更好进行任务管理。例如，在医生坐诊时，既会进行诊断、回答病人问题等看得见的前台工作，又会进行事前阅读病例、事后记录病情等看不见的后台工作。

③ 内部分界线：用以区分服务人员的工作以及其他支持服务的工作以及工作人员。当有垂直线穿过内部分界线时，说明在系统内部有服务的发生。例如，护士

与医生之间的一些支持行为。这些行为的存在可以加强系统的互动性,使整个系统之间的信息流通更加稳定。

虽然服务蓝图在常规意义上会包括上面所提到的四个主要行为部分和三条分界线,但绘制服务蓝图并非一成不变,它的符号、分界线以及组成部分可以根据系统的复杂程度进行调整。服务是无形的,而服务蓝图帮助我们将这些无形的服务可视化,帮助我们了解服务过程的性质,控制和评价服务质量以及合理管理顾客体验等。

五、商业模式画布

IDEO 的前任 CEO——Tim Brown 这样解读设计思维,"设计思维作为以人为中心的创新方法,整合人的需求、技术的潜力、商业上成功的需要"。

学生在做系统设计报告的时候,在报告里更需要讲清楚设计、技术和商业三者在创新中各自所起的作用和互相之间的关系,其中关于商业模式的思考也是回避不了的。

- 设计需要研究人及其需求,解决创新成果被人所需要的"必要性"(desirability)的问题;
- 技术解决创新的可实现性问题(feasibility);
- 商业运用经济规律,通过投资使创新成果能够被批量生产并以合理的价格销售给最终用户,解决维持创新的生命力问题(viability)。

在百度百科中,商业模式(business model)是指"企业与企业之间、企业的部门之间、企业与顾客之间、企业与渠道之间,存在着的各种各样的交易关系和连结方式"。"商业模式"是管理学中的一个重要研究对象,主流商业管理课程中均对"商业模式"给予了不同程度的关注,如 MBA、EMBA 等。在实际研究商业模式时,主要关注一类企业在市场中与用户、供应商、其他合作伙伴(即营销的任务环境的各主体)的关系,尤其是彼此间的物质流、信息流和资金流。

商业模式是一个组织在财务收支中维持稳定的自给自足状态的方式,也就是一个企业维持运转与生存的经营方式,也可以说是,组织机构向对应的客户提供价值选择的基本方式。

中央电视台品牌顾问李光斗先生在讲座中指出,商业模式可分为五种。

① B2B(business to business,商家到商家):指的是企业与企业之间,进行数据信息的交换、传递,并开展交易活动的商业模式。

② B2C(business to consumer,商家到个人):指的是直接面向消费者销售产品和服务的商业零售模式。

③ C2C(customer to customer,个人到个人):指的是由个人出售给个人的商

业模式,原始的摆摊售卖和如今的个人咸鱼店铺均属于此类。

④ C2B(customer to business,个人到商家):指的是消费者先提出需求,随后生产企业按需求组织生产的商业模式。例如,拼多多拼团成功后,进行购买。

⑤ O2O(online to offline,线上到线下):指的是交易是在线上进行的,消费服务在线下进行的商业模式,盒马鲜生是此类中典型代表。

商业模式是由客户价值、企业资源和能力、盈利方式构成的一个三维立体模式。客户价值主张,是指在一个既定价格上企业向其客户或消费者提供服务或产品时所需要完成的任务。资源和生产过程,是指支持客户价值主张和盈利模式的具体经营模式。盈利公式,则是指企业用来为股东实现经济价值的过程。

《商业模式新生代(个人篇)》一书中,对商业模式画布有着非常系统的介绍。商业模式画布,顾名思义,即描述组织商业模式的可视化表现形式。这是一种可以描述商业模式、可视化商业模式、评估商业模式以及改变商业模式的通用语言。如图 7-9 所示,商业模式画布由 9 个基本构造块构成,涵盖了客户、提供物(产品/服务)、基础设施和财务生存能力 4 个方面,可以方便地用来描述和使用商业模式。

就像航海员需要指南针才能更加便捷地获知方向,企业在商业模式的指导下,才能正常运行与发展。这点在创业团队中表现得尤为显著。

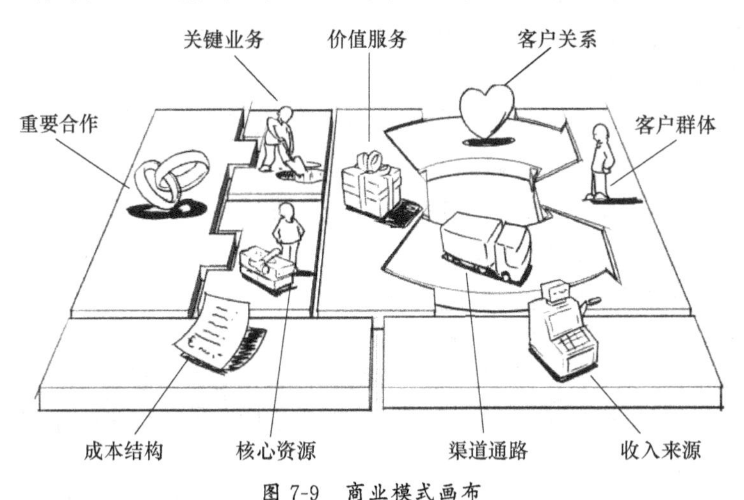

图 7-9　商业模式画布

① 客户群体:组织机构的服务对象。

② 价值服务:组织机构为客户解决的问题或满足的需求。

③ 渠道通路:组织机构沟通和交付价值的不同方式。

④ 客户关系:组织机构和客户建立和维持的不同关系。

⑤ 收入来源:客户为价值服务支付的钱。

⑥ 核心资源:组织机构创建和交付上述服务所需资产。

⑦ 关键业务:组织机构创建和交付上述服务所做的工作。

⑧ 重要合作:有些业务要外包,有些资源要从组织机构外部获得。

⑨ 成本结构:组织机构获取核心资源、实施关键业务、展开重要合作时产生的费用。

(1) 客户群体(customers)

客户群体是任何一个组织赖以生存的基础,也是组织价值主张的传递受众。每个组织都服务于一个或多个不同的客户群体,因而在商业模式后续的演变中,“客户群体”进化为“客户细分”,即对全体用户进行更为细致的划分,探索不同客户间的共性与差异。

如果客户群体是商业组织万丈高楼的基石,那么其中的付费客户则是基石中的重中之重,没有付费客户,任何组织机构都无法长期生存。当然,免费客户也同样重要。例如,哔哩哔哩网站(B站)的绝大多数客户都是免费客户,无须支付任何费用即可观看视频、享受服务。网站一方面通过优质内容吸引免费客户成为付费客户;另一方面依靠数目庞大的客户群体吸引广告商及市场研究人员对网站进行投资。因此,在不同的商业模式中,付费客户与免费客户占据着不同的比例,也具有不同的重要地位。

客户群体的总结如下:

- 不同的客户群体需要不同的价值服务、渠道通路和客户关系;
- 客户群体有付费和免费之别;
- 同样是付费客户群体,对组织机构的收入贡献可能有天壤之别。

(2) 价值服务(value provided)

价值服务是组织机构为客户群体提供的关键产品与服务,也是客户群体选择并停留在某个组织机构中的重要原因。

价值服务可以划分为以下六种类型。

① 便利性:通过提供产品或服务,帮助客户节约时间、减少麻烦。例如,在大型商场中随处可见的充电宝租赁归还一体机,对很多客户来说,使用该机器可以避免携带充电宝的麻烦,不必回到租赁处,也可通过其他相同机器归还,可有效地帮助用户节约时间。

② 价格:节约资金成本也是吸引客户选择特定服务的重要原因之一,简单地说,就是帮助客户省钱。例如,许多视频、音乐软件提供的首月会员费用折扣活动。

③ 设计:多数客户愿意为出色的产品设计或服务设计付费。例如,星巴克通过优美流畅的音乐、暖色调的灯光、个性化的店铺陈设、精致舒适的欧式家具等配套设施,为消费者创设出“轻奢、时尚、优雅”的文化氛围,也打造了星巴克专属的咖啡文化,以此吸引客户。

④ 品牌或市场地位:一些组织机构通过产品与服务所具有的社会价值吸引客户,当客户享受产品与服务时,似乎感到自己的社会地位有所提升,能获得被主流

社会所尊重的认同感。例如，苹果公司的系列产品常常吸引众多消费者进行购买。

⑤ 成本削减：帮助其他组织机构削减成本，以达到提升利润的目的。例如，利用互联网第三方提供的云服务，减免通信设施的购买维护费用。

⑥ 风险降低：客户非常重视规避风险的程度，尤其是在处理与钱财相关的事务时。例如，一些咨询公司致力于顾问服务，通过向客户提供资讯与信息，帮助客户降低风险、预测潜在收益。

(3) 渠道通路(channels)

渠道通路是指通过哪些渠道可以接触到客户群体。在这一部分中需要思考，如何去接触他们，哪些渠道成本效益最好、最有效，渠道间如何整合，如何把我们的渠道与客户的例行程序进行整合？

渠道通路可发挥五种作用：

- 创建对服务或产品的市场意识；
- 帮助潜在客户评估产品或服务；
- 促成客户采购；
- 向客户交付价值；
- 保证售后满意度。

常见的渠道通路包括：

- 面谈或电话沟通；
- 现场或店内沟通；
- 实物交付；
- 电子交付(社交媒体、博客、电子邮件等)；
- 传统媒体交付(电视、广播、报纸等)。

(4) 客户关系(customer relationships)

客户关系，即组织机构与目标客户建立的关系，用来描绘公司与特定客户细分群体建立的关系类型。组织机构需要明确定义客户关系侧重的类型，与每个客户细分群体建立和保持怎样的关系，客户细分群体希望与组织机构建立和保持何种关系，已经建立的关系有哪些，这些关系成本都是怎样的，如何把客户关系与商业模式的其余部分进行整合？

组织机构还应当明确客户关系的基本目标，是为了吸引新客户、维持现有客户还是从现有客户群体中挖掘更多收入？值得注意的是，这个目标会随着时间发生变化。例如，在移动通信早期阶段，手机公司关注的是如何吸引更多的客户，因此不惜推出充话费送手机之类的激进手段。当市场逐渐成熟后，它们开始转变策略，关注的目标是如何维持现有客户，实现单位客户的消费增长。在客户关系方面还有一个新的动向值得思考，如今很多公司(如亚马逊、YouTube)开始强调和客户共同创建产品或服务。

(5) 收入来源(revenue)

收入来源,即什么样的产品和服务能让客户愿意付费。根据付费的连续性,可以分为两类:一是一次性消费;二是售后服务、支持等项目的连续性消费。

具体可划分为以下几类。

① 一次性售出:客户购买具体产品的所有权。例如,购买手机、电脑后可以自己使用,也可拆卸、毁坏、再次转售等。

② 租赁费用:客户购买的是指定期间的特定物品的临时唯一使用权。例如,入住酒店的一个房间,或是共享单车的扫码使用。此时,租赁者并未支付所有权的全部资金,产权所有者可连续获得出租收入。

③ 服务或使用费:客户购买的是单次具体服务。例如,电话运营商按月向客户收费,快递服务按件向发件人和收件人收取费用,视频网站按照客户访问量和点击量向广告商收取费用。

④ 订购费:客户购买的是连续具体服务的享用费用。例如,订购为期一年的杂志,或是订购一款网络游戏。

⑤ 注册费:特指知识产权的所有人向授权用户收取注册费,以达到保护知识产权的目的。

⑥ 中介费:通过收集卖家与买家的数据进行匹配,以向双方收取费用,如链家、21 世纪地产等房屋中介公司。

此外,在互联网行业中盈利模式主要包括:

① 流量变现模式:将网站流量通过某些手段实现现金收益,例如,向广告商收取广告费。

② 佣金分成模式:直接为客户服务,收取一定分成,例如,直播平台及短视频平台。

③ 增值服务模式:基础功能免费,高级功能收费,例如会员功能。

④ 收费服务模式:付费购买服务,例如付费点播。

(6) 核心资源(key resources)

核心资源是指组织机构的核心竞争力,也就是资金、人才等,是让商业模式有效运转所必需的、最重要的因素。

核心资源主要包括以下四种。

① 人力资源:任何商业模式都需要人力支持,但部分组织机构对人力资源则格外依赖。例如,医院对于有经验的医师非常珍视,保险公司非常重视具有销售才能的人。

② 实体资产:多数商业模式都需要包括仓库、机器、车辆等在内的实体资产。例如,淘宝店家需要存储商品的库房,餐饮店家则需要较为专业的制作设备。

③ 知识资产:指知识产权所保护的资产,是包括公司品牌、专利、版权、自行开

发的软件等在内的无形资产。例如，电子芯片设计商高通公司，可向手机生产制造商收取使用许可的费用。

④ 金融资产：指与金融相关的资产，包括现金、信用额度、财务担保等。例如，在购房时，房地产商会申请银行贷款帮助客户完成购买活动，以确保业务不会被竞争对手抢走。

(7) 关键业务(key activities)

关键业务是组织机构为了催生价值的核心活动，是为维持其商业模式运营必须实施的活动，也是企业必须做的最重要的事情。

> 关键业务通常包括以下三类。
>
> ① 制造：包括加工产品、设计，开发/交付服务以及解决问题。对服务性公司来说，“制造”可能有两种含义，即准备交付服务和实际交付服务。这么说是因为，像理发等服务业务往往是在交付过程中“被消费”的。
>
> ② 销售：指向潜在客户促销、宣传或演示服务或产品价值；具体活动包括客户拜访、设计实施广告或促销方案以及教育培训等。
>
> ③ 支持：指可帮助整个组织机构顺利经营，和制造或销售无直接关联的活动。例如，招聘、簿记和管理工作都属于支持性活动。

(8) 重要合作(key partners)

重要合作是让商业模式有效运作所需的供应商与合作伙伴的网络，也就是保证商业模式有效运行的人际关系。组织机构在创设商业模式时需要思考重要伙伴是谁？重要供应商是谁？从哪里获取哪些核心资源？合作伙伴都执行哪些关键业务？

一个组织机构不可能拥有全部资源，不可能独立完成每个细节的工作。例如，有些业务需要使用昂贵的设备或特定的专业技能。因此，大部分组织机构会把薪金管理等工作外包给 Paychex 之类的专业公司负责。不过，重要合作可以超越“制造”和“采购”之间的关系。例如，婚纱租赁公司、花店和摄影师可能同时为相同的客户服务，它们无需成本就可以在促销活动中合作，实现三方共赢。

(9) 成本结构(costs)

成本结构是指运营一个商业模式所需要的所有成本，组织机构需要思考商业模式中最重要的固有成本是什么？哪些核心资源以及关键业务花费最多？

获得核心资源，实施关键业务，展开重要合作，这些都会让组织机构产生成本。创造和交付价值需要花钱，维持客户关系需要花钱，实现销售收入也需要花钱。确定了核心资源、关键业务和重要合作之后，组织机构的成本结构就大致明晰了。“可升级性”是成本结构和商业模式中的一个重要概念。具备可升级性意味着企业能有效地应对需求的大幅增长，即企业可以服务更多的客户而又不损害其产品或服务质量。用财务术语来解释，可升级性是指为每个增加的客户提供服务的额外成本逐渐下降而非持续上升。

重点摘要

① 设计工具在设计流程的不同阶段的使用。

② 用户体验地图、服务蓝图的使用。

对话

学生：在做设计的时候可以使用的设计工具很多，如何跟设计思维指导的具体设计流程结合？

老师：设计思维的整个流程可以让学生做设计有所依据，也就是设计可以按照设计思维的步骤来进行。设计思维还是偏抽象，学生具体实践的时候还是需要在设计流程的各个环节选择合适的设计工具，选择的原则是要对设计工具有一定的理解，清楚工具最后解决什么问题。一个完整的系统设计报告，里面会有不少设计工具的使用，有的工具是在设计定义之前使用，有的工具是在设计定义之后、方案解释阶段使用。总的来说要多练习，加深理解才行。

学生：用户旅程图这个工具具体用在设计思维的哪个阶段呢？

老师：用户旅程图这个设计工具可以放在设计定义之前，也可以放在设计定义之后。放在设计定义之前是收集设计洞察，放在设计定义之后是对设计方案的解释。这些工具要活学活用，目的是更好地做创新。

学生：经常会听到关于用户旅程图和用户体验地图的描述和应用，二者之间有什么不同吗？

老师：从设计实践的角度看设计工具，对工具无须过于较真，工具是辅助设计更好地执行，这两个词的含义个人认为大家可以查阅文献，在做具体设计的时候差异不大。

学生：在移情图中，关于研究对象的想法和感受是我们的猜测吗（基于观察的猜测）？

老师：移情图是在设计前期研究阶段常用的工具，设计思维是以用户为中心的设计，对用户的研究是设计的起点也是设计非常重要的部分。设计师跟普通人最大的不同是具有敏锐的洞察力，对于研究对象的想法和感觉来源于设计师的洞察。

学生:在设计实践过程中,如何判断选择的设计工具是否合适于当前阶段的设计?

老师:在设计实践时首先必须对设计流程有一个非常清晰的认识,设计是可以按部就班一步一步推进的,前期的设计研究获得数据,帮助设计师获得研究发现,得出设计的定义,后期方案阶段就是把抽象的设计定义转化成具体的形式和方案。总的来说,双钻模型、设计思维模型还是非常有效的。基于这样的模型,在设计的具体过程中,可以选择具体的设计工具,在介绍设计工具的时候会明确告知哪种工具适用于设计的哪个阶段。比如,《IDEO 创新方法卡片》把其介绍的 51 种设计方法分为 4 类,这样就让设计师在选择工具时有了较好的方向性。当然还是要多实践、多体会各个工具的使用,有经验了自然就可以用这些设计工具来做设计创新。

学生:这些工具对我们进行设计实践非常有帮助,一定还有很多别的工具可以帮助我们进行设计。对于更多工具的探索和学习,老师有什么推荐的书或资源吗?

老师:关于设计方法和设计工具的书不少。《IDEO 创新方法卡片》非常好用,里面介绍了 51 种设计方法。虽然说的是设计方法,但是都是工具层面的方法。这本书对工具的介绍非常直观,但是对每个方法的解释比较简单。《设计方法与策略:代尔夫特设计指南》是代尔夫特理工大学工业设计工程学院 50 多年来对产品设计方法的经验总结,展示了 72 种核心设计方法、策略和技巧,这本书也非常有参考价值。

思考题

① 绘制自己个人的商业模式画布,规划自己的职业生涯。

② 如何利用用户旅程图中的情绪曲线来更好地发现用户的痛点?

本章参考文献

[1] 李振勇. 商业模式:企业竞争的最高形态[M]. 北京:新华出版社,2006.

[2] 黄蔚. 服务设计驱动的革命:引发用户追随的秘密[M]. 北京:机械工业出版社,2019.

[3] VALARIE A ZEITHAML,MARY JO BITNER. 服务营销(第 2 版)[M]. 张金成,白长虹,译. 北京:机械工业出版社,2002.

[4] JAMES KALBACH. 用户体验可视化指南[M]. UXRen 翻译组,译. 北京:人民邮电出版社,2018.

[5] TIM CLARK,ALEXANDER OSTERWALDER,YVES PIGNEUR. 商业模

式新生代(个人篇)[M]. 毕崇毅,译. 北京:机械工业出版社,2012.
[6] HARLEY MANNING,KERRY BODINE. 体验为王[M]. 高洁,译. 北京:中信出版社,2016.
[7] JAN CARLZON. Moments of Truth[M]. New York:Harper Paperbacks,1989.
[8] SHAW C,IVENS J. Building Great Customer Experiences[M]. London:Palgrave Macmillan,2002.
[9] KALBACH J. Mapping Experiences[M]. California:O'Reilly Media,2016.
[10] ZEITHAML V A,BITNER M J. Services Marketing[M]. New York:The McGraw-Hill Companies Inc,1996.
[11] BITNER M J,CROSBY L A. Designing a winning service strategy:[7th annual Service[s] Marketing Conference proceedings][M]. Chicago:American Marketing Association,1989.
[12] 吴春茂,陈磊,李沛. 共享产品服务设计中的用户体验地图模型研究[J]. 包装工程,2017,38(18):62-66.
[13] 楚东晓,彭玉洁. 服务蓝图的历史、现状与趋势研究[J]. 装饰,2018(05):120-123.
[14] 李飞. 全渠道服务蓝图——基于顾客体验和服务渠道演化视角的研究[J]. 北京工商大学学报(社会科学版),2019,34(03):1-14.
[15] SHOSTACK G L. How to design a service[J]. European Journal of Marketing,1982,16(1):49-63.
[16] CARBONE L P,STEPHAN H H. Engineering customer experiences[J]. Marketing Management,1994,3(3):8-19.
[17] SHOSTACK G L. Designing service that deliver[J]. Harvard Business Review,1984,62(1):133-139.
[18] Stuart F I,Tax S. Toward an integrative approach to designing service experiences:Lessons learned from the theatre[J]. Journal of Operations Management,2004,22(6):609-627.
[19] NAIR E. Customer Experience Matters[J]. Dataquest,2014(7):20-22.
[20] BINTER M J. Managing the evidence of service[J]. The Service Quality Handbook,1993(1):358-370.
[21] KINGMAN-BRUNDAGE J. Service mapping:Gaining a concrete perspective on service system design[J]. The Service Quality Handbook,1993(1):148-163.
[22] BITNER M J,OSTROM A L,MORGAN F N. Service blueprinting:A practical technique for service innovation[J]. California Management Review,2008,50(3):66.

[23] 白露漫谈.如何一步步去做用户体验地图?[EB/OL].(2018-12-03)[2022-02-23]. http://www.woshipm.com/pd/1683385.html.
[24] 舟航.交互设计知识点——用户体验地图[EB/OL].(2017-11-20)[2022-02-23]. https://www.jianshu.com/p/0026a56ea25d.
[25] SARAH GIBBONS. Empathy Mapping: The First Step in Design Thinking[EB/OL]. (2018-01-14) [2022-02-23]. https://www.nngroup.com/articles/empathy-mapping/.
[26] SARAH GIBBONS. UX Mapping Methods Compared: A Cheat Sheet [EB/OL]. (2017-11-05) [2022-02-23]. https://www.nngroup.com/articles/ux-mapping-cheat-sheet/.

第八章　可持续设计

科学发展观，第一要义是发展，核心是以人为本，基本要求是全面协调可持续，根本方法是统筹兼顾。

——党的十七大报告

风，那么轻柔，带动着小树、小草一起翩翩起舞，当一阵清风飘来，如同母亲的手轻轻抚摸自己的脸庞，我喜欢那种感觉，带有丝丝凉意，让人心旷神怡。享受生活，不一定要有山珍海味、绫罗绸缎为伴，大自然便是上帝所赐予人类最为珍贵的。

——《寂静的春天》

一、联合国的可持续发展目标

1987年联合国世界环境与发展委员会（World Commission on Environment and Development，WCED）主席、挪威首相布伦特兰夫人在报告《我们共同的未来》（"Our Common Future"）中首先提出"可持续发展"（sustainable development）这一概念，把可持续发展定义为"满足当代人的需要，又不危及子孙后代的能力以满足其需要"（development that meets the needs of the present without compromising the ability of future generations to meet their own needs）。这一发展概念在1992年联合国环境与发展大会上取得共识，它的基本出发点是：工业革命以来的追求无限财富无限享受的价值观念、依赖地矿的工业生产观念和无限消费的生活观念不可持续；人是自然循环链中的一个环节，必须以自然为本，维持自然的正常循环；当前依赖地矿资源不可持续，要逐渐使用永远存在的能源（如风能、潮汐能、太阳能、沼气能等）；当前的垃圾不可持续增加，必须能够同步降解；当前的工业废料和建筑废料必须能够降解或循环使用，最终达到无废料、不给自然增加污染的目标；人居环境不危及动物、自然植被等。

全球可持续发展的含义是：一个国家的稳定发展依赖于其他国家，人类要学会和睦共处，减少国际性的贫富差距，避免战争。其主要内容包括：工业国家应该遵守《京都议定书》关于限制温室气体排放的规定，保护地球环境，防止全球继续变暖；发达国家向发展中国家提供经济援助的投入要达到其国内生产总值的 0.7%；促进世界生产及贸易过程中的环境和社会责任感的提升；实现为世界人口一半以上的缺乏清洁饮水的人口提供清洁用水；提高可再生能源在能源消费结构中的比例等。可持续发展观念是工业革命以来的一个重大变化。

2015 年 9 月 25 日，联合国可持续发展峰会在纽约总部召开，联合国 193 个成员国在峰会上正式通过 17 个可持续发展目标，如图 8-1 所示。可持续发展目标旨在从 2015 年到 2030 年以综合方式彻底解决社会、经济和环境三个维度的发展问题，转向可持续发展道路。

图 8-1 联合国可持续发展目标

目标 1：无贫穷

在世界各地消除一切形式的贫困。1990 年以来，极端贫困率下降了一半。虽然成绩显著，但在发展中地区仍旧有五分之一的人生活在贫困线以下，还有许多人有返贫的风险。贫困不仅是缺乏收入和资源导致难以维持生计，还表现为饥饿和营养不良、无法充分获得教育和其他基本公共服务、受社会歧视和排斥以及无法参与决策。经济增长必须具有包容性，才能提供可持续的就业并促进公平。

目标 2:零饥饿

消除饥饿,实现粮食安全,改善营养和促进可持续农业。现在是需要重新思考我们如何种植、共享和消费粮食的时候了。如果方法得当,农业、林业和渔业可以为所有人提供更有营养的食物,创造更体面的收入,同时支持以人为本的农村发展和环境保护。目前,土壤、淡水、海洋、森林和生物多样性正在迅速退化。气候变化给我们赖以生存的资源带来了更多的压力,增加了干旱和洪水一类的灾害风险。

目标 3:良好健康与福祉

确保健康的生活方式、促进各年龄段人群的福祉。各国在增加预期寿命和减少导致母婴死亡的常见病方面取得长足的进步。在加强提供清洁用水和卫生设施、消除疟疾、肺结核、骨髓灰质炎和艾滋病毒(艾滋病)的传播方面已取得重大进展。但还需要加倍努力,以根除一系列疾病,解决多种顽固的和新出现的健康问题。

目标 4:优质教育

确保包容、公平的优质教育,促进全民享有终身学习机会。获得高质量的教育是改善人民生活和实现可持续发展的基础。各国在增加各级教育机会、提高入学率尤其是女童入学率方面取得了重大进展。基本的读写算技能大幅提高,但还需要更多的努力和更大的步伐,来实现普及教育的目标。

目标 5:性别平等

实现性别平等,为所有妇女、女童赋权。性别平等不仅是一项基本人权,也是世界和平、繁荣和可持续发展的必要基础。让妇女和女童获得教育、保健、体面工作并参与政治经济决策,将促进经济可持续发展,造福整个社会和人类。

目标 6:清洁饮水和卫生设施

人人享有清洁饮水及用水是我们所希望的生活的一个重要组成部分。地球上有足够的淡水让我们实现这个梦想。但由于经济低迷或基础设施陈旧,每年数以百万计的人口——其中大多数是儿童——死于供水不足,死于与环境卫生和个人卫生相关的疾病。

目标 7:经济实用的清洁能源

确保人人获得可负担、可靠和可持续的现代能源,对于所有的人来说能源都是必不可少的。可持续能源为我们改变生活方式、改善经济运行和保护地球提供了绝佳良机。

目标 8:体面工作和经济增长

促进持久、包容、可持续的经济增长,实现充分和生产性就业,确保人人有体面工作。创造高质量的就业岗位仍将是几乎所有经济体 2015 年之后长期面临的主要挑战之一。可持续的经济增长要求社会创造条件,使人们得到既能刺激经济又不会危害环境的优质就业,也要求为所有达到工作年龄的人提供就业机会及像样的工作环境。

目标 9:产业创新和基础设施

建设有风险抵御能力的基础设施、促进包容的可持续工业,并推动创新。事实表明,如果要提高生产力以及健康、教育水平,就要投资于基础建设。现代化进程加快的同时,也需要继续投资建设可持续的基础设施,来加强城市应对气候变化的能力,同时促进经济增长和社会稳定。

目标 10:减少不平等

减少国家内部和国家之间的不平等。目前,国际上脱贫的进程取得一定成果,但国家内部及国家之间不平等现象依旧存在。人们逐渐认识到,如果经济增长不具包容性,而且没有兼顾可持续发展的经济、社会和环境这三个方面,那么经济增长就不足以减少贫困。为了减少收入不均,各项政策应在原则上具有一定的普适性,但也要兼顾贫困和边缘化群体的需求。

目标 11:可持续城市和社区

建设包容、安全、有风险抵御能力和可持续的城市及人类社区。城市在最佳状态运行时,社会和经济都将得到提升和进步。现今,城市的发展依旧面临着许多挑战,包括:以何种方式在创造就业机会和繁荣的同时,不造成土地匮乏和资源紧缺。我们期望的未来还包括这样的城市:它能为所有人提供机会,并使大家都能获得基本服务、能源、住房、运输和更多服务。

目标 12:负责任的消费和生产

确保可持续消费和生产。可持续消费和生产旨在“降耗、增量、提质”,即在提高生活质量的同时,通过减少整个生命周期的资源消耗、环境退化和污染,来增加经济活动的净福利收益。这个过程需要多方参与,包括企业、消费者、决策者、研究人员、科学家、零售商、媒体和发展合作机构等。

目标 13:气候行动

采取紧急行动应对气候变化及其影响。人类活动产生的温室气体排放量逐年增高;因经济和人口增长引发的气候变化正在广泛影响各大洲、各国的人类和自然系统。大气和海洋升温,冰雪融化,导致海平面上升。气候变化影响着人类的经济发展、自然资源和消除贫困工作,实现可持续发展必须积极有效地面对气候变化。

目标 14:水下生物

保护和可持续利用海洋资源以促进可持续发展。海洋是人类生存与发展必不可少的元素。雨水、饮用水、天气、气候、海岸线、许多食物,甚至供人类生存的氧气,最终都是由海洋提供和调控的。纵观历史,海洋一直是贸易和运输的重要渠道。因此,对海洋环境的重视是可持续发展的重要部分。

目标 15:陆地生物

促进可持续利用陆地生态系统、可持续管理森林,防治荒漠化,制止和扭转土地退化现象,遏制生物多样性的丧失。森林面积占地球表面面积的 30%,其除保障粮食安全和提供防护外,还对抗击气候变化、保护生物多样性有至关重要的作用,同时森林也是原住民的家园。由人类活动和气候变化引起的毁林和荒漠化,为可持续发展带来重大挑战,并影响到千百万人的生计。可持续发展需要对森林进行管理,抗击荒漠化。

目标 16:和平、正义与强大的机构

促进有利于可持续发展的和平和包容社会,为所有人提供诉诸司法的机会,在各层级建立有效、负责和包容的机构。2012 年,在里约 G20 大会上,各国重申将自由、和平和安全以及尊重人权纳入基于千年发展目标的新的发展框架,强调公正、民主的社会是实现可持续发展的必要条件。可持续发展目标中的目标 16,致力于为实现可持续发展建设和平和包容的社会,为所有人提供司法救济途径,在各级建立有效和问责的体制。

目标 17:促进目标实现的伙伴关系

加强执行手段、重振可持续发展全球伙伴关系。一项成功的可持续发展议程要求政府、私营部门与民间社会建立伙伴关系。这些包容性伙伴关系基于共同的原则和价值观、共同的愿景和目标:把人和地球放在中心位置。不论在全球层面、地区层面,还是在国家层面、地方层面,这些包容性伙伴关系都不可或缺。联合国秘书长潘基文在报告《2030 年享有尊严之路》中指出,成功将依赖新的议程激发和调动重要行为体、新的伙伴关系、关键相关人员和更广泛的全球公民的力量。

二、国内的可持续设计思想

社会创新实践-羌绣

(一)《工业设计思想基础》中的生态设计

李乐山教授编著的《工业设计思想基础》一书探讨了设计的主要思想，读者可以从中得到启发和借鉴，书的前言部分介绍了工业设计思想的分类以及演变，在第五章系统介绍了生态设计。

工业设计思想可以按照设计对象分为如下四个大类：

第一，"建筑、室内家具和日用品"类工业设计思想。此类设计思想主要涉及的是人的生活领域，至今美国许多学校仍然延续了德国包豪斯的传统，把工业设计归属于建筑系。

第二，"现代工业环境"类工业设计思想，这里的"现代工业环境"包括工具、机器、生产方法和劳动组织关系等。此类设计思想主要涉及的是工业现代化过程的规划和机器时代的设计思想。

第三，"计算机和信息"类工业设计思想。此类设计思想主要涉及的是人的思维工具。

第四，"环境保护和生态平衡"类工业设计思想。

自英国工业革命以来，各种设计思想经历了许多探索、变化以及斗争。迄今为止工业设计思想主要有五种设计思想线条：

第一，以艺术为中心的设计思想。这是 19 世纪流传下来的设计思想。

第二，面向机器和技术的设计思想。以提升机器和技术效率为主要目的，把人看作机器系统的一部分，或者把人看成是一种生产工具，并要求人去适应机器。它的主要设计理论是美国行为主义心理学、军用人机工程学和泰勒管理理论。这种设计思想被称为机器中心论或技术中心论，有些国家的劳动学或人机工程学就是以这种思想为中心的。机器中心设计思想的基础是科学决定论和技术决定论。

第三，以刺激消费为主要目标的设计思想。此类设计思想只是强调不断地用新风格刺激消费者给产品披上美丽的外衣，而不顾及产品功能和质量，它是有计划地报废产品，这种设计思想被称为流行款式设计。

第四，以人为中心的设计思想。面向人的设计思想，为人的需要而设计。例如，德国的功能主义设计，欧洲的人本主义设计，意大利和日本的后现代设计(移情设计)、人中心劳动学(不包括人机工程学)，德国的行动理论(心理学)、人本心理学和认知心理学。

第五,以自然为中心的可持续设计思想。此类设计思想把人类社会生活看成是整个自然环境中的一部分,考虑的是人类长远未来的生存问题。

这五大类设计思想的价值来源和设计目的各不相同,它们分别继承发展了文艺复兴以来各种艺术流派、科学理性传统、经济富裕思想、人道主义思想、社会主义思想,以及中国传统的哲学思想。

李乐山在生态设计这章中,介绍了生态学的概念、生态系统的概念、可持续设计的概念,并介绍了德国人提出的产品设计伦理:使用伦理、环境伦理、社会伦理、劳动伦理、精神健康伦理、动物伦理。

好的工业设计要减少熵(热),采用低熵材料(天然植物材料,加工过程省能源),采用自然形状。

低熵用品需要兼具两个条件:

第一,从原材料到制造过程结束,耗能较少,放热和产生废物较少。

第二,使用过程中耗能较少,产生废物较少,放热较少。

李乐山认为欧洲提出可持续发展、生态设计、有机设计、循环设计,这不是什么高技术和新思想,而是把人类自古就具有的、现代社会失去的善良与爱心重新拾起来弥补到设计之中,设计观念需要有善良和爱心。人类只是自然环境的一部分,维护自然生态的循环是维护人类自身生存的前提,无限富裕和无限享受最终会造成不可逆转的结果。人类必须从生态学世界观重新规划生活概念、工作生产概念、城市概念、能源概念、交通概念、交流概念、消费概念等。

(二)《可持续室内环境设计理论》中的可持续设计

清华大学美术学院环境艺术设计系教授周浩明自20世纪90年代已经开始致力于“可持续建筑与环境”的设计与研究,并且大力推行中国的可持续设计,他所撰写的《可持续室内环境设计理论》详细论述了室内生态设计原则和可持续室内环境设计理论的相关知识,它的相关设计自2009至2015年间5次入选芬兰赫尔辛基国际“生态设计特别展”及“绿色旧物设计展”,大大促进了我国可持续设计的发展。

对可持续设计有着多年研究经验的周浩明说:“‘可持续’这个词,现在用得非常多,很多人都知道绿色、环保、可持续,但怎样才能做到呢?那就不一定都知道了。”周浩明教授总结了可持续设计的三个层级:

① 第一层级——可持续设计、可持续发展。

② 第二层级——生态和绿色。

③ 第三层级——低碳。

在此基础上,周浩明教授还提出生态建筑或产品设计应考虑如下因素:

① 节能——以各种方式节约地球资源。

② 环保——设计作品不应该破坏环境。

③ 健康——设计关注生理和心理健康。

④ 高效——设计作品是多功能长效的。

周浩明教授在《可持续室内环境设计理论》一书中提出了可持续室内环境设计中的3F原则与5R原则，并把这些原则推广到建筑之外更广阔的设计领域中去。

3F原则包括：fit for the nature（与环境协调原则）、fit for the people（“以人为本”的原则）、fit for the time（动态发展原则）。

① fit for the nature（与环境协调原则）

强调了设计与周边环境以及自然环境之间的协调关系，建筑大师赖特主张的有机设计实际上也是强调建筑与自然之间的协调关系。除注重设计色彩与环境的协调外，体积大小、功能形态等与自然环境之间的协调同样非常重要。对此，周浩明教授提出了以下论述：

> 尊重自然、生态优先是可持续设计最基本的内涵，对环境的关注是可持续室内环境设计存在的根基。与环境协调原则是一种环境共生意识的体现，室内环境的营建及运行与社会经济、自然生态、环境保护的统一发展，使建筑室内环境融合到地域的生态平衡系统之中，使人与自然能够自由、健康地协调发展。我们应该永远记住：人类属于自然，而自然不仅仅属于人类，自然并不是人类的私有财产。

② fit for the people（“以人为本”的原则）

强调设计要满足人的需求，坚持“以人为本”的原则，但并不等同于“以人为中心”。人在生理和心理上都会有很多不同的需求，影响这些需求的因素也十分复杂，虽然设计最根本的目的就是要解决人的这些需求，但是人始终是处于整个生态系统中，且与其相互平衡、相互制约的。如果把人的利益放在最首要的位置，以破坏生态系统为代价去满足人们的需求，打破人与自然之间的平衡，人的生活也终将遭到反噬。周浩明教授在书中也强调了人与地球上的一切都应该保持一种平等的关系，并做了如下的论述：

> “以人为本”的人，是广义、抽象的人，是代表着过去、现在和将来不断生息繁衍的整个人类，而绝不是具体的人，即某个人或某些人，更不应该是自我意义上的人。因此，“以人为本”必须是适度的，是在尊重自然原则制约下的“以人为本”。可持续室内环境设计中对使用者利益的考虑，必须服从于生态环境良性发展这一大前提，任何以牺牲大环境的安宁来达到小环境的舒适的做法都是不合适的。

③ fit for the time（动态发展原则）

强调可持续设计要适应时代的发展，设计过程的各个要素实际上都处于一个动态发展的过程中。例如，对于颜色的偏好会随着时间的推移不断改变，产品的功能也会利用不断发展的最新技术来体现，人们对于服务的要求越来越高同样导致服务设计流程和触点的不断更新。周浩明教授认为可持续发展的概念本身就是一种动态的思想，那么设计过程自然而然也是一个动态变化的过程，并在书中提出以下的案例：

> 赖特认为没有一座建筑是"已经完成的设计"，建筑始终持续地影响着周围的环境和使用者的生活。……早在现代主义运动中，许多有前瞻性的建筑师就在这方面做出了有益的探索，密斯·凡德罗的"全面空间"，黑川纪章的"以少做多"(to do more with less)理论以及他与丹下健三的"新陈代谢"理论等都体现了这一思想。

当今社会经济发展和生态环境保护已经是一个密不可分的整体，设计与自然环境密切相联，崇尚自然、尊重自然的"可持续设计"理念成为保护自然资源和环境的全新设计观，在设计中应当秉持 5R 原则：reuse，revalue，renew，recycle，reduce。

① reuse(再利用、重新使用)：把旧的东西原封不动地拿过来用。

② revalue(再评价)：在设计之前设计师都应该对我们之前的、现有的所作所为进行反省和重新评价，从而抛弃过去不可持续的思想和做法，将自己的言行纳入到可持续发展的轨道上来。

③ renew(更新使用、旧建筑改造)：在建筑设计中指的是把老建筑改造以后重新使用。(例如，芬兰图尔库艺术学校，由原来的电缆厂改造成了艺术院校，设计师利用了一些旧的构件和设备保留了这栋建筑原有的文脉和特征，但是赋予了新的功能与意义。)

④ recycle(再生使用)。将材料回收使用。(例如，2014 年芬兰生态设计展上用咖啡渣做成的家具，dARCH 工作室组合在雅典 YEshop 服装店的展示墙。)

⑤ reduce(节约原则、低碳)：reduce 指的是减少，"减少"可分为三个方面：第一是减少对资源的消耗，包括节能，节水，节约原材料，减少废弃物；第二是减少对大自然的破坏，要充分利用太阳能、水能、风力能等可再生自然资源；第三是减少对人体的伤害，这就要求提高室内的空气质量。

在设计界，以用户为中心的设计思想一直是被广泛认可的。但是从大的方面看，设计应该从"以人为本"的思想转向"以地球为本"，着眼于可持续设计的标准规范，衡量可持续设计的全球性。

三、国外的可持续设计思想

(一)维克多·帕帕奈克：设计伦理的先驱，对社会负责的设计的先锋

维克多·帕帕奈克(Victor Papannek，1923—1998)，美国战后最重要的设计

师、设计伦理学家之一。他在美国的库伯联盟学院(Cooper Union)获得建筑学学士学位,后在麻省理工学院(MIT)完成了设计研究生课程,之后在大学教授设计课程,曾给联合国教科文组织(UNESCO)、世界卫生组织(WHO)和许多第三世界国家做过大量的设计工作,堪称"世界公民",并签约沃尔沃以为残疾人设计出租车,《纽约时报》评价其为"早期的良知拥护者"。

滕晓铂在《维克多·帕帕奈克:设计伦理的先驱》一文中对其做出如下评价:

> Papannek 作为设计师、设计哲学家和教师的职业生涯一直持续到 20 世纪 90 年代后期,其间他又出版了《流浪者的家具》《为人的尺度设计》《绿色律令》等著作。他将自己的理论纳入设计实践和教学过程中,并在世界各地广泛宣传自己的主张,由于帕帕奈克的一贯努力,欧美国家的社会底层大众和发展中国家的人们生活质量得到了改善。可以说,帕帕奈克是现代设计伦理的先驱。

《为真实的世界设计》是帕帕奈克一生中最重要的著作,在全世界范围内影响深远,是迄今为止读者最多的设计类著作之一,被翻译成 20 多种语言,具有持久的国际影响。

滕晓铂这样评价该书:

> 在这本书中,帕帕奈克对战后在第一世界兴起的消费社会和商业文明提出了质疑,并通过自己参加的联合国教科文组织、世界卫生组织面向第三世界国家的服务项目以及在许多第三世界国家做过的大量设计案例来论证自己的观点:地球的资源是极其有限的,未来的设计实践和设计教育的发展应该面对世界持续增长的人口中的"大多数",并保持与自然的和谐共处。

这在当时来说是非常与众不同甚至被认为是危言耸听的观点:20 世纪 60 年代末至 70 年代初的美国正是经济高速发展的时期,几乎所有的企业家、设计师甚至学者都对工业设计领域充满信心,而帕帕奈克就是在这个时候不合时宜地认为商业设计是一种对地球资源毫无节制的剥削,批判产品的外观样式设计为"裹尸布",甚至声称"在这样一个被视觉、物理和化学的污染搞得一团糟的环境里,建筑师、工业设计师、规划制定者等角色,他们为人类所能做的最好的也是最简单的事情就是把工作全部停下来"。

但这本书确实在当时引起了巨大的反响,帕帕奈克那些开创性的想法和对当时的商业设计毫不妥协的批判成功地引发了人们的深入思考,并首次触及了设计批评领域的设计伦理问题的研究,也因此成为设计文化发展史上的一个重要里程碑。

帕帕奈克提出了工业设计应该自我限制的观念,强烈批判商业社会中纯以营利为目的的消费设计,主张设计师应该担负其对社会和生态变化的责任。他对设计师社会意识和环境意识的高度强调，令之后的几代设计师认识到自己应该承担的社会及伦理责任，而他终其一生倡导的“有限资源论”则为后来掀起的“绿色设计运动”提供了理论基础。

帕帕奈克的主要观点：

- 当设计仅是技术性的或仅以风格为导向时，它就会与人们真正需要的东西失去联系。
- 如果设计仅基于艺术、工艺和风格，那么人们的实际需求将被排除在外。在他看来，考虑产品的美学价值或感觉只是设计师职责的一部分。从那时起，他为联合国教科文组织和世界卫生组织设计了许多产品。他的设计兴趣广泛，经常考虑设计可能对人类和环境带来的影响。他还认为，美国的许多设计都有一些缺点，包括了许多安全风险和不合理的因素。
- 我们的责任只有一小部分在美学领域。
- 许多新近的设计只满足了短暂的需求，而设计师的实际需求却常常被忽略。
- 提出有关生态无害设计的思想，并为穷人、残疾人、老年人和社会的其他少数群体提供服务。
- 对战后在第一世界兴起的消费社会和商业文明提出了质疑，地球资源是极其有限的，未来的设计实践和设计教育的发展应该面对世界持续增长人口中的“大多数”，并保持与自然的和谐共处。
- 工业设计应该自我限制的观念，强烈批判商业社会中纯以营利为目的的消费设计，主张设计师应该担负其对社会和生态变化的责任。
- 对第三世界的长期关注使帕帕奈克成为最早同联合国合作参与公益项目的设计师之一。在第三世界国家的工作经历和对现实情况的深入调查研究使帕帕奈克非常不喜欢某些第一世界国家的“大师”受邀为第三世界国家进行的“设计服务”。帕帕奈克认为，一方面，第三世界国家过于迷信那些知名的设计师；另一方面，即使是再好的设计师，对第三世界国家设计项目那种蜻蜓点水式的介入方式，使他们很难拿得出真正能够解决问题的方案。由此，帕帕奈克提出了一种新的模式：了解第三世界国家的真实需求，培养通过团队工作去协调多方面因素的通才，依赖他们在第三世界国家本土推行设计教育，而不是直接邀请来自第一世界的明星设计师做工业设计。

作为对社会和生态负责的设计的坚定倡导者，帕帕奈克对绿色设计的思潮产生了直接影响。他提出了两个核心的问题："设计为什么"以及"设计师如何在消费时代，维持与自然生态之间的平衡"。这对于现代设计的伦理、现代设计的目的性理论、可持续性设计、绿色设计来说，都是非常重要的起点。

帕帕奈克的设计伦理思想使每个设计师受益终生。

(二) 埃佐·曼奇尼：至今仍活跃的可持续设计领域国际最权威的学者和理念先驱

埃佐·曼奇尼(Ezio Manzini)是国际可持续设计与创新联盟主席、意大利米兰理工大学教授，被评为可持续设计领域国际最权威的学者和理念先驱，引领可持续设计的发展思潮。其著作《设计，在人人设计的时代》被奉为社会创新的经典。

曼奇尼教授提出社会正面临着巨大的需求和挑战，在当今社会中人人都有创新能力，人人都可以参与设计。他在书中还叙述到设计与社会变革处于一个正向可持续转型的互联的世界，并表现出了对社会创新和变革的兴趣，这正是可持续设计实践的主要驱动力，他在《设计，在人人设计的时代》一书中提到：

> 在这个世界中，每个人，无论是否愿意，都必须不停地设计并再设计自己的存在方式；很多此类项目正汇聚于此，并催生了更大的社会变化；而设计专家的角色是培养并支持这些个体或集体项目，以及那些由项目引发的社会变化。

曼奇尼教授认为设计师除关注产品、服务和系统的价值外，还要关注他们的质量，设计重点关注的是解决问题，问题只有被解决了才会有意义。他认为要做好设计就要了解设计的情景和背景，了解人和围绕人的生态，设计不仅仅是解决问题更是创造，尤其是围绕着"美"的创造。曼奇尼教授曾在2016年"设计教育再设计"第五届国际会议上提到，各个国家都在面临着不同的危机，欧洲的难民、日本的老龄化以及其他国家的各种气候问题等，希望以此来警醒人们去做一些必须要做的事情，延续世界的可持续发展。

实现可持续发展首先要识别问题并且解决问题，实际上所有的问题的本质都是一样的，它们是同一个问题的不同层面，只是我们可能对它们的认识不一样；其次要进行协作，利用集体的智慧，因为没有一个人能知晓所有的事情，每个人都有其自身的价值，不要觉得恐慌，做出实际的行动。

曼奇尼教授在 *Sustainable Everyday：Scenarios of Urban Life* 一书中介绍了我们日常生活中会遇到的一些可持续性问题，并且深入地探讨了促进可持续生活方式和产生解决方案相关的设计问题。他在和维佐里(Carlo Vezzoli)教授共同撰写的《环境可持续设计》一书中将产品开发中的环境诉求与设计方法论有机地整合在一起，提出人们对于"可持续"一词滥用的情况，并且介绍了可持续设计的理念：

从根本上说，“可持续设计”不是“反消费”“反商业”，而是提倡适度的、合理的消费模式。设计师必须改变以刺激消费为唯一主旨的商业主义倾向，从“形式的供应商”转化为各方利益的“协调人”，并不断寻求一种创造性的解决方案。这种创造是从系统的角度出发，重新整合了现有的技术、人才、资金等资源；是一种兼顾经济发展、环境保护、社会和谐、文化传承的可持续之道！今天，设计界正在以积极的态度发出自己的声音，不断寻求一种“自主”意识，并努力在社会经济中扮演更为重要的角色。而设计教育正是这一切努力的根本所在，并肩负着重要的责任。

曼奇尼教授在《设计，在人人设计的时代》一书中提出，大部分参与社会创新的人员都本着一种自愿的态度，这种态度十分重要，因为这种态度，他们坚持方案为自己带来更好的生活品质的同时，可以减少某些方面的消耗，并换来可持续的品质，一种需要可持续的行为才能获得的品质，可以获得持续的体验和精神愉悦。

(1) 复杂性和规模

在大部分模式下复杂性和规模都是成正比的，在很多社会创新案例中，因为各个利益相关者的动机和所期待的结果各不相同，案例也变得更加复杂。但是，曼奇尼教授认为这种复杂性正是它们存在的价值：

正是因为这种复杂性，设计师、供应商和用户的传统界线被进一步模糊了，刻板、老套的参与者形象不复存在。这种“丰富的复杂性”其实反映了真正的人性本质。

在设计变得更加复杂的同时，规模的缩减与它的复杂性产生抵消，因为小规模的组织更容易与社区建立友好关系，且其管理和规范更加容易理解。

(2) 工作与协作

曼奇尼教授提出对工作进行重新定义，每个人都应当被看作从事活动的有意义的个体，强调社会活动中每一个人所具有的价值。在以往的组织系统中，人通常被分为三种角色：消费者、使用者和置身事外的旁观者。而在曼奇尼教授强调的社会创新中强调“合作”的形式，并把这种合作分为两种：

- 工业化程度较高的社会中超级个人化背景下人们重新发现合作的力量；
- 工业化程度较低的社会中传统社区内为有意识合作发展出更加灵活的形式。

(3) 关系与时间

人、物和环境三者之间总是存在着纠缠不清的关系，而这些关系的形成与时间属性也是密不可分的。对此，曼奇尼教授提出：并不是时间使关系变得重要，而是因为良好的“关系”是需要时间来建立的。

要想建立各种生动的关系，就要对建立关系所需的时间有新的衡量标准、新的阐释和体验。在这里，我们指的是，必须花费一定的时间才能将各种参与者、地点及产品联系起来，才能在这几者之间创造出更多层次的意义。

（4）本地性和开放性

本地性是建立在前面提到的社会创新组织系统所具有的小规模特性之上的，小规模特性导致其通常会长期处于一个地方，并且会受到当地文化的影响。而开放性则是社会创新组织系统如果想与当地取得密切的联系所必备的属性，并且开放性有利于组织系统接收来自全球范围的文化、理念和资金等。在这样的属性中，更容易产生一些社会创新活动。

例如：重建邻里关系的活动；复兴本地食物和手工艺的活动；为获得原产地体验而寻找就近生产的产品的活动；通过自给自足的策略提升社区在应对外部威胁和困境时的恢复能力的活动。

曼奇尼教授在《设计，在人人设计的时代》中将创新理解为一种行动，并提出创业是实现创新最高效的方式。社会创新离不开企业中项目和组织的创新。那么何为社会企业呢？社会企业是指解决社会问题、增进公众福利，而非追求自身利润最大化的企业。投资者拥有企业所有权，企业采用商业模式进行运作并获取资源，投资者在收回投资之后也不再参与分红，盈余再投资于企业或社区发展。以此为基础进行社会创新，来实现“万众创新、全民创业”的景象。

曼奇尼教授从最开始关注传统的产品设计，转向战略设计，再转向服务设计，对设计如何推动社会创新和可持续发展系统地进行研究。人们越来越意识到生活中的很多问题已经没有办法单单依靠一个产品来解决。例如，汽车的制作和性能再精良都没有办法改善交通情况，反而通过协调汽车、公交车和自行车等各种交通工具可以更好地对拥堵的交通状况进行改善。在这种背景下，突破传统设计领域的分工，响应新的社会需求，正好对应了曼奇尼教授提倡的社会创新与可持续设计的核心理念。因此，曼奇尼教授提出设计思维推动社会创新具体“行动”，包括以下三点：

- 首先，从问题出发，构建解决方案系统，非单纯提供产品或服务；
- 其次，设计思维要求以新的眼光看待资源，由新的资源带来新的系统方案；
- 最后，构建并清晰地传达创新的愿景、创新方案扩散的重要方法。

曼奇尼教授以“大众设计—专业设计（角色与能力）”“解决问题—意义建构（动机与期待）”为纵轴和横轴的两个维度，得出如图 8-2 所示的设计模式地图。曼奇尼教授提出每个人都有设计能力，每件事物都能被设计，这张地图可以帮助设计师和非设计师发挥他们的设计能力，并且知道何人是以何种身份、带着何种动机去进行设计。

- 草根组织：以解决当地问题为目的的设计活动通常采用这种设计模式，其应对的问题主要是居住区缺乏绿地，难以获得有机食物，替代性交通方式不足等问题。虽然不能一概而论，但是他们的行为起初往往是由强烈的观念意识或政治目标驱动的。

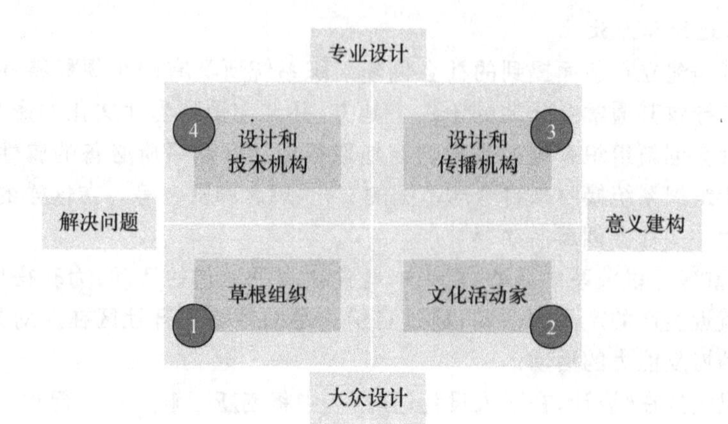

图 8-2 设计模式地图

- 文化活动家:采用这种设计模式的人们通常对(专业的和非专业的)文化活动感兴趣,他们建立自己的据点来推广兴趣领域,同时为展示、呈现、交换体验并展开讨论创造机会。
- 设计和传播机构:这种设计模式是指设计专家使用自己的专业知识和工具,去构想和发展原创产品、服务和传播载体。
- 设计和技术机构:这是具有先进技术背景的专家所属的一种设计模式,目的是通过对接技术和社会议题来解决复杂问题。

在如今的社会创新与可持续发展中,社会、技术和文化创新不可避免地交织在一起,形成了一种新兴的设计文化:大众和专业设计师一起协作进行设计,解决问题和意义建构之间也形成了良性的循环,如图 8-3 所示。曼奇尼教授对此做出解释:

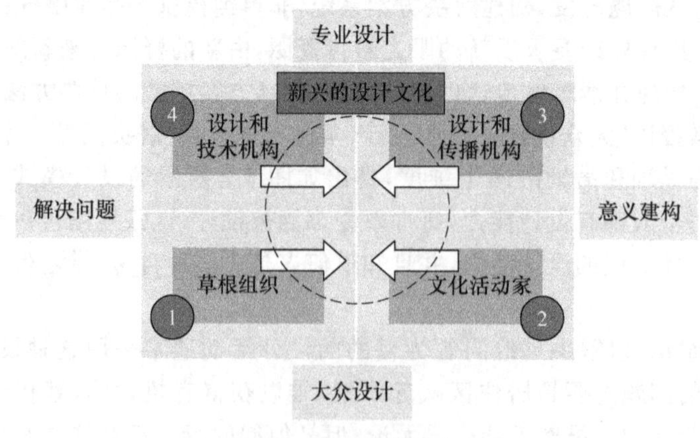

图 8-3 新兴的设计文化

总的来说，我们可以观察到解决问题和意义建构这对传统的对立面经常趋于融合：在一个突破性创新里，新的实际解决方案几乎不可避免地带来新的意义，反之亦然。

（三）可持续设计的经典文献

1. *Design for Sustainability*

图书，如图 8-4 所示，作者 Tracy Bhamra 和 Vicky Lofthouse。

该书从设计的视角出发，将可持续性设计介绍为一种实用的设计方法，重点关注 21 世纪消费品设计者面临的挑战和问题，总结了可持续产品开发背景下环境辩论的历史和当前问题，强调了在设计时考虑对环境的影响和可持续性设计所带来的好处。将可持续发展与商业环境紧密结合，引入新的设计重点，概述并评估了设计师可用的方法、工具和技术，用于设计创新和设计改进，涵盖电气产品、IT 和家具等多个产品领域的广泛案例研究。

图 8-4 *Design for Sustainability*

2.《从摇篮到摇篮》

图书，如图 8-5 所示，作者威廉·麦克唐纳、迈克尔·布朗嘉特。

消费时代的到来宣誓着“从摇篮到坟墓”产品设计及制造思维的出现。为了应对环境的污染、资源的耗竭,3R(reduce、reuse、recycle)应运而生,但并没有根除环境问题。“从摇篮到摇篮”的设计理念帮助设计师思考如何像大自然一样,不断循环利用养分,在不减少其价值的基础上为其增值,让世上不再有垃圾的概念。

3.《寂静的春天》

图书,如图 8-6 所示,作者蕾切尔·卡逊(美国)。

该书倡导生态中心主义,反对与之相对的人类中心主义。作者坚持生态整体主义,认为自然是相互联系、相互依存的生命体所构建的生命之网,生物与环境密切关联在一起,有其自身的演变规律,一旦破坏其规律,将引发前所未有的灾难。人类不应随意插手自然自身的动态平衡和运动规律。

图 8-5 《从摇篮到摇篮》

图 8-6 《寂静的春天》

4.《为真实的世界设计》

图书,如图 8-7 所示,作者维克多·帕帕奈克。

图 8-7 《为真实的世界设计》

设计师要为真实的世界而设计，为人类真正的需求而设计。设计应该为广大人民服务；设计不但要为健康人服务，同时还必须为残疾人服务；设计应该认真考虑地球的有限资源使用问题，设计应该为保护我们居住的地球的有限资源服务。

5.《可持续设计的观念、发展与实践》

论文，如图 8-8 所示，作者刘新。

该文系统梳理了“可持续设计”的发展脉络与核心观点，将“可持续设计”理念的演进和发展分为四个阶段：绿色设计、生态设计、产品服务系统设计、为社会公平与和谐的设计，并结合案例分析解读了“绿色”概念的正确含义。

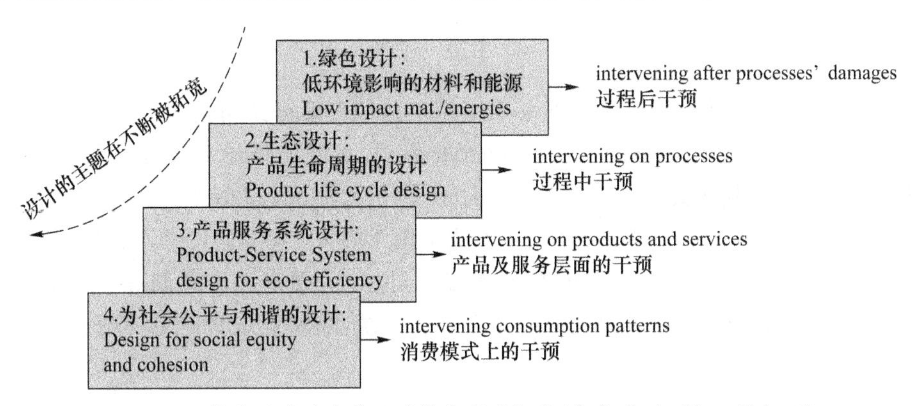

图 8-8　可持续设计的发展及设计主题的拓宽(参考 Carlo Vezzoli 2003)

6. “Evolution of design for sustainability:From product design to design for system innovations and transitions-Ceschin F”

论文,作者 Gaziulusoy。

该文探讨了可持续设计的演变,以时间模式,将过去几十年发展的设计方法分为四个创新层级:产品创新、产品服务系统创新、社会空间创新和社会技术系统创新。可持续设计领域从以技术和产品为中心的焦点逐步扩展到大规模系统。

重点摘要

① 全世界的共同课题:人与自然和谐相处,实现可持续发展。

② 可持续设计的要求:从“以人为本”的思想转向“以地球为本”。

对话

学生:“绿色设计”和“可持续设计”的区别和联系是什么?

老师:可持续设计的目的是“通过巧妙、敏感的设计完全消除对环境的负面影响”。可持续设计的体现需要可再生资源和创新,以尽量减少对环境的影响,并将人与自然环境联系起来。绿色设计经常与环境可持续设计互换使用。关于这一点有一个普遍的争论,一些人认为绿色设计实际上比可持续设计更窄,可持续设计考虑到了一个更大的系统。绿色设计侧重于短期目标,虽然这是一个有价值的目标,但可持续设计可能会产生更广泛的影响。环境可持续设计通常与经济可持续设计和社会可持续设计一起使用,绿色设计通常只与建筑相关,而可持续设计的考虑范围要大得多。

学生:为什么要在系统设计的书本中用单独的一章介绍可持续设计呢?

老师:可持续设计应该属于系统设计的范畴,我们的设计对象是系统,中国古籍有“其大无外、其小无内”的说法。其大无外,是无穷大,其小无内,是无穷小。既然是无穷大,自然可以分拆成无限小,也就是说无穷大,包含了无穷小;既然是无穷小,意味着它可以无穷增大,也就是说无穷小,包含了无穷大。我们的设计对象如果着眼于大的系统,就是我们生活的这个环境系统,可持续设计是非常好的系统设计观念。

学生:在一个系统设计的课题中,可持续设计具体体现在哪些方面?

老师:可持续设计是一种设计观念,是一种构建及开发可持续解决方案的策略设计活动，均衡考虑经济、环境、道德和社会问题。具体的设计实践需要产生创新的观点，“观点”和“观念”不一样，“观念”更多是价值观层面的，是产生“观点”的底层逻辑。譬如，在具体设计实践过程中，我们发现一个问题，如果我们采用产品服务系统的方式解决这个问题而不是用传统的产品的方式来解决，那就会很不一样。事实上产品服务系统(PSS)这个概念的提出当时就是考虑到生态，所以在产品服务系统的设计评价上就有生态这个方面的评价。

学生：可持续设计中所提倡的“以地球为本”，其实本质上也是“以人为本”，对吗？

老师：个人还是认为不一样，这个在本章前面有所介绍，我们现在讲的设计思维，是UCD，是以人为本的设计，这种设计思维是现在的主流设计思想。可持续设计是一种格局更好的设计思想，是为了更好地造福子孙后代。随着社会的发展，可持续设计应该会得到越来越多的关注，并成为主流。

思考题

① 生活中有哪些可持续设计？这些设计通过哪些方式实现了可持续性？

② 试选择一件生活中的产品重新进行可持续设计。

本章参考文献

[1] 埃佐·曼奇尼. 设计，在人人设计的时代[M]. 钟芳，马谨，译. 北京：电子工业出版社，2016.

[2] 威廉·麦克唐，迈克尔·布朗嘉特. 从摇篮到摇篮[M]. 中国21世纪议程管理中心，中美可持续发展中心，译. 上海：同济大学出版社，2005.

[3] 弗兰西斯·薛华. 前车可鉴[M]. 梁祖永，译. 北京：华夏出版社，2018：31.

[4] 蕾切尔·卡森. 寂静的春天[M]. 吴国盛，译. 北京：科学出版社，2007.

[5] 维克多·帕帕奈克. 为真实的世界设计[M]. 周博，译. 北京：中信出版社，2012.

[6] 维佐里，曼齐尼，刘吉昆. 环境可持续设计[M]. 刘新，杨洪君，覃京燕，译. 北京：国防工业出版社，2010.

[7] 周浩明. 可持续室内设计理论[M]. 北京：中国建筑工业出版社，2011.

[8] 李乐山. 工业设计思想基础[M]. 北京：中国建筑工业出版社，2007.

[9] 李乐山. 工业社会学[M]. 西安：西安交通大学出版社，2017.

[10] DAN SAFFER. Designing for interaction[M]. San Francisco：Peachpit Press，2006.

[11] TRACY BHAMRA, VICKY LOFTHOUSE. Design for Sustainability[M]. London:Gower,2007.

[12] 林美玲.维克多·帕帕奈克的设计伦理思想研究[J].设计,2017,(11):72-74.

[13] 李乐山.设计是用善良和爱心规划未来的文化与生活[J].设计,2014(08):8.

[14] 林楠,周浩明.可持续设计要实现从观念到行动的转化[J].设计,2019,32(22):88-91.

[15] 李乐山.现代设计的价值与人文基础[J].西安交通大学学报(社会科学版),2007(01):17-21.

[16] 李乐山.产品符号学的设计思想[J].装饰,2002(04):4-5.

[17] 刘新.可持续设计的观念、发展与实践[J].创意与设计,2010(02):36-39.

[18] 滕晓铂.维克多·帕帕奈克:设计伦理的先驱[J].装饰,2013(7):2.

[19] CESCHIN F, GAZIULUSOY I. Evolution of design for sustainability: From product design to design for system innovations and transitions[J]. Design studies,2016,47:118-163.

[20] Shawn1920.埃佐·曼奇尼(Ezio Manzini)|听国际权威设计大师如何诠释社会创新[EB/OL].(2019-03-13)[2022-02-25]. http://www.360doc.com/userhome/54255499.

[21] 周浩明.当生态设计满天飞,多少人关注过生态设计"5R原则"?[EB/OL].(2016-03-14)[2022-02-25]. https://mp.weixin.qq.com/s/3_9skdQLgtJK6r-EWppbuA.

[22] 周浩明.普及可持续设计势在必行[EB/OL].(2017-05-05)[2022-02-25]. http://www.archcy.com/point/gdbl/4ce76edafb31d10e.

[23] HUGH DUBBERLY. What is Systems Design? [EB/OL].(2006-07-28)[2022-02-25]. http://www.dubberly.com/articles/what-is-systems-design.html.

[24] CHRISTOPHER HAWTHORNE. Rereading Victor Papanek's "Design for the Real World"[EB/OL].(2012-11-01)[2022-02-25]. https://metropolismag.com/viewpoints/rereading-design-for-the-real-world/.

[25] EZIO MANZINI. Desgin When Everybody Designs[EB/OL].(2017-07-10)[2022-02-25]. http://sodcn.jiangnan.edu.cn/info/1054/1823.htm.

第九章　产品系统设计案例

设计师式思维是一种特殊的"设计师式的认知方式",解决问题不仅要建立在演绎或归纳的基础上,还要建立在溯因上。设计师式思维正是一种以实践为基础的解决问题、理解事物、发展新知识的方法。

——Nigel Cross《设计师式认知》

"设计的实质在于发现一个很多人都遇到的问题然后试着去解决的过程。"

——原研哉《设计中的设计》

一、案例 1:CO-OK 共享厨房服务设计[①]

CO-OK 共享厨房服务设计

2018 年作品《CO-OK 共享厨房设计》获得中国设计红星原创奖金奖,如图 9-1 所示。

图 9-1　红星奖获奖

① 作者:北京邮电大学 2015 级本科生李菁、杨铃娜、韦钰盈、周维　指导老师:汪晓春

《CO-OK 共享厨房设计》(如图 9-2～图 9-14 所示)是一个将老人购物、烹饪、就餐过程整合为一体的服务设计方案,旨在解决社区老年人就餐与社交需求的问题。在老人使用的过程中提供情感化的服务,并将适老化设计理念融入每一个环节,从本源上提升老人的生活品质、丰富老人的精神世界。

图 9-2　封面

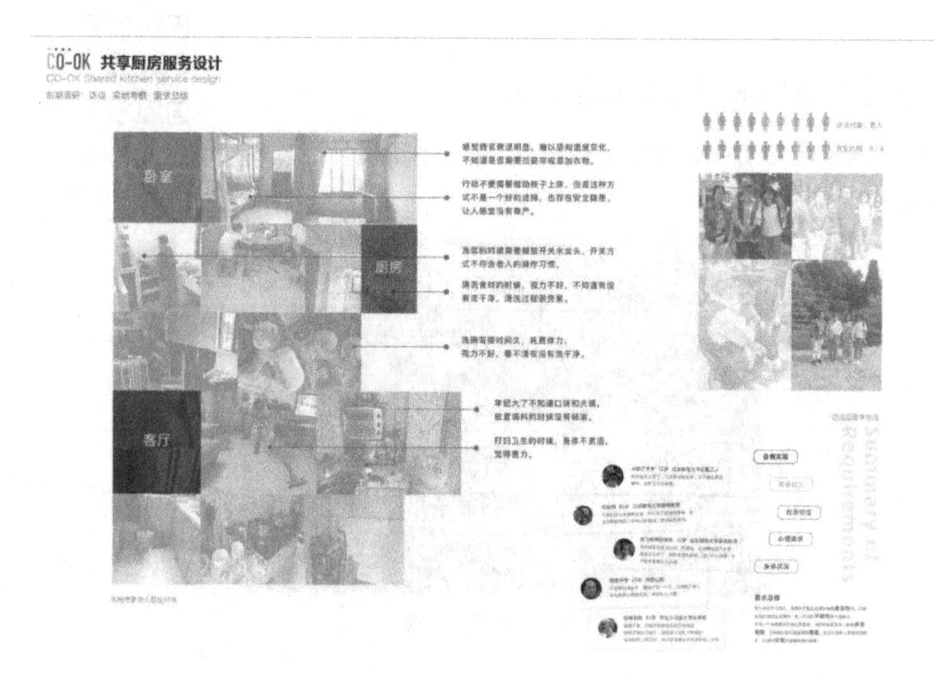

图 9-3　设计过程-前期调研

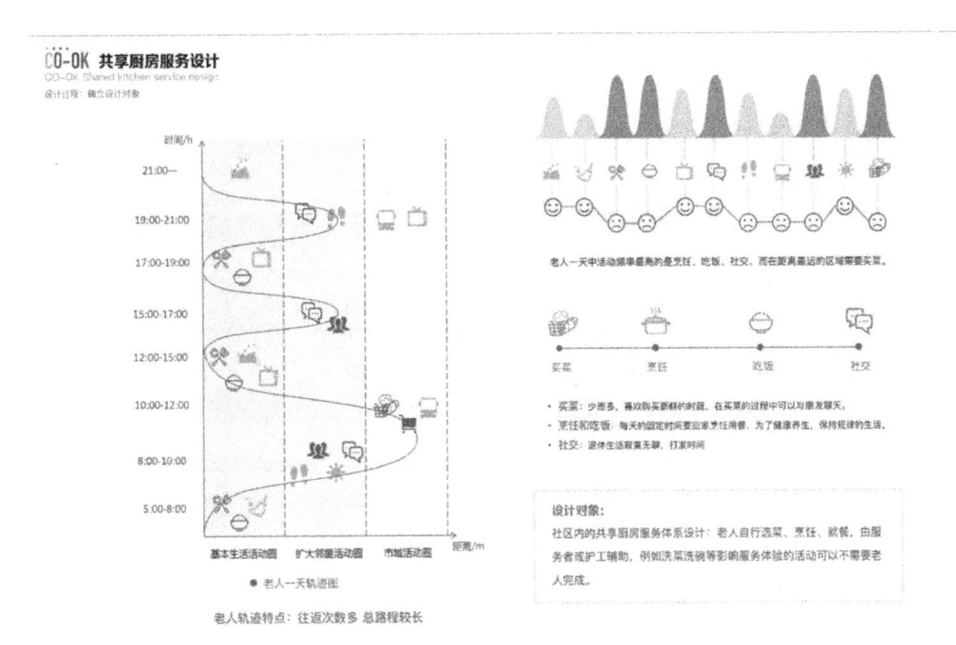

图 9-4　设计过程-确立设计对象

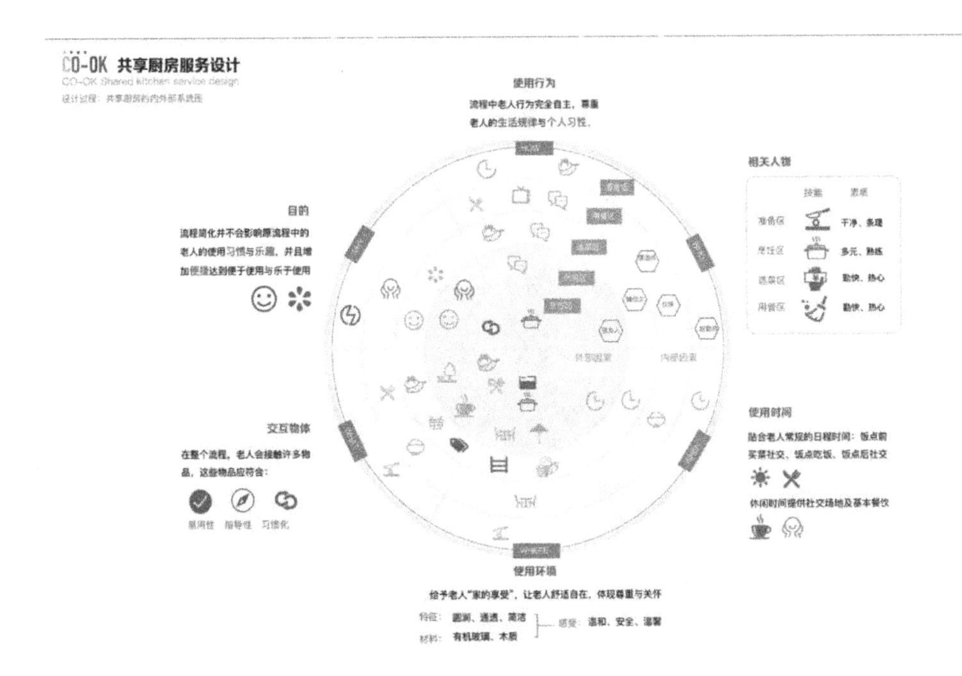

图 9-5　设计过程-共享厨房的内外部系统图

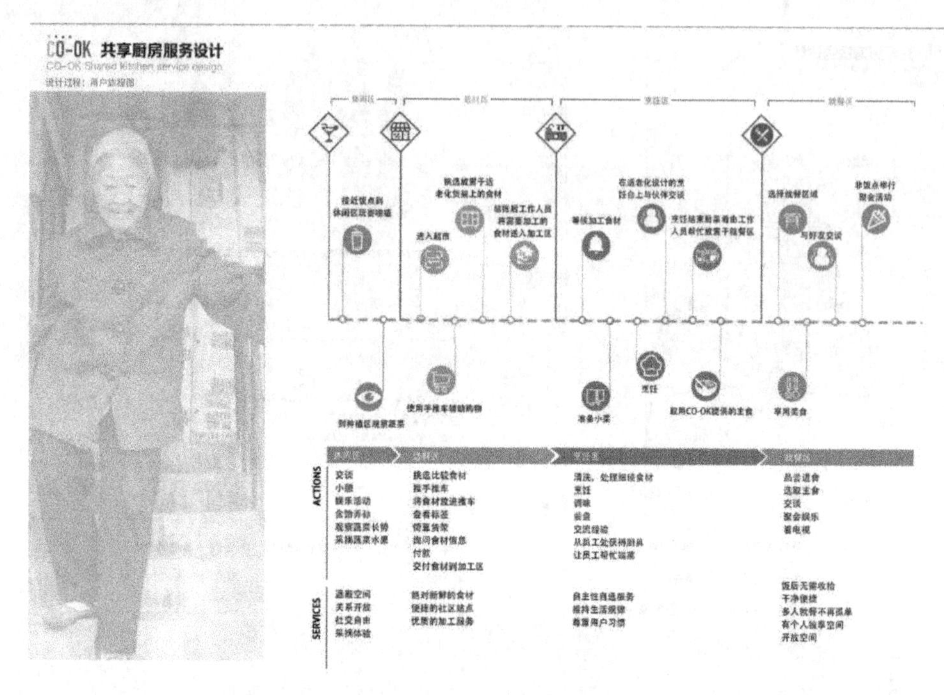

图 9-6 设计过程-用户旅程图

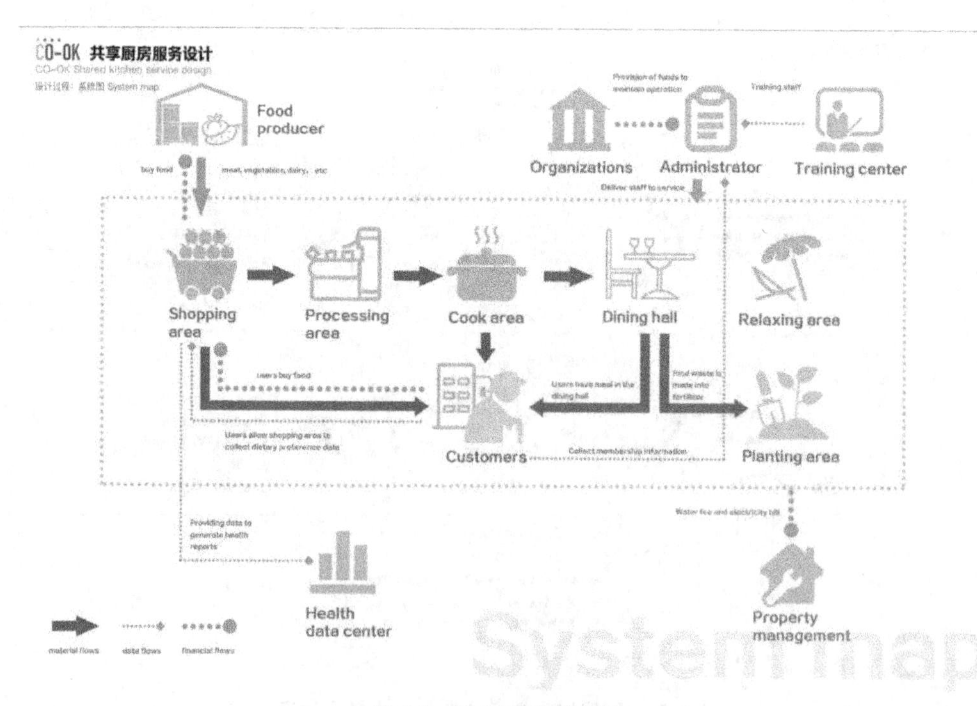

图 9-7 设计过程-系统图

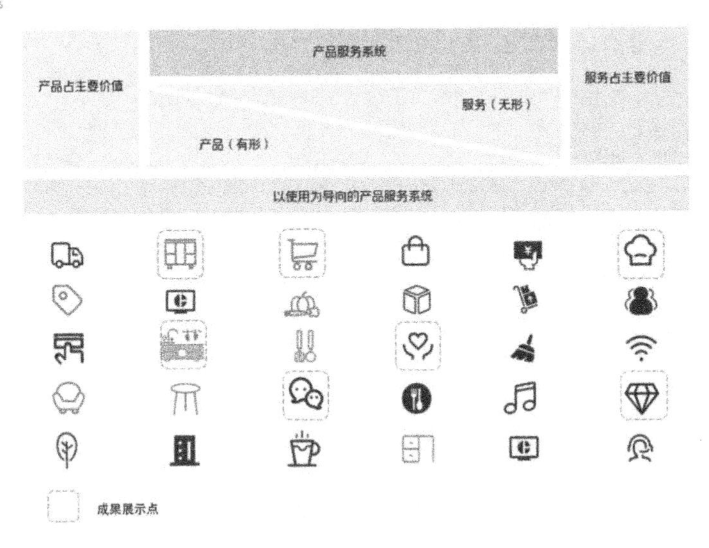

图 9-8　交付成果-产品服务系统 PSS

图 9-9　交付成果-品牌介绍与设计原则

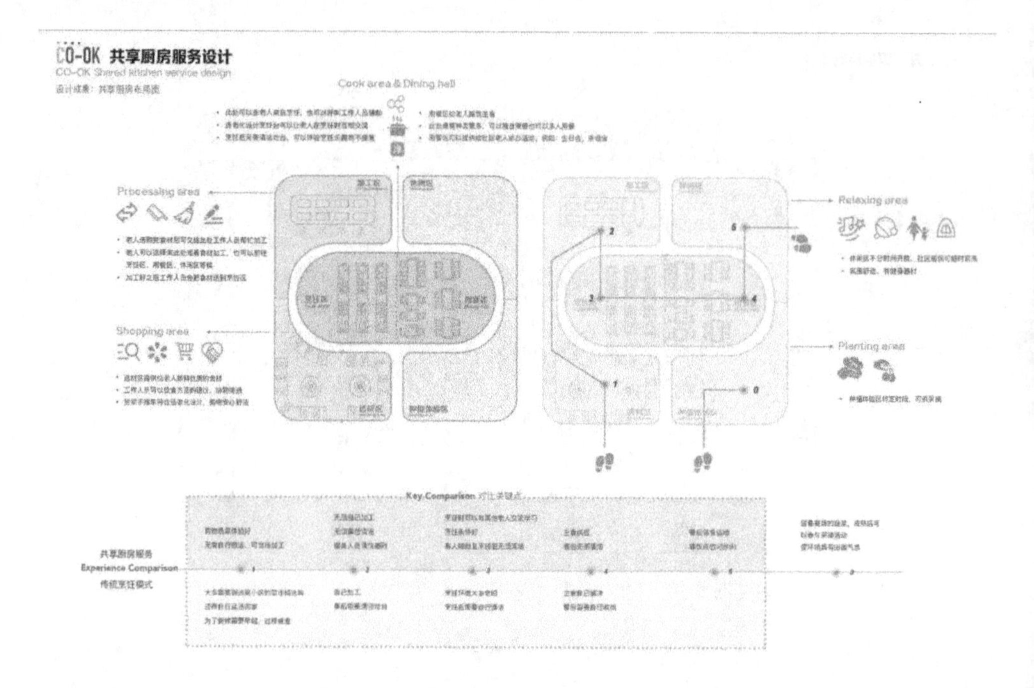

图 9-10　交付成果-共享厨房布局图

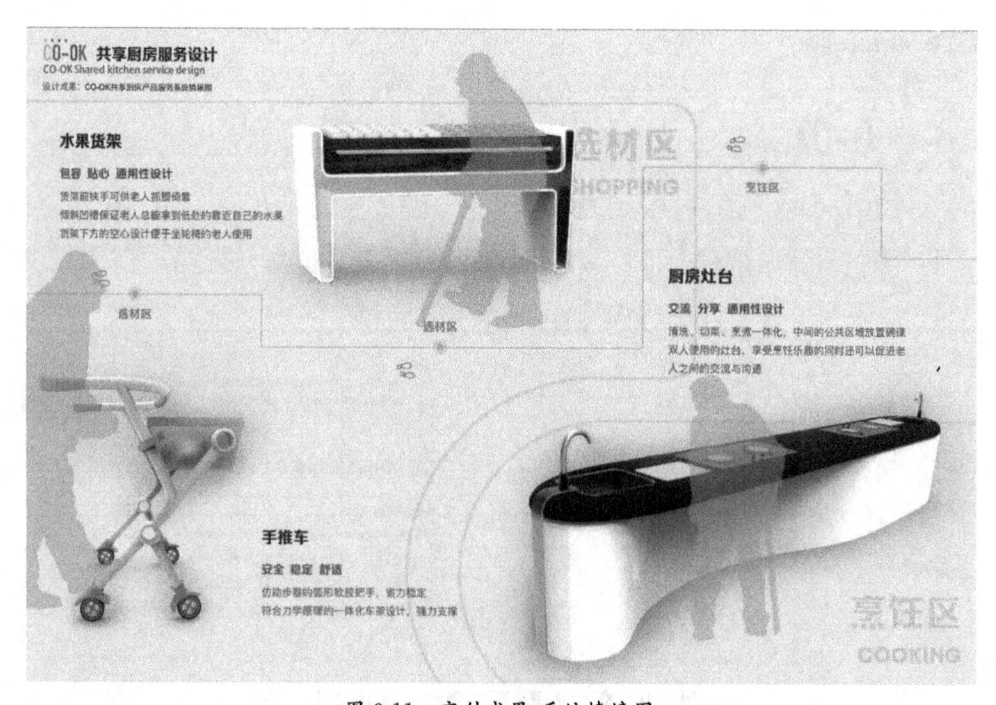

图 9-11　交付成果-系统情境图

图 9-12　价值点-三个服务价值点

图 9-13　价值点-商业模式画布

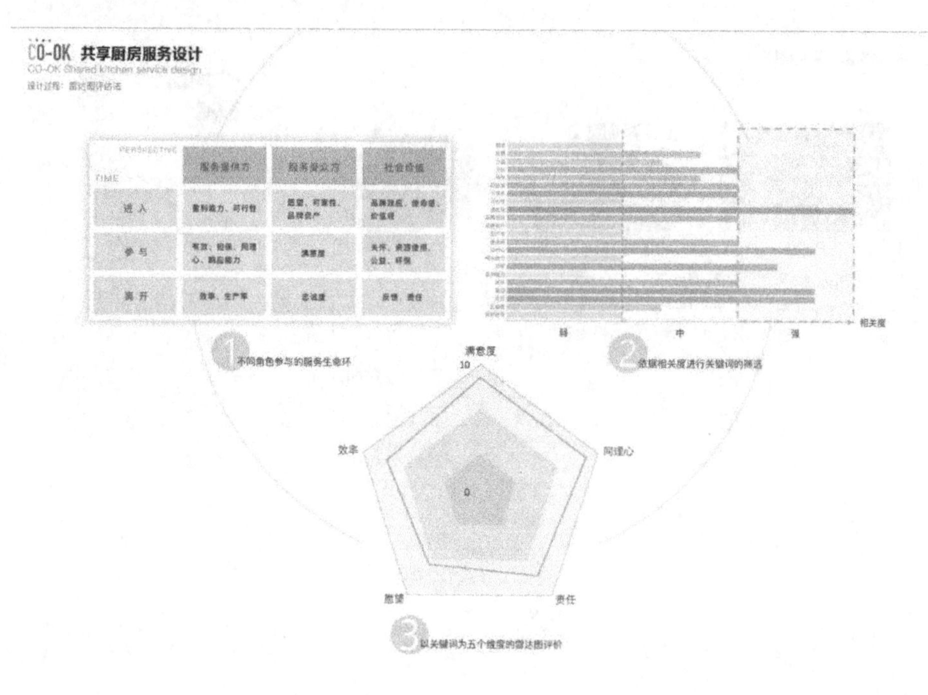

图 9-14　雷达图

PLAy 游乐馆服务设计

二、案例 2:PLAy 游乐馆服务设计[①]

2019 年作品《PLAy 游乐馆服务设计》获得碧桂园未来契约青年社会设计大赛三等奖。

《PLAy 游乐馆服务设计》(如图 9-15～图 9-28 所示)是为满足城市独居老人情感需求而设计的游戏馆产品服务系统。随着我国人口老龄化不断加剧,城市独居老人数量也日益增长,其情感需求存在不容忽视的市场空缺。《PLAy 游乐馆服务设计》正是对城市独居老人的痛点进行分析与针对性地解决,创造性地提出了为老人找玩伴的合作游戏机制,使老人在游戏中体验陪伴与信任,形成新型情感链接。

① 作者:北京邮电大学 2019 级研究生高云帅、柏琳瑶、王雪珺、陈晶晶　指导教师:汪晓春

PLAy是针对社区独居老人设计的一个服务品牌，旨在解决独居老人最迫切的问题——缺少陪伴。陪伴究其根本是老人因长时间独处而感到孤独，所以PLAy游戏厅的设计核心是：通过独居老人之间的协作来使其产生互动和链接，从而使他们从物质和精神两个层面都得到满足。考虑到具体的情境，PLAy游戏厅以老年社区为依托，以完善独居老年人服务为根本出发点。

图 9-15　品牌介绍

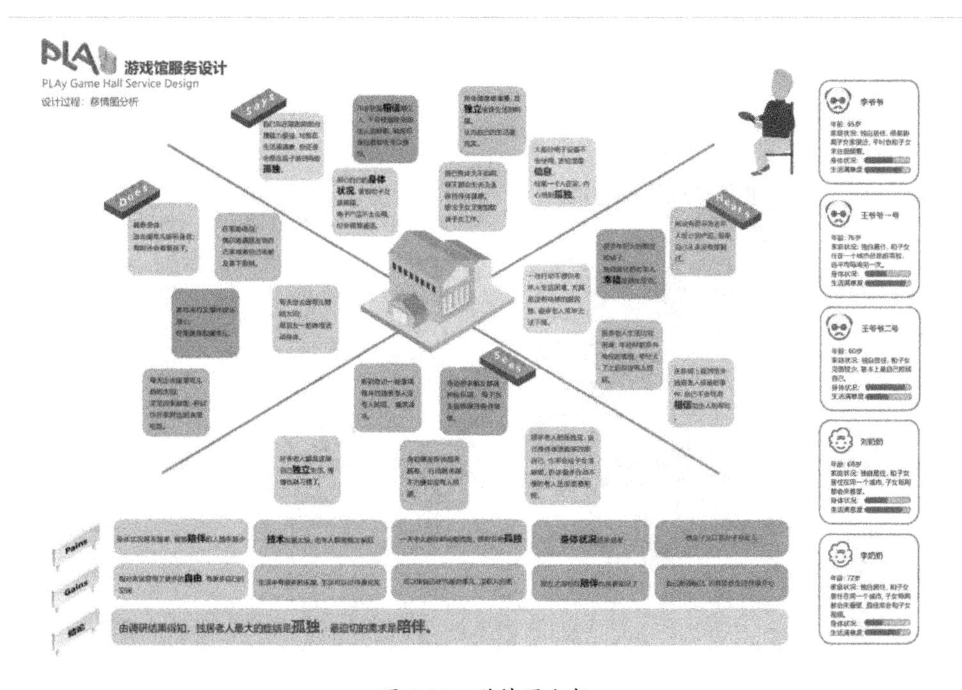

图 9-16　移情图分析

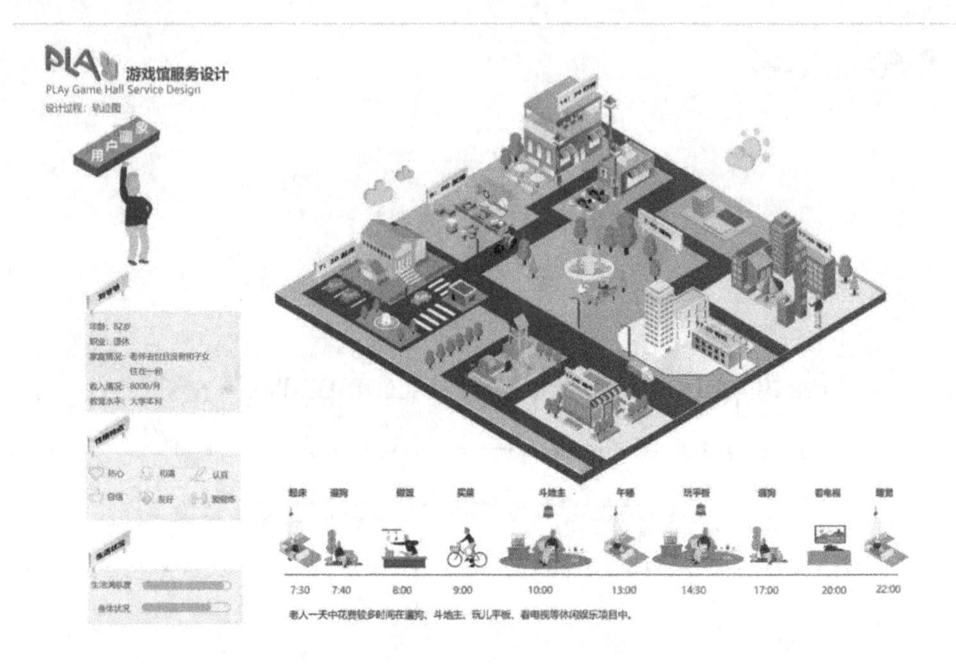

图 9-17 用户轨迹图

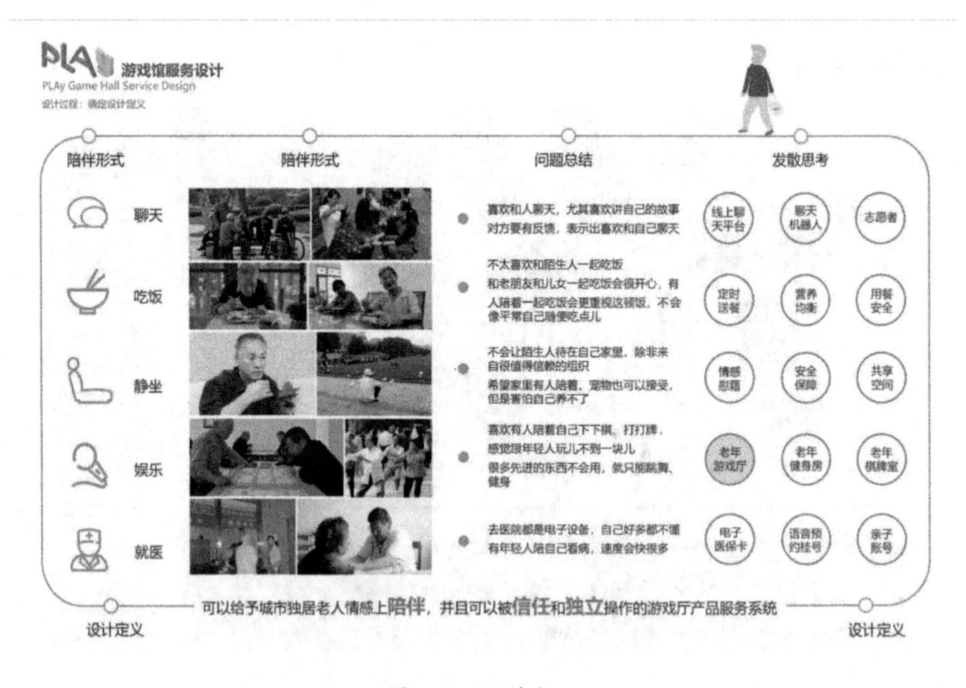

图 9-18 设计定义

图 9-19　设计原则、设计过程

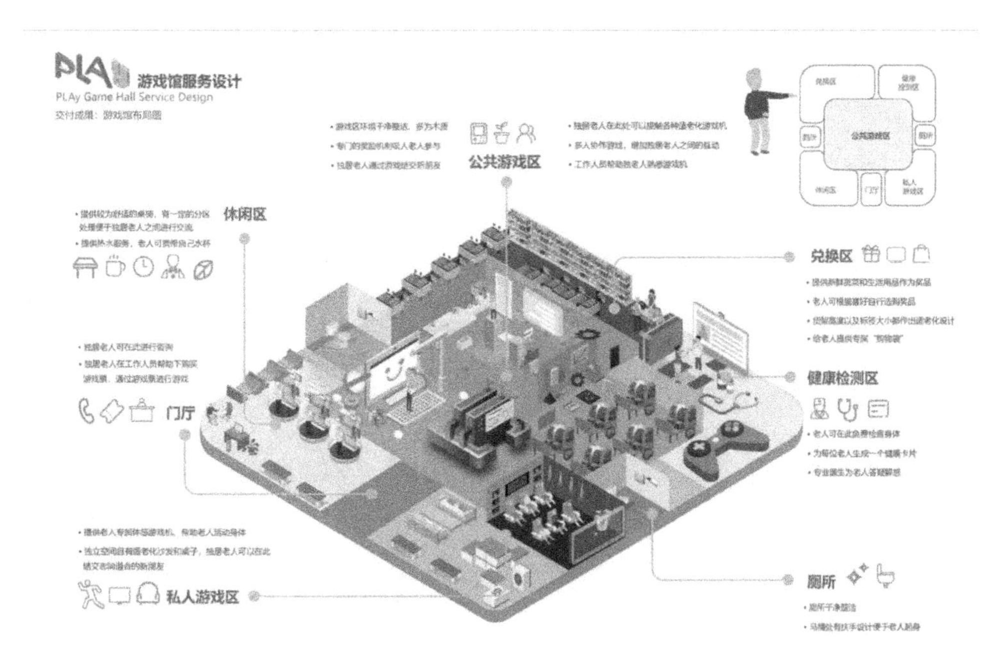

图 9-20　游戏馆布局图

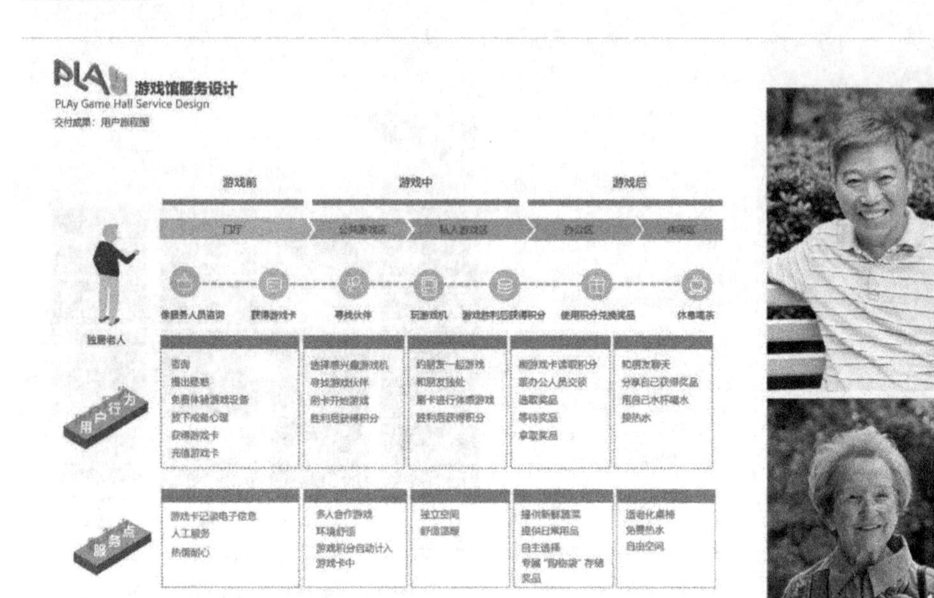

图 9-21　用户旅程图

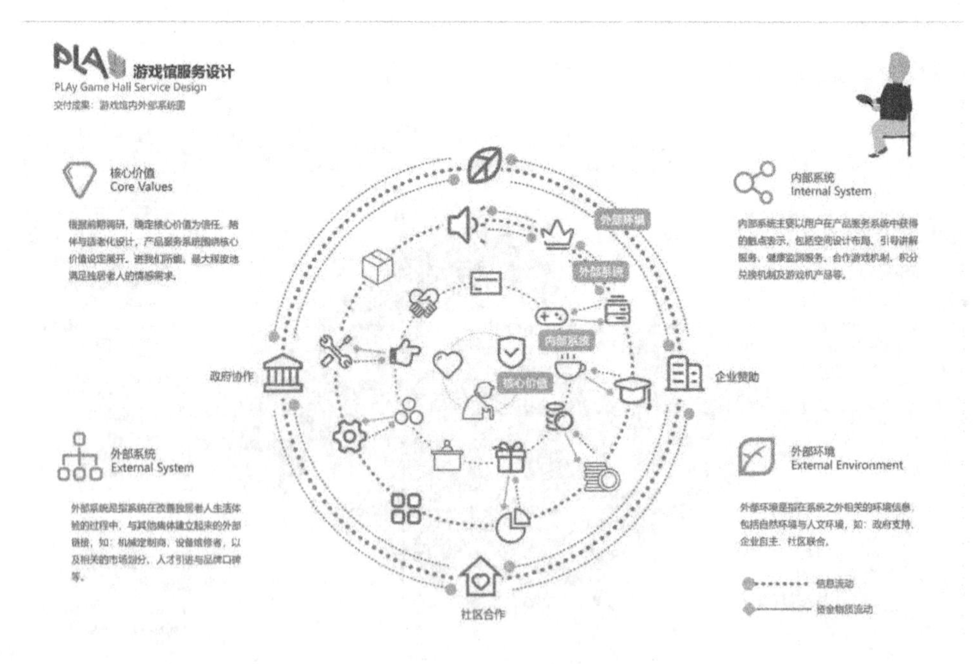

图 9-22　游戏馆内外部系统图

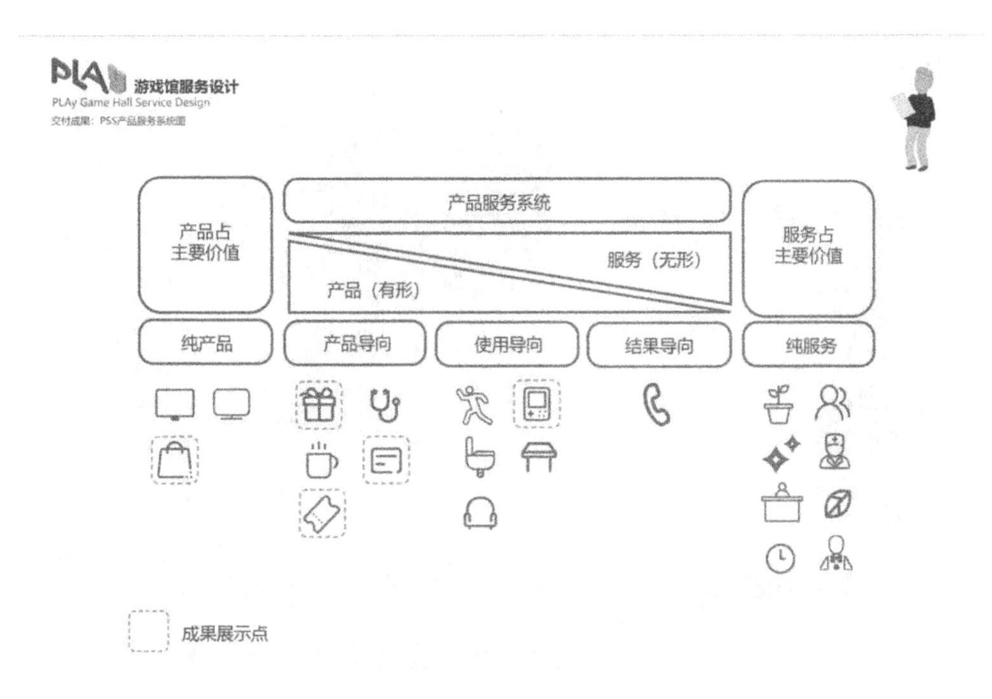

图 9-23　PSS 产品服务系统图

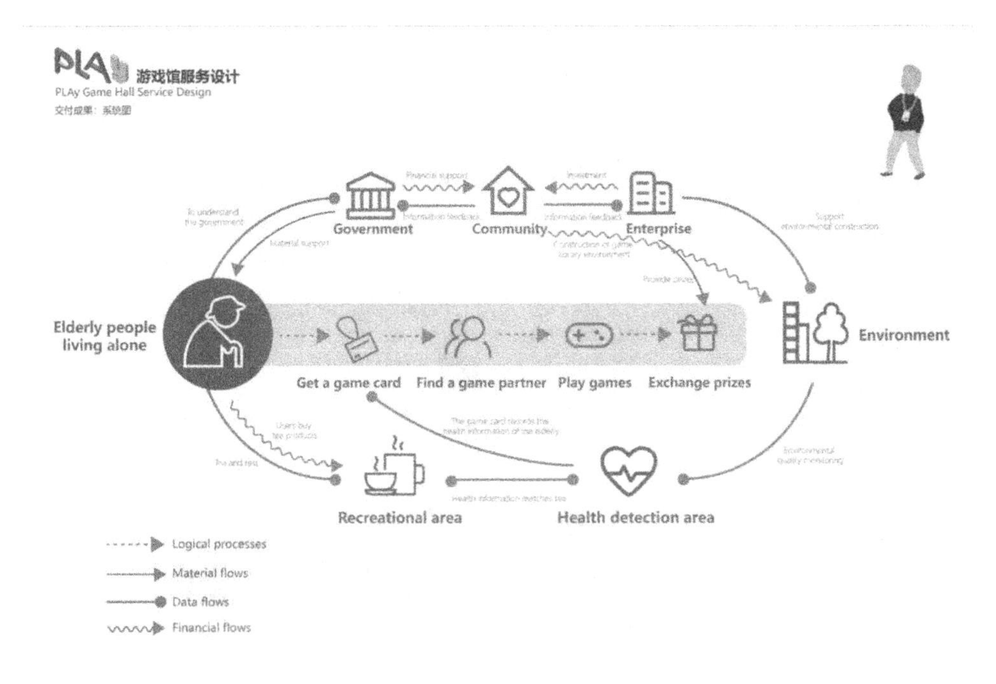

图 9-24　系统图

图 9-25　适老化怀旧风游戏机

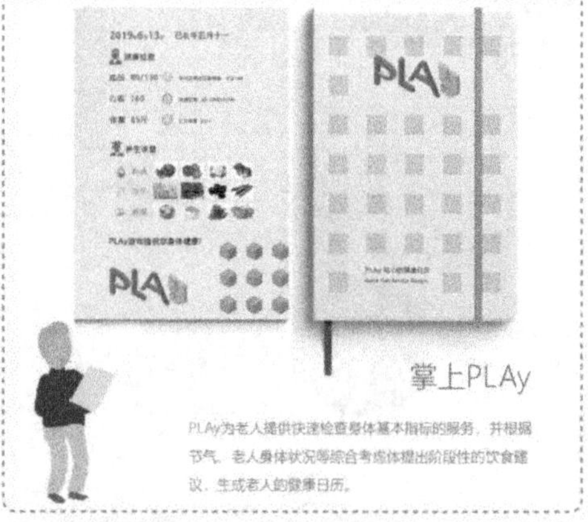

图 9-26　服务价值点

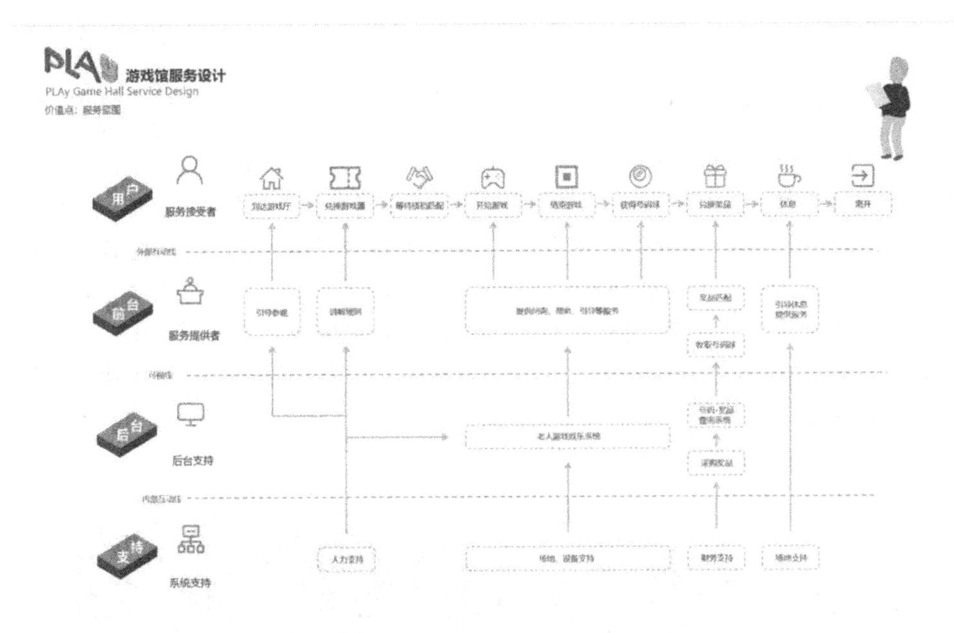

图 9-27　服务蓝图

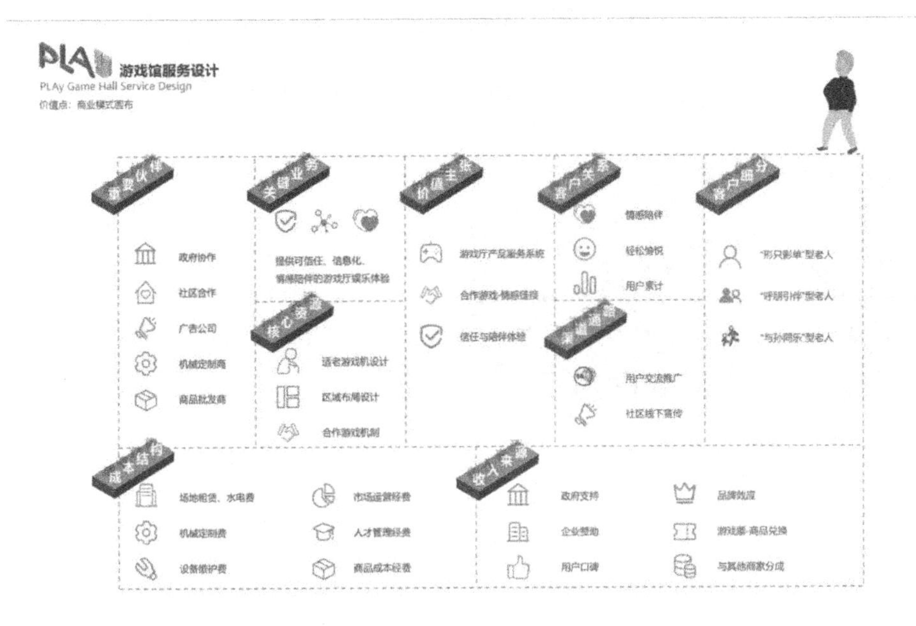

图 9-28　商业模式画布

三、案例 3：乐融·云广场社区生活服务设计[①]

乐融·云广场社区生活服务设计

2020 年作品《乐融·云广场社区生活服务设计》获得中国红星奖设计大赛入围奖。

《乐融·云广场社区生活服务设计》(如图 9-29～图 9-46 所示)是为满足疫情背景下老年人娱乐需求而进行的生活化娱乐方式创新。本项目通过乐融·云广场社区生活服务设计，对社区现有场所进行再设计，打造疫情时代社区老年人的生活化娱乐社交方式，倡导老年人记录生活、享受生活，倾诉自己的生活，倾听他人的生活。在满足老人娱乐需求的基础上，重构邻里关系，拉近老人与老人、老人与社区间的心理距离，给予老人关怀、爱与陪伴的情感体验。

图 9-29 封面

① 作者：北京邮电大学 2019 级研究生王雪珺、柏琳瑶、高云帅、陈晶晶 指导教师：汪晓春

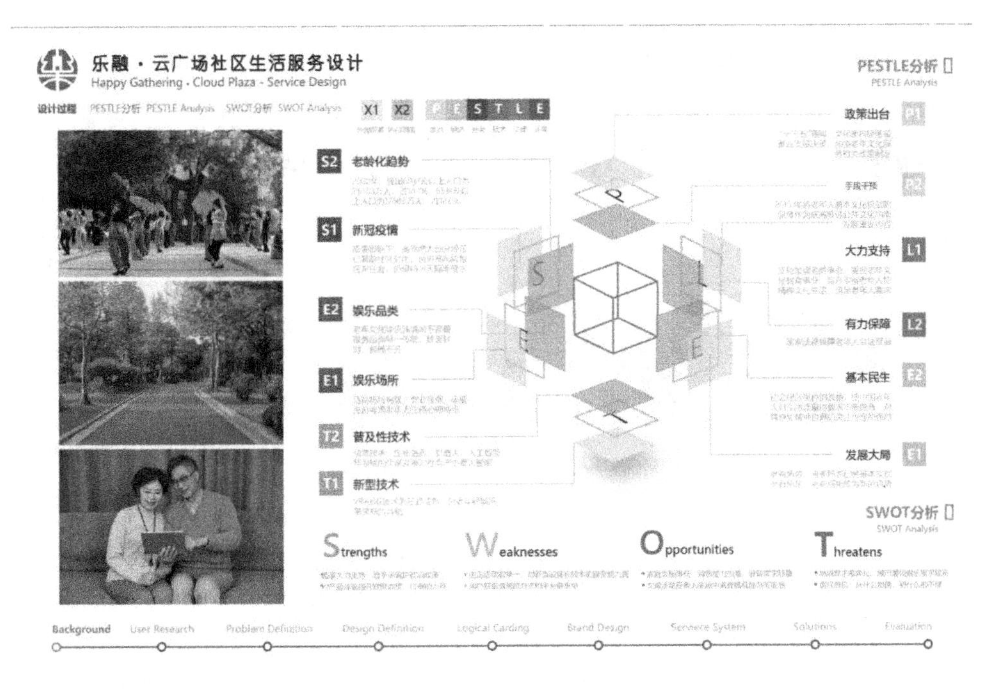

图 9-30　背景调研

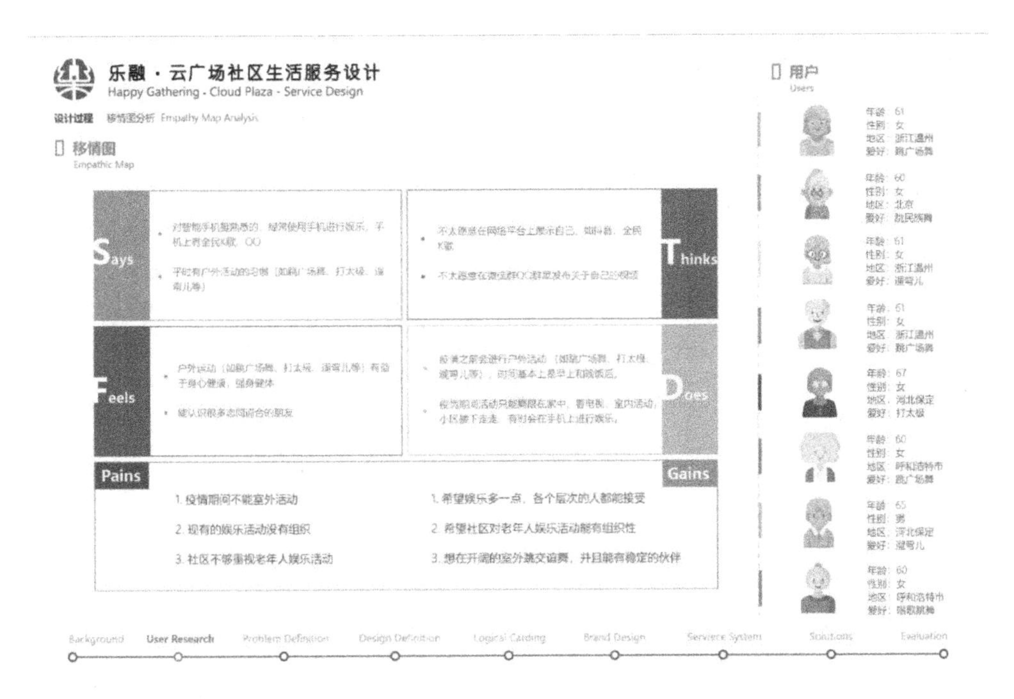

图 9-31　用户研究

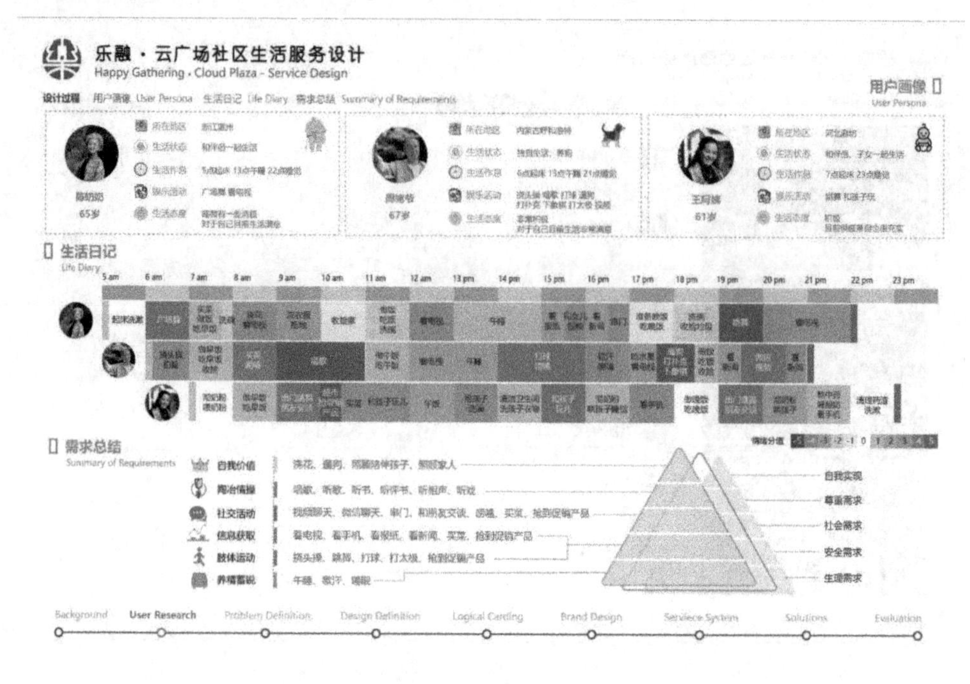

图 9-32　用户画像

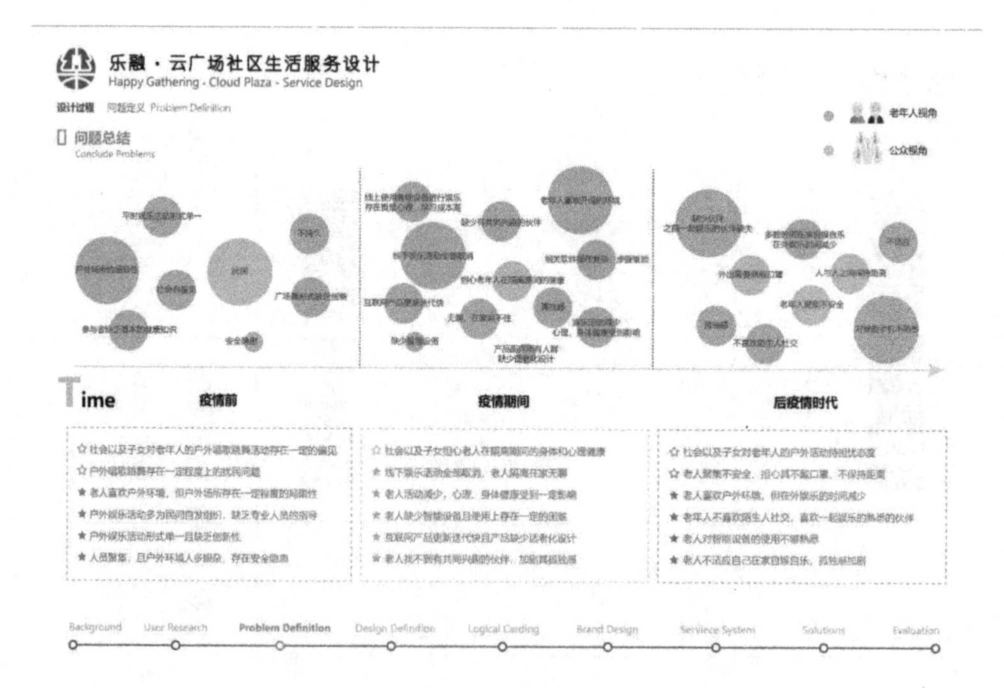

图 9-33　问题定义

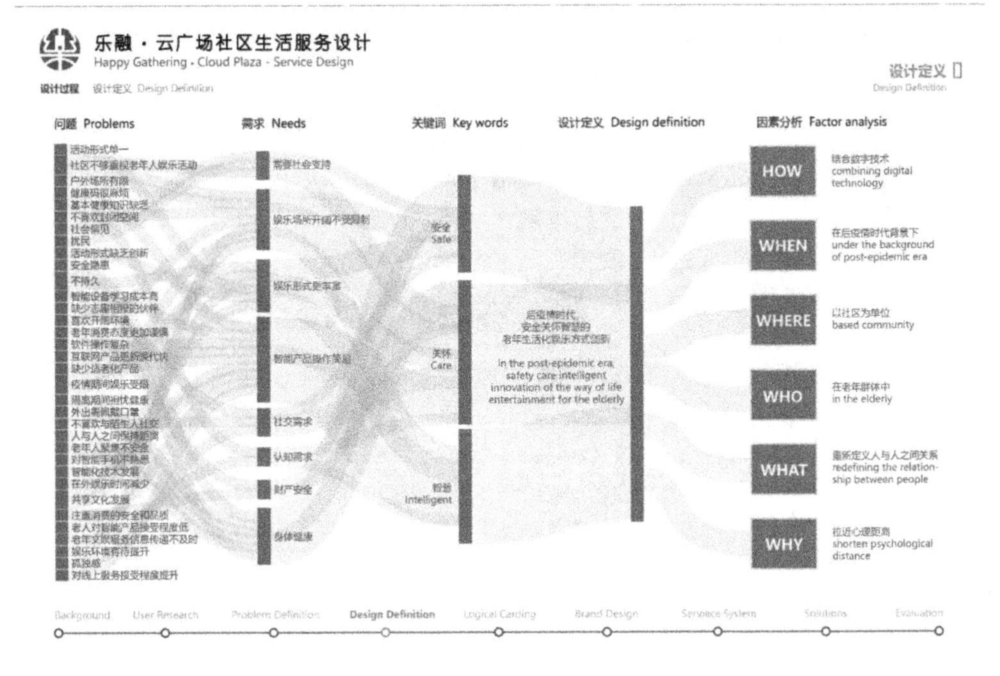

图 9-34　设计定义

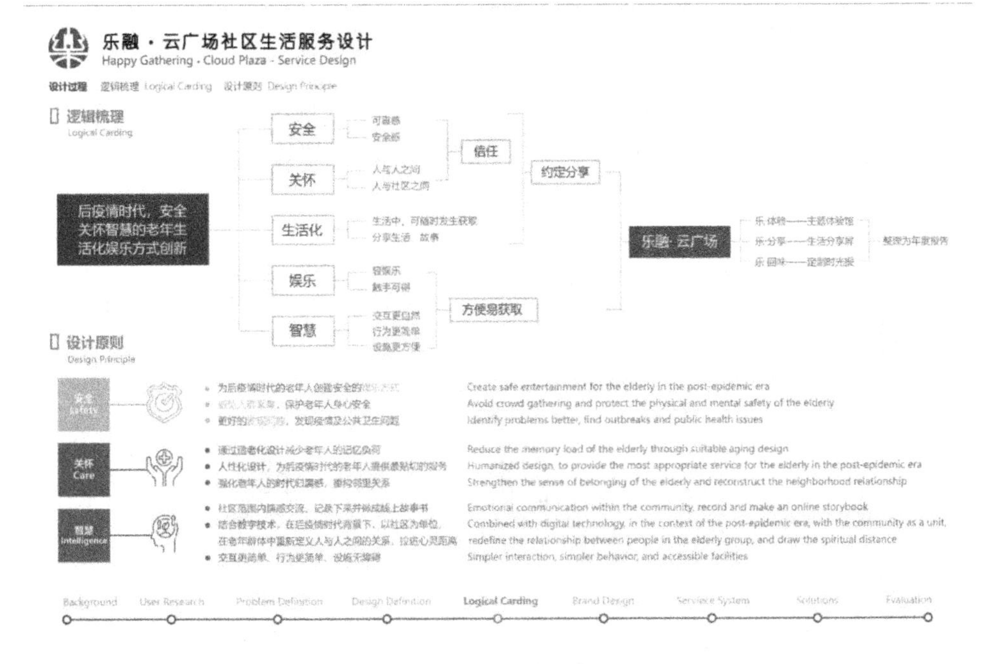

图 9-35　逻辑梳理 设计原则

图 9-36 品牌设计

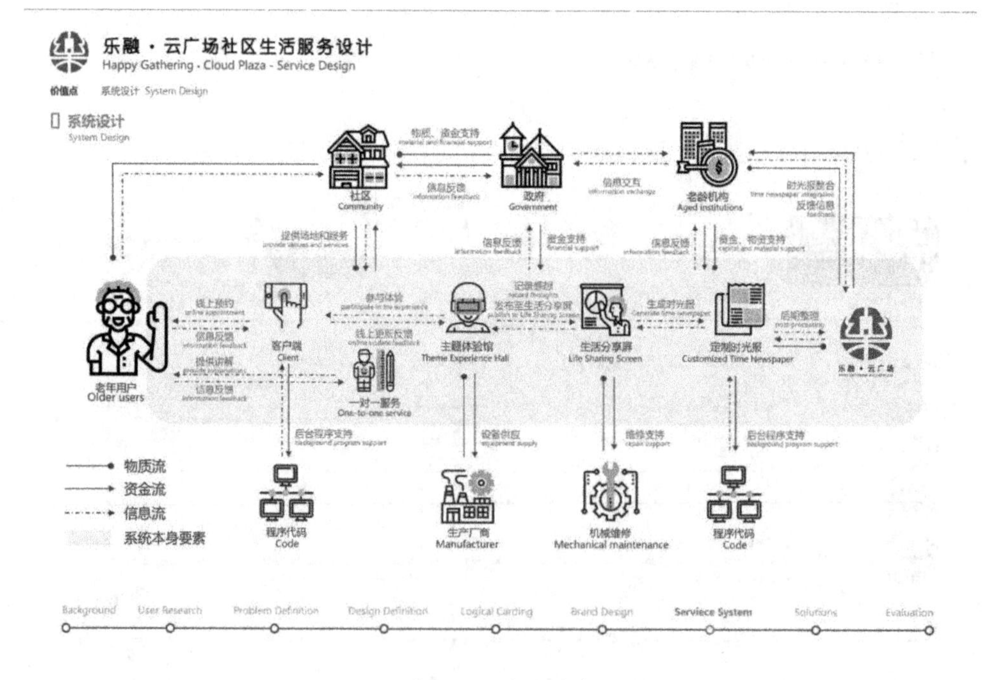

图 9-37 系统设计

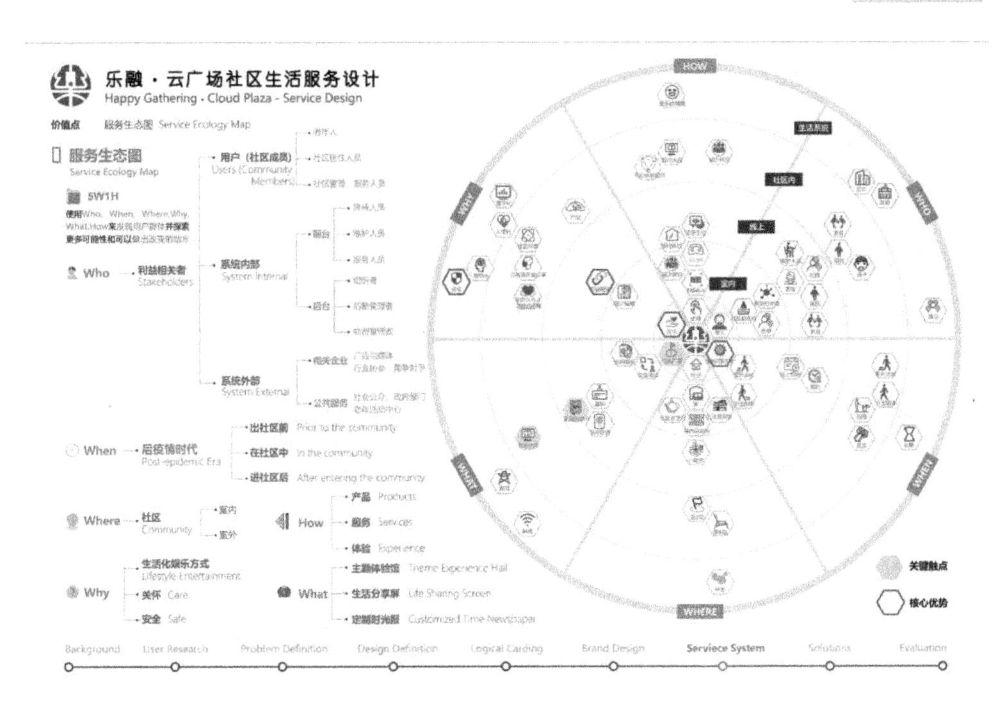

图 9-38　服务生态图

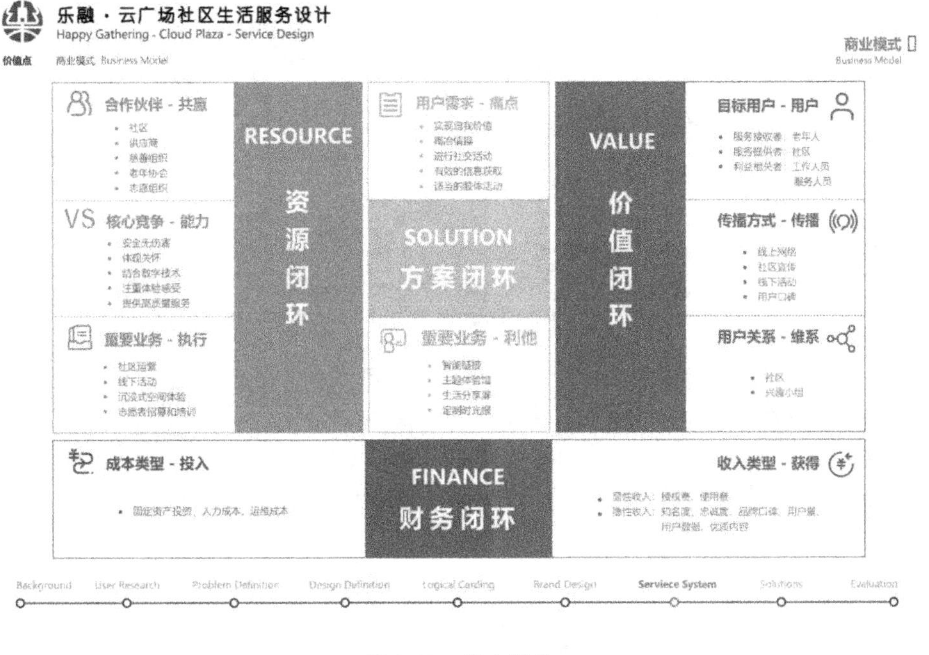

图 9-39　商业模式

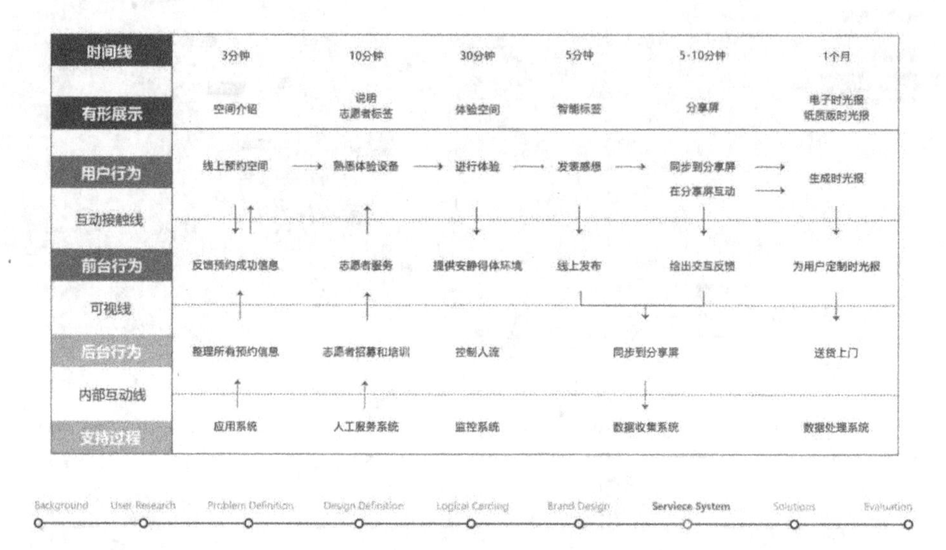

时间线	3分钟	10分钟	30分钟	5分钟	5-10分钟	1个月
有形展示	空间介绍	说明 志愿者标签	体验空间	智能标签	分享屏	电子时光报 纸质版时光报
用户行为	线上预约空间 →	熟悉体验设备 →	进行体验 →	发表感想 →	同步到分享屏 → 在分享屏互动 →	生成时光报
互动接触线						
前台行为	反馈预约成功信息	志愿者服务	提供安静得体环境	线上发布	给出交互反馈	为用户定制时光报
可视线						
后台行为	整理所有预约信息	志愿者招募和培训	控制人流	同步到分享屏		送货上门
内部互动线						
支持过程	应用系统	人工服务系统	监控系统	数据收集系统		数据处理系统

图 9-40 服务蓝图

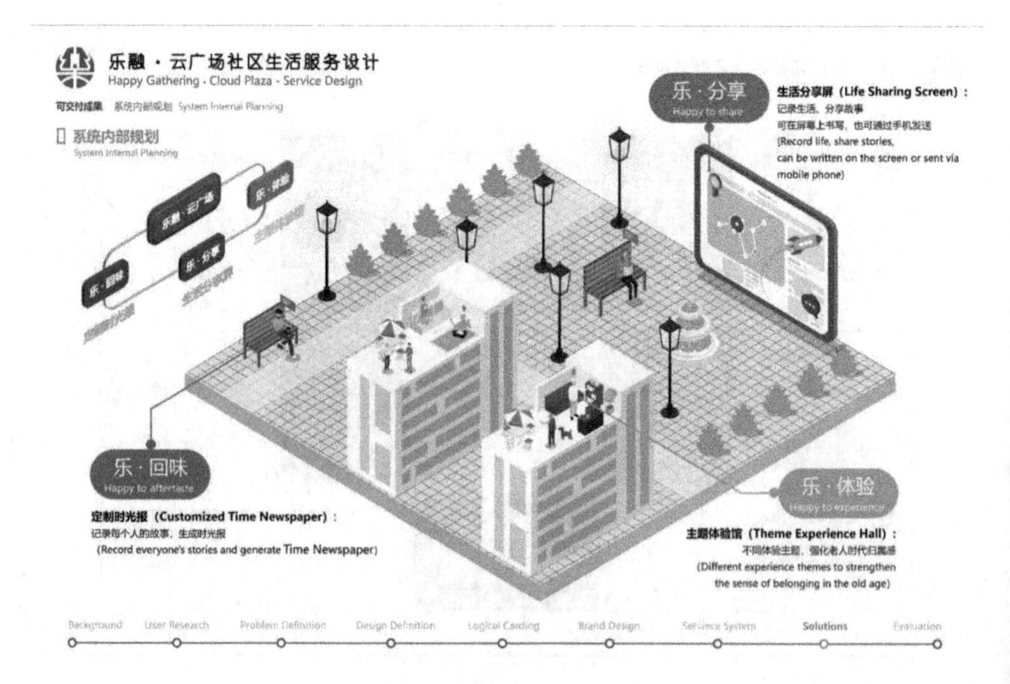

图 9-41 系统内部规划

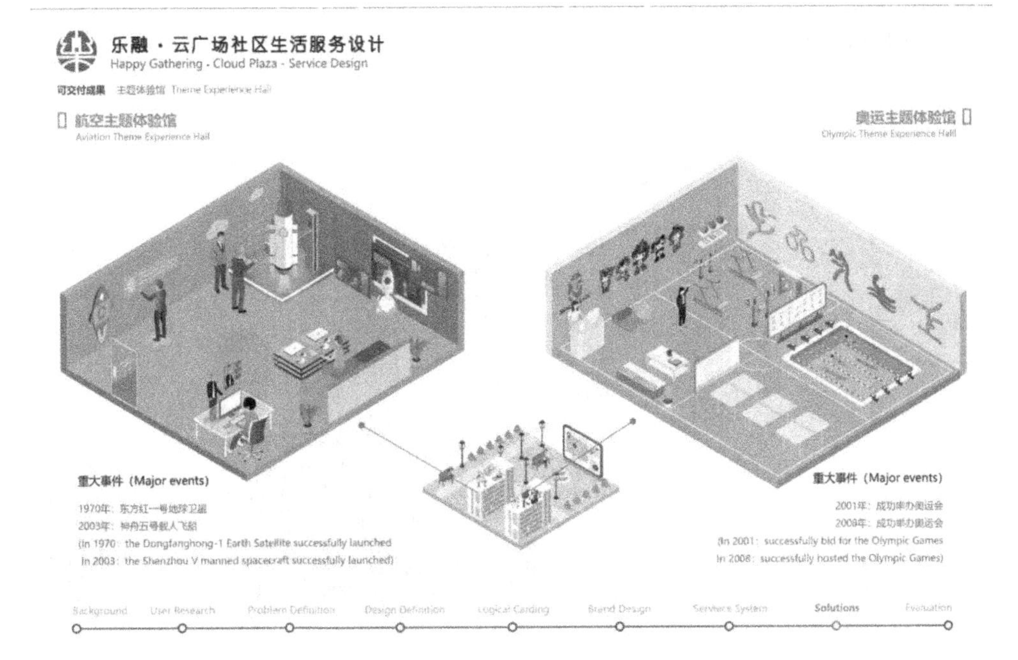

图 9-42 主题体验馆

图 9-43 生活分享屏

图 9-44 定制时光报

图 9-45 定制时光报

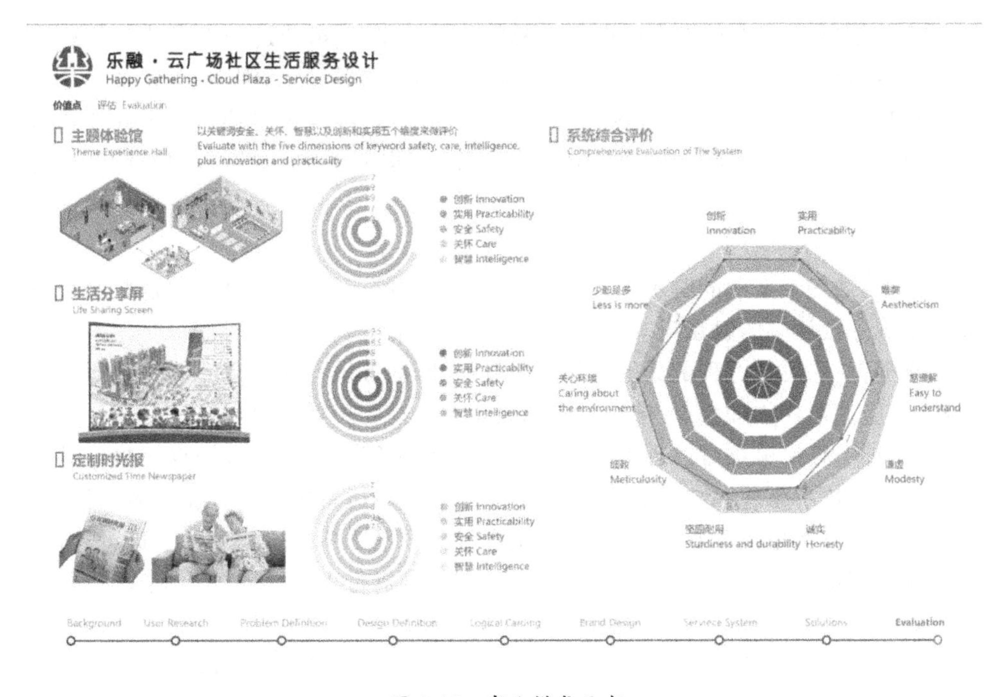

图 9-46　商业模式画布

北邮-海尔暑期老龄产品设计工作坊-2013

重点摘要

① 系统设计案例学习。

② 案例中的设计思维是如何运用的？

对话

学生：从上面三个案例可以看到设计报告都很完整和系统，产品系统设计课程最后产出的是这样的系统设计报告吗？

老师：这三个案例都是来自课程的优秀作业，产品系统设计课程最后的大作业产出就是类似这样的系统设计报告。最后大作业希望是以设计服务的方式呈现，但是需要把整个设计流程清晰表达出来，要求学生做以用户为中心的设计，整个流程需要有清晰的步骤，每个步骤可以选用不同的设计工具，当然也鼓励学生加入自己的创新。

学生：上述三个案例都是为老年人做设计，这方面有什么考虑吗？

老师：国际上通常看法是，当一个国家或地区 60 岁以上老年人口占人口总数的 10%,或 65 岁以上老年人口占人口总数的 7%,即意味着这个国家或地区的人口处于老龄化社会。2021 年,第七次全国人口普查结果显示,中国 60 岁及以上人口占比超 18%,人口老龄化程度进一步加深。针对老年人这个群体做设计非常有意义,用户群体大、适合在校学生做用户研究,痛点非常多,有很多方面可以进行设计。

学生:这三个案例的解决方案中既有偏工业化的产品,也有 App? 这些都可以看作是服务设计中的触点吗?

老师:系统设计课程最后的产出是服务设计,服务设计中很重要的一个概念就是触点,触点包含物理触点、数字触点和人工触点。物理触点可以理解为三维造型的工业产品,数字触点可以理解为交互的 App 或者网站等。物理触点在报告里希望把里面的技术原理和结构表达清楚,数字触点的表达希望把交互流程表达清晰。触点的设计表达非常重要,一般要求学生在设计方案对不少于三个触点进行表达,人工触点不易表达,主要是对物理触点和数字触点进行表达。

学生:上述三个案例都很完整,整个系统设计流程,如何保证每一环节都行之有效?

老师:要做到每个环节都行之有效,需要对设计有较好的理解,其实产品系统设计主要是帮助大家提升对设计的认知,认知能力有所提升,自然能对整个设计流程有更好的把握,还有就是需要有抽象思维的能力、本质思维的能力,并且作为设计师要养成以用户为中心进行设计的习惯。

学生:上述三个案例都有对方案的品牌做了设计? 这个是系统设计必须要的吗?

老师:系统设计最后的方案产出是以服务的形式,服务设计的定义里有说到提供的服务需要有识别度,“与众不同”。基于这方面的理解,在方案表达的时候要求学生做品牌设计,品牌的本质是与众不同,这个也是个人对服务设计的概念的理解。

学生:每个系统设计的作品都需要讲清楚商业模式吗?

老师:系统设计是基于设计思维的系统设计,从设计思维的定义看是需要找到用户需求、技术可行性、商业模式的三者统一。作为一个完整的系统设计报告,报告里要体现这三方面的内容。商业模式的表达也非常重要,一般是用商业模式画布工具来表达设计方案的商业模式。

思考题

① 设计思维如何在系统设计报告里体现?

② 系统设计报告如何较好地体现设计中的转化关系?

智物设计-工作室介绍